零基础 Java 学习笔记

明日科技 编著

電子工業出版社
Publishing House of Electronics Industry
北京•BEIJING

内容简介

本书从入门学习者的角度出发，通过通俗易懂的语言、丰富典型的实例，循序渐进地使读者在实践中学习 Java 编程知识，并提升自己的实际开发能力。全书共有 17 章，具体内容包括初识 Java、Java 语言基础、运算符与流程控制、面向对象基础、继承与多态、接口、异常处理、常用类、JSP 基本语法、JSP 内置对象、Servlet 技术、过滤器和监听器、Struts2 框架、Hibernate 技术、Spring 框架、Spring 与 Struts2、Hibernate 框架的整合和 Spring 与 SpringMVC、MyBatis 框架的整合。书中的大部分知识都结合具体实例进行介绍，涉及的程序代码也大多给出了详细的注释，可以使读者轻松领会 Java 程序开发的精髓，快速提高开发技能。

本书适合作为软件开发入门者的自学用书，也适合作为高等院校相关专业的教学参考书，还可供开发人员查阅、参考。

图书在版编目（CIP）数据

零基础Java学习笔记 / 明日科技编著. —北京：电子工业出版社，2021.3

ISBN 978-7-121-40267-8

Ⅰ.①零… Ⅱ.①明… Ⅲ.①JAVA语言—程序设计 Ⅳ.①TP312.8

中国版本图书馆CIP数据核字（2020）第256674号

责任编辑：张　毅　　　　特约编辑：田学清

印　　刷：三河市兴达印务有限公司

装　　订：三河市兴达印务有限公司

出版发行：电子工业出版社

北京市海淀区万寿路 173 信箱　　　邮编：100036

开　　本：787×1092　1/16　印张：24.75　字数：572 千字

版　　次：2021 年 3 月第 1 版

印　　次：2021 年 3 月第 1 次印刷

定　　价：108.00 元

凡所购买电子工业出版社图书有缺损问题，请向购买书店调换。若书店售缺，请与本社发行部联系，联系及邮购电话：（010）88254888，88258888。

质量投诉请发邮件至 zlts@phei.com.cn，盗版侵权举报请发邮件至 dbqq@phei.com.cn。

本书咨询联系方式：（010）57565890，meidipub@phei.com.cn。

前　言

在市面上，Java、Java Web 和框架这 3 个方面的知识通常由 3 本书分别进行讲解。而本书涵盖了这 3 个方面的知识，虽然无法像单独成册的书籍那样把知识介绍得非常详尽，但是能够把关键的、核心的内容直观地展现出来，并且能够把在日常开发中经常需要用到的编程思维和编程方法传递给读者，使读者打破知识点的局限性，知晓如何去思考，如何去编程。也就是说，本书传递给读者的是一种编程思维，而非 Java 领域内的“条条框框”。有了编程思维，就等于有了编写代码的方向；有了编写代码的方向，在编写代码过程中遇到的“磕磕绊绊”就能被一一化解。

本书内容

本书涵盖 Java、Java Web 和框架这 3 个方面的知识。全书共包含 17 章内容，大体结构如下。

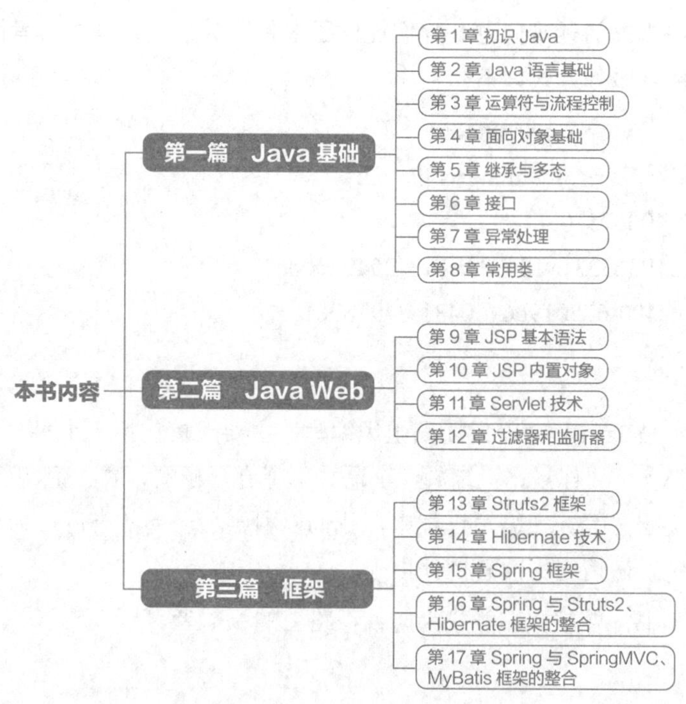

本书特点

- 由浅入深，循序渐进。本书以初、中级程序员为对象，从 Java 基础讲起，然后初步涉及 Java Web，最后讲解框架等知识。本书在讲解过程中步骤详尽，使读者在阅读时一目了然，从而快速掌握书中传递的思维。

- 语音视频，讲解详尽。本书基础知识部分提供了配套教学视频，使读者可以根据这些视频快速地学习，感受编程的快乐和成就感，增强进一步学习的信心，从而迅速成为编程高手。
- 实例典型，轻松易学。通过实例学习是最好的学习方式。本书在讲解知识时，通过多个实例，透彻、详尽地讲述了实际开发中所需要的各类知识。另外，为了便于读者阅读程序代码，快速学习编程技能，本书的大部分代码都提供了注释。
- 精彩栏目，贴心提醒。本书根据需要在各章安排了很多学习笔记的小栏目，使读者可以在学习过程中轻松理解相关知识点及概念，快速掌握相应技术的应用技巧。

读者对象

- 初学编程的自学者
- 编程爱好者
- 大中专院校的老师和学生
- 相关培训机构的老师和学员
- 进行毕业设计的学生
- 初、中、高级程序开发人员
- 程序测试及维护人员
- 参加实习的“菜鸟”程序员

读者服务

为了方便解决本书的疑难问题，我们提供了多种服务方式，并由作者团队提供在线技术指导和社区服务，服务方式如下：

- 服务网站：www.mingrisoft.com
- 服务邮箱：mingrisoft@mingrisoft.com
- 企业 QQ：4006751066
- QQ 群：451936523、106933614、254926086
- 服务电话：400-67501966、0431-84978981

致读者

本书由明日科技 Java 程序开发团队组织编写，主要人员包括王小科、申小琦、赵宁、李菁菁、何平、张鑫、周佳星、王国辉、李磊、赛奎春、杨丽、高春艳、冯春龙、张宝华、庞凤、宋万勇、葛忠月等。在编写过程中，我们以科学、严谨的态度，力求精益求精，但疏漏之处在所难免，敬请广大读者批评指正。

感谢您购买本书，希望本书能成为您编程路上的领航者。

祝读书快乐！

目　录

第一篇　Java基础

第 1 章　初识 Java 1

1.1　Java 简介 1

1.2　Java 的版本 1

1.3　Java API 文档 3

第 2 章　Java 语言基础 4

2.1　标识符和关键字 4

2.1.1　Unicode 字符集 4

2.1.2　关键字 4

2.1.3　标识符 5

2.2　常量与变量 5

2.2.1　常量的概念及使用要点 5

2.2.2　变量的概念及使用要点 7

2.3　数据类型 7

2.3.1　基本数据类型 8

2.3.2　引用数据类型 12

2.3.3　基本类型与引用类型的区别 13

2.3.4　数据类型之间的相互转换 16

2.4　数组 19

2.4.1　声明数组 19

2.4.2　创建数组 20

2.4.3　初始化数组 20

2.4.4　数组长度 20

2.4.5　使用数组元素 21

第 3 章　运算符与流程控制 22

3.1　运算符 22

3.1.1　赋值运算符 22

3.1.2　算术运算符 22

3.1.3 关系运算符 24
3.1.4 逻辑运算符 25
3.1.5 位运算符 27
3.1.6 对象运算符 30
3.1.7 其他运算符 30
3.1.8 运算符的优先级及结合性 31
3.2 if 语句 32
3.2.1 简单的 if 条件语句 33
3.2.2 if…else 条件语句 34
3.2.3 if…else if 多分支语句 35
3.2.4 if 语句的嵌套 36
3.3 switch 多分支语句 38
3.4 if 语句和 switch 语句的区别 40
3.5 循环语句 40
3.5.1 for 循环语句 40
3.5.2 while 循环语句 42
3.5.3 do…while 循环语句 43
3.5.4 循环的嵌套 45
3.6 跳转语句 47
3.6.1 break 跳转语句 47
3.6.2 continue 跳转语句 48
3.6.3 return 跳转语句 48

第 4 章 面向对象基础 50
4.1 面向对象程序设计 50
4.1.1 面向对象程序设计概述 50
4.1.2 面向对象程序设计的特点 51
4.2 类 53
4.2.1 定义类 53
4.2.2 成员变量和局部变量 54
4.2.3 成员方法 56
4.2.4 注意事项 57
4.2.5 类的 UML 图 58
4.3 构造方法与对象 58
4.3.1 构造方法的概念及用途 58
4.3.2 对象的概述 60

4.3.3 对象的创建 60
4.3.4 对象的使用 61
4.3.5 对象的销毁 62
4.4 类与程序的基本结构 62
4.5 参数传值 63
4.5.1 传值机制 63
4.5.2 基本数据类型的参数传值 63
4.5.3 引用类型参数的传值 64
4.6 对象的组合 65
4.6.1 组合与复用 65
4.6.2 类的关联关系和依赖关系的 UML 图 67
4.7 实例方法与类方法 67
4.7.1 实例方法与类方法的定义 67
4.7.2 实例方法与类方法的区别 68
4.8 关键字 this 68
4.9 包 70
4.9.1 包的概念 70
4.9.2 创建包 71
4.9.3 使用包中的类 71
4.10 访问权限 72
第 5 章 继承与多态 75
5.1 继承简介 75
5.1.1 继承的概念 75
5.1.2 子类对象的创建 76
5.1.3 继承的使用原则 76
5.1.4 关键字 super 77
5.2 子类的继承 78
5.3 多态 80
5.3.1 方法的重载 81
5.3.2 避免重载出现的歧义 82
5.3.3 方法的覆盖 82
5.3.4 向上转型 84
5.4 抽象类 85
5.4.1 抽象类和抽象方法 86
5.4.2 抽象类和抽象方法的规则 88

5.4.3 抽象类的作用 88
5.5 关键字 final 88
5.5.1 final 变量 89
5.5.2 final 类 89
5.5.3 final 方法 90
5.6 内部类 90

第 6 章 接口 97
6.1 接口简介 97
6.2 接口的定义 97
6.3 接口的继承 98
6.4 接口的实现 99
6.5 接口与抽象类 101
6.6 接口的 UML 图 102
6.7 接口回调 102
6.8 接口与多态 104
6.9 接口参数 105
6.10 面向接口编程 106

第 7 章 异常处理 107
7.1 异常概述 107
7.2 异常的分类 108
7.2.1 系统错误——Error 109
7.2.2 异常——Exception 109
7.3 捕捉并处理异常 112
7.3.1 try…catch 代码块 113
7.3.2 finally 代码块 116
7.4 在方法中抛出异常 117
7.4.1 使用关键字 throws 抛出异常 117
7.4.2 使用关键字 throw 抛出异常 118
7.5 自定义异常 120
7.6 异常处理的使用原则 121

第 8 章 常用类 123
8.1 String 类 123
8.1.1 创建字符串对象 123

8.1.2 连接字符串 124
8.1.3 字符串操作 125
8.1.4 格式化字符串 131
8.1.5 对象的字符串表示 132
8.2 StringBuffer 类 133
8.2.1 StringBuffer 对象的创建 133
8.2.2 StringBuffer 类的常用方法 134
8.3 日期的格式化 135
8.3.1 Date 类 136
8.3.2 格式化日期和时间 136
8.4 Math 类和 Random 类 140
8.5 包装类 141
8.5.1 Integer 类 141
8.5.2 Boolean 类 144
8.5.3 Byte 类 146
8.5.4 Character 类 147
8.5.5 Double 类 149
8.5.6 Number 类 150

第二篇 Java Web

第 9 章 JSP 基本语法 151
9.1 了解 JSP 页面 151
9.2 指令标识 152
9.2.1 page 指令 153
9.2.2 include 指令 155
9.2.3 taglib 指令 158
9.3 脚本标识 158
9.3.1 JSP 表达式（Expression） 159
9.3.2 声明标识（Declaration） 159
9.3.3 代码片段 160
9.4 注释 161
9.4.1 HTML 中的注释 162
9.4.2 带有 JSP 表达式的注释 162
9.4.3 隐藏注释 163

9.4.4 动态注释 165
9.5 动作标识 165
9.5.1 包含文件标识 <jsp:include> 165
9.5.2 请求转发标识 <jsp:forward> 168
9.5.3 传递参数标识 <jsp:param> 170

第 10 章 JSP 内置对象 171
10.1 JSP 内置对象的概述 171
10.2 request 对象 171
10.2.1 访问请求参数 171
10.2.2 在作用域中管理属性 173
10.2.3 获取 cookie 175
10.2.4 解决中文乱码 178
10.2.5 获取客户端信息 179
10.2.6 显示国际化信息 181
10.3 response 对象 182
10.3.1 重定向网页 182
10.3.2 处理 HTTP 文件头 182
10.3.3 设置输出缓冲 183
10.4 session 对象 184
10.4.1 创建及获取客户的会话 184
10.4.2 从会话中移动指定的绑定对象 185
10.4.3 销毁 session 对象 186
10.4.4 会话超时的管理 186
10.4.5 session 对象的应用 186
10.5 application 对象 189
10.5.1 访问应用程序初始化参数 189
10.5.2 管理应用程序环境属性 190
10.6 out 对象 190
10.6.1 向客户端浏览器输出信息 191
10.6.2 管理响应缓冲 192
10.7 其他内置对象 192
10.7.1 获取页面上下文的 pageContext 对象 192
10.7.2 读取 web.xml 文件配置信息的 config 对象 193
10.7.3 应答或请求的 page 对象 194
10.7.4 获取异常信息的 exception 对象 195

第 11 章 Servlet 技术 197
11.1 Servlet 基础 197
11.1.1 Servlet 结构体系 197
11.1.2 Servlet 技术特点 198
11.1.3 Servlet 与 JSP 的区别 199
11.1.4 Servlet 代码结构 200
11.2 Servlet API 编程常用接口和类 201
11.2.1 Servlet 接口 202
11.2.2 ServletConfig 接口 203
11.2.3 HttpServletRequest 接口 203
11.2.4 HttpServletResponse 接口 204
11.2.5 GenericServlet 类 204
11.2.6 HttpServlet 类 204
11.3 Servlet 开发 205
11.3.1 Servlet 创建 205
11.3.2 Servlet 2.0 配置方式 209
第 12 章 过滤器和监听器 211
12.1 Servlet 过滤器 211
12.1.1 什么是过滤器 211
12.1.2 过滤器对象 212
12.1.3 过滤器对象的创建与配置 213
12.1.4 字符编码过滤器 218
12.2 Servlet 监听器 224
12.2.1 Servlet 监听器简介 224
12.2.2 Servlet 监听器的原理 224
12.2.3 Servlet 上下文监听 225
12.2.4 HTTP 会话监听 226
12.2.5 Servlet 请求监听 227
12.2.6 Servlet 监听器统计在线人数 227

第三篇 框架

第 13 章 Struts2 框架 232
13.1 MVC 设计模式 232
13.2 Struts2 概述 233

13.2.1 Struts2 的产生 233
13.2.2 Struts2 的结构体系 234
13.3 Struts2 入门 235
13.3.1 获取与配置 Struts2 235
13.3.2 创建第一个 Struts2 程序 236
13.4 Action 对象 239
13.4.1 认识 Action 对象 239
13.4.2 请求参数的注入原理 240
13.4.3 Struts2 的基本流程 240
13.4.4 动态 Action 241
13.4.5 应用动态 Action 242
13.5 Struts2 的配置文件 244
13.5.1 Struts2 的配置文件类型 245
13.5.2 配置 Struts2 包 245
13.5.3 配置名称空间 246
13.5.4 Action 对象的相关配置 246
13.5.5 使用通配符简化配置 248
13.5.6 配置返回视图 249
13.6 Struts2 的标签库 250
13.6.1 数据标签 250
13.6.2 控制标签 253
13.6.3 表单标签 255
13.7 Struts2 的开发模式 257
13.7.1 实现与 Servlet API 的交互 257
13.7.2 域模型 DomainModel 258
13.7.3 驱动模型 ModelDriven 259
13.8 Struts2 的拦截器 261
13.8.1 拦截器概述 261
13.8.2 拦截器 API 262
13.8.3 使用拦截器 263
13.9 数据验证机制 265
13.9.1 手动验证 265
13.9.2 验证文件的命名规则 266
13.9.3 验证文件的编写风格 266

第 14 章　Hibernate 技术 269
14.1　初识 Hibernate 269
14.1.1　理解 ORM 原理 269
14.1.2　Hibernate 简介 270
14.2　Hibernate 入门 271
14.2.1　获取 Hibernate 271
14.2.2　Hibernate 配置文件 271
14.2.3　了解并编写持久化类 273
14.2.4　Hibernate 映射 275
14.2.5　Hibernate 主键策略 276
14.3　Hibernate 数据持久化 277
14.3.1　Hibernate 实例状态 277
14.3.2　Hibernate 初始化类 278
14.3.3　保存数据 280
14.3.4　查询数据 281
14.3.5　删除数据 283
14.3.6　修改数据 284
14.3.7　延迟加载 285
14.4　HQL 检索方式 286
14.4.1　了解 HQL 查询语言 287
14.4.2　实体对象查询 287
14.4.3　条件查询 288
14.4.4　HQL 参数绑定机制 289
14.4.5　排序查询 290
14.4.6　聚合函数的应用 290
14.4.7　分组方法 290
14.4.8　联合查询 291
14.4.9　子查询 292
第 15 章　Spring 框架 294
15.1　Spring 概述 294
15.1.1　Spring 组成 294
15.1.2　下载 Spring 295
15.1.3　配置 Spring 296
15.1.4　使用 BeanFactory 类 297

15.1.5 使用 ApplicationContext 容器 298
15.2 Spring IoC 299
15.2.1 控制反转与依赖注入 299
15.2.2 配置 Bean 300
15.2.3 Setter 注入 301
15.2.4 构造器注入 302
15.2.5 引用其他 Bean 304
15.2.6 创建匿名内部类 JavaBean 305
15.3 AOP 概述 306
15.3.1 AOP 术语 306
15.3.2 AOP 的简单实现 308
15.4 Spring 的切入点 309
15.4.1 静态与动态切入点 309
15.4.2 深入静态切入点 310
15.4.3 深入切入点底层 311
15.4.4 Spring 中的其他切入点 312
15.5 Aspect 对 AOP 的支持 312
15.5.1 Aspect 概述 312
15.5.2 Spring 中的 Aspect 313
15.5.3 DefaultPointcutAdvisor 切入点配置器 314
15.5.4 NameMatchMethodPointcutAdvisor 切入点配置器 315
15.6 Spring 持久化 315
15.6.1 DAO 模式 315
15.6.2 Spring 的 DAO 理念 316
15.6.3 事务管理 318
15.6.4 使用 JdbcTemplate 类操作数据库 322
15.6.5 与 Hibernate 整合 324
15.6.6 整合 Spring 与 Hibernate 在 tb_user 表中添加信息 325

第 16 章 Spring 与 Struts2、Hibernate 框架的整合 327
16.1 框架整合的优势 327
16.2 SSH2 框架结构分析 328
16.3 构建 SSH2 框架 328
16.3.1 配置 web.xml 文件 329
16.3.2 配置 Spring 330
16.3.3 配置 Struts2 331

16.3.4 配置 Hibernate 336
16.4 实现 MVC 编码 337
16.4.1 JSP 完成视图层 337
16.4.2 Struts2 完成控制层 341
16.4.3 Hibernate 完成数据封装 346
16.5 SSH2 实例程序部署 349

第 17 章 Spring 与 SpringMVC、MyBatis 框架的整合 351
17.1 什么是 SSM 框架 351
17.1.1 MyBatis 简介 351
17.1.2 SpringMVC 简介 351
17.2 为什么使用 SSM 框架 352
17.3 如何使用 SSM 框架 353
17.3.1 搭建框架环境 353
17.3.2 创建实体类 358
17.3.3 编写持久层 359
17.3.4 编写业务层 361
17.3.5 创建控制层 364
17.3.6 配置 SpringMVC 364
17.3.7 实现控制层 368
17.3.8 JSP 页面展示 370
17.4 一个完整的 SSM 应用 374

第一篇　Java基础

第 1 章　初识 Java

Java 是一种跨平台的、面向对象的程序设计语言。本章将简单介绍 Java 的不同版本及其相关特性，以及学好 Java 的方法等，然后重点对 Java 环境的搭建、Eclipse 的下载及使用进行详细的讲解，最后对基本的 Java 程序调试步骤进行讲解。

1.1　Java 简介

Java 是一种高级的、面向对象的程序设计语言。使用 Java 编写的程序可以在各种不同的系统中运行，从普通的个人计算机到智能手机、网络服务器等都有使用 Java 开发的程序。这让 Java 成为当今编程领域中最受欢迎的开发语言之一。

Java 是于 1995 年由 Sun 公司推出的一种极富创造力的、面向对象的程序设计语言，它是由有 Java 之父之称的 Sun 研究院院士詹姆斯·戈士林博士亲手设计而成的，并且詹姆斯·戈士林博士还完成了 Java 技术的原始编译器和虚拟机的设计。Java 最初的名字是 OAK，在 1995 年被重命名为 Java，并正式发布。

Java 是一种通过解释方式来执行的语言，其语法规则和 C++ 类似。同时，Java 是一种跨平台的程序设计语言。使用 Java 编写的程序，可以运行在任何平台和设备上，如个人计算机、MAC 苹果计算机、各种微处理器硬件平台，以及 Windows、UNIX、OS/2、macOS 等系统平台，真正实现了“一次编写，到处运行”。Java 非常适用于企业网络和 Internet 环境，并且已经成为 Internet 中最具有影响力、最受欢迎的编程语言之一。

1.2　Java 的版本

Java 主要分为两个版本：Java SE 和 Java EE。

Java SE 是 Java 的标准版，主要用于桌面应用程序的开发，它包含了 Java 语言基础、JDBC（Java 数据库连接）、I/O（输入 / 输出）、多线程等技术。

Java EE 是 Java 的企业版，主要用于服务器应用程序的开发，如网站、服务器接口等，其核心为 EJB（企业 Java 组件）。Java EE 版本兼容 Java SE 版本。

以 Java SE 为例，各版本的特点如下：

- JDK1.0 ～ JDK1.4 已不能满足开发需求而被广大开发者放弃。
- JDK1.5 添加了自动装箱、自动拆箱、枚举、不定长参数、泛型等功能。
- JDK1.6 在 JDK1.5 的基础上添加了许多新的类，但核心语法没有发生变化。
- JDK7 也可以称为 JDK1.7，该版本的 switch 语句可以使用字符串参数，简化了泛型语法，添加了 try 语句自动关闭流资源等功能。
- JDK8 添加了 Lambda 表达式、JavaFX 技术、流式处理和 JavaScript 脚本引擎等功能。
- JDK9 在 JDK8 的基础上添加了许多新的类，优化了线程并发处理和垃圾回收处理的代码，并开启了模块化 Java API 的先河。然而，JDK9 刚推出半年就被 JDK10 替代了。
- JDK10 添加了 var 关键字，同时进一步优化了 JDK9 的代码，并删除了冗余的过时代码。

在 JDK7 升级到 JDK8 的过程中，Oracle 公司放弃了原本的 1.X 版本号名称，直接使用版本号的第二位数字，所以很多资料中仍会记载 JDK1.7 而不是 JDK7，其实这两个名称是同一个版本的不同叫法。即使是 JDK8 版本，使用 java-version 命令查询出的结果仍然是 1.8.XX。版本名称不统一的问题直到 JDK9 才得以解决，JDK9 彻底删除了 1.X 前缀。

以上介绍的是 Oracle 公司推出的 JDK，除此之外，还有一个 Open JDK。Open JDK 最早由 SUN 公司推出，它是一个完全开源且商业免费的 Java 平台，被广泛应用到 Linux 系统中。因为 Oracle JDK 的源码有知识产权的问题，所以 Open JDK 的源码和 Oracle JDK 的源码并不是完全一样的。

Open JDK 有如下几个特点：

- 所有代码都是开源代码。在 Open JDK 中有知识产权的代码都被替换掉了，不存在知识产权纠纷，所以完全免费。
- 虽然它的所有代码都是开源代码，但其功能并不完整，只包含了 JDK 中最精简的功能。
- 不包含 Oracle JDK 的 Deployment（部署）功能。
- 不能使用 Java 的商标。
- 性能不如 Oracle JDK 高。

不同版本的 JDK 之间可能存在不兼容问题。当技术人员开发服务器应用程序时，需要提前知道服务器的 JDK 版本，并按照对应版本的要求编写 Java 代码。

1.3　Java API 文档

API 的全称是 Application Programming Interface，即应用程序编程接口。Java API 文档是 Java 程序开发过程中不可或缺的编程词典，它记录了 Java 中海量的 API，主要包括类的继承结构、成员变量、成员方法、构造方法、静态成员的描述信息和详细说明等内容。

Java API 文档原本是普通的 HTML 页面，但在 JDK9 之后，API 文档升级成了 HTML5 页面，集成了搜索栏，方便用户快速查到数据。与 JDK8 和 JDK10 相比，可以很明显地看到这几个版本的 API 文档的差别。Java8 API 文档页面如图 1.1 所示，Java10 API 文档页面如图 1.2 所示。Oracle 官网提供的 API 在线文档地址如下。

JDK8 API 文档地址：https://docs.oracle.com/javase/8/docs/api/

JDK10 API 文档地址：https://docs.oracle.com/javase/10/docs/api/overview-summary.html

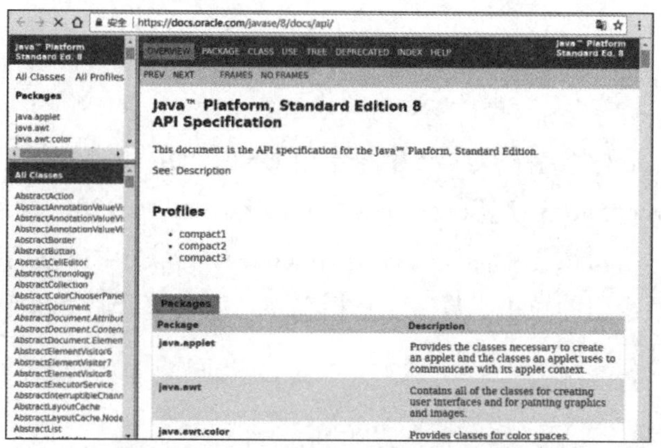

图 1.1　Java8 API 文档页面

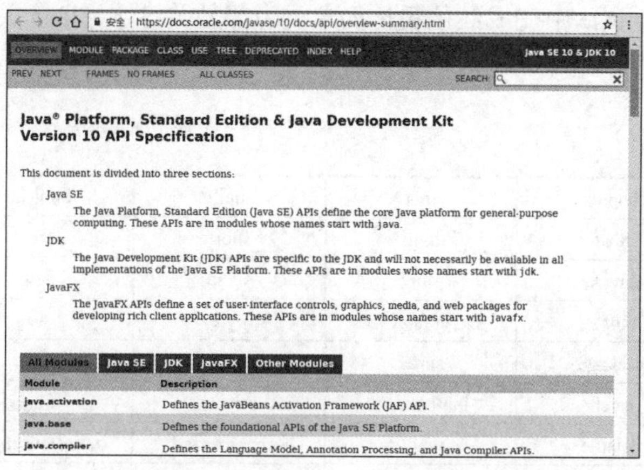

图 1.2　Java10 API 文档页面

第 2 章　Java 语言基础

学习任何知识都需要从基础知识开始，同样，学习 Java 也需要从 Java 的基本语法开始。本章将详细介绍 Java 的基本语法，建议初学者不要急于求成，认真学习本章的内容，以便为后面的学习打下坚实的基础。

2.1　标识符和关键字

2.1.1　Unicode 字符集

Java 使用 Unicode 标准字符集，该字符集由 UNICODE 协会管理并接受其技术上的修改，它最多可以识别 65536 个字符。在 Unicode 字符集中，前 128 个字符刚好是 ASCII 码，由于大部分国家的“字母表”中的字母都是 Unicode 字符集中的一个字母，因此，Java 所使用的字母不仅包括常用的拉丁字母，还包括汉字、俄文、希腊字母等。

2.1.2　关键字

关键字是 Java 中已经被赋予特定意义的一些单词，这些单词不可以作为标识符来使用。简单来说，凡是在 Eclipse 中变成红色粗体的单词，都是关键字。Java 关键字如表 2.1 所示。JDK10 新加入了关键字 var。

表 2.1　Java 关键字

int	public	this	finally	boolean	abstract
continue	float	long	short	throw	throws
return	break	for	static	new	interface
if	goto	default	byte	do	case
strictfp	package	super	void	try	switch
else	catch	implements	private	final	class
extends	volatile	while	synchronized	instanceof	char
protected	import	transient	double	var	

2.1.3　标识符

Java 中的类名、对象名、方法名、常量名和变量名统称为标识符。

为了提高程序的可读性，在定义标识符时，要尽量遵循“见其名知其意”的原则。Java 标识符的具体命名规则如下：

（1）一个标识符可以由几个单词连接而成，以表明它的意思。

（2）标识符由一个或多个字母、数字、下画线（_）和美元符号（$）组成，没有长度限制。

（3）标识符中的第一个字符不能为数字。

（4）标识符不能是关键字。

（5）标识符不能是 true、false 和 null。

（6）对于类名，每个单词的首字母都要大写，其他字母则小写，如 RecordInfo。

（7）对于方法名和变量名，与类名有些相似，除第一个单词的首字母小写外，其他单词的首字母都要大写，如 getRecordName()、recordName。

（8）对于常量名，每个单词的每个字母都要大写，如果由多个单词组成，通常情况下单词之间用下画线（_）分隔，如 MAX_VALUE。

（9）对于包名，每个单词的每个字母都要小写，如 com.frame。

学习笔记

Java 区分字母的大小写。

2.2　常量与变量

常量和变量在程序代码中随处可见，下面就来学习常量和变量的概念及使用要点，从而达到区别常量和变量的目的。

2.2.1　常量的概念及使用要点

所谓常量，就是值不允许被改变的量。如果要声明一个常量，则必须用关键字 final 修饰。声明常量的具体方式如下：

```
final 常量类型 常量标识符;
```

例如：

```
final int YOUTH_AGE;                                   // 声明一个 int 型常量
final float PIE;                                       // 声明一个 float 型常量
```

学习笔记

在定义常量标识符时，按照 Java 的命名规则，所有的字符都要大写，如果常量标识符由多个单词组成，则在各个单词之间用下画线（_）分隔，如 YOUTH_AGE、PIE。

在声明常量时，通常立即为其赋值，即立即对常量进行初始化。声明并初始化常量的具体方式如下：

```
final 常量类型 常量标识符 = 常量值;
```

例如：

```
final int YOUTH_AGE = 18;                    // 声明一个 int 型常量，并初始化为 18
final float PIE = 3.14F;                     // 声明一个 float 型常量，并初始化为 3.14
```

学习笔记

在为 float 型常量赋值时，需要在数值的后面加上一个字母“F”（或“f”），说明数值为 float 型。

如果需要声明多个同一类型的常量，也可以采用下面的方式：

```
final 常量类型 常量标识符 1, 常量标识符 2, 常量标识符 3;
final 常量类型 常量标识符 4 = 常量值 4, 常量标识符 5 = 常量值 5, 常量标识符 6 = 常量值 6;
```

例如：

```
final int A, B, C;                   // 声明 3 个 int 型常量
final int D = 4, E = 5, F = 6;       // 声明 3 个 int 型常量，并分别初始化为 4、5、6
```

如果在声明常量时并没有对其进行初始化，也可以在需要时对其进行初始化，例如：

```
final int YOUTH_AGE;                                   // 声明一个 int 型常量
final float PIE;                                       // 声明一个 float 型常量
YOUTH_AGE = 18;                                        // 初始化常量 YOUTH_AGE 为 18
PIE = 3.14F;                                           // 初始化常量 PIE 为 3.14
```

但是，如果在声明常量时已经对其进行了初始化，则常量的值不允许再被修改。例如，在尝试执行下面的代码时，将在控制台输出“常量值不能被修改”的错误提示：

```
final int YOUTH_AGE = 18;                              // 声明一个 int 型常量，并初始化为 18
YOUTH_AGE = 16;                                        // 尝试修改已经被初始化的常量
```

2.2.2　变量的概念及使用要点

所谓变量，就是值可以被改变的量。如果要声明一个变量，则不需要使用任何关键字进行修饰。声明变量的具体方式如下：

```
变量类型 变量标识符；
```

例如：

```
String name;                                    // 声明一个 String 型变量
int partyMemberAge;                             // 声明一个 int 型变量
```

学习笔记

在定义变量标识符时，按照 Java 的命名规则，第一个单词的首字母小写，其他单词的首字母大写，其他字母则一律小写，如 name、partyMemberAge。

在声明变量时，可以立即为其赋值，即立即对变量进行初始化。声明并初始化变量的具体方式如下：

```
变量类型 变量标识符 = 变量值；
```

例如：

```
String name = "MWQ";                            // 声明一个 String 型变量
int partyMemberAge = 26;                        // 声明一个 int 型变量
```

如果需要声明多个同一类型的变量，也可以采用下面的方式：

```
变量类型 变量标识符 1, 变量标识符 2, 变量标识符 3;
变量类型 变量标识符 4 = 变量值 4, 变量标识符 5 = 变量值 5, 变量标识符 6 = 变量值 6;
```

例如：

```
int A, B, C;                          // 声明 3 个 int 型变量
int D = 4, E = 5, F = 6;              // 声明 3 个 int 型变量，并分别初始化为 4、5、6
```

变量与常量的区别是，变量的值允许被改变。例如，下面的代码是正确的：

```
String name = "MWQ";                  // 声明一个 String 型常量，并初始化为 MWQ
name = “MaWenQiang”;                  // 尝试修改已经被初始化的变量
```

2.3　数据类型

Java 是强类型的编程语言，Java 中的数据类型分类如图 2.1 所示。

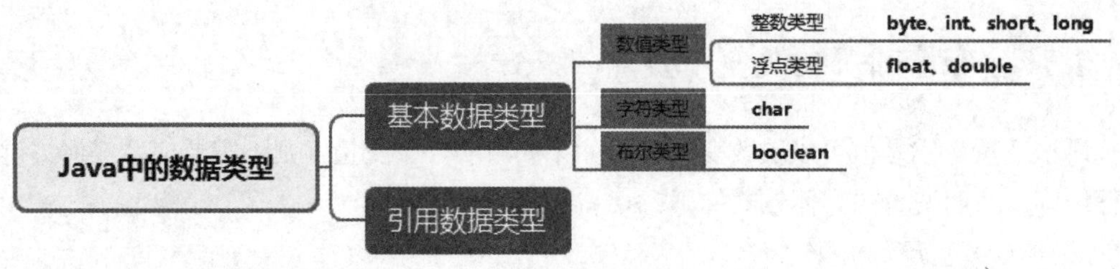

图 2.1　Java 中的数据类型分类

Java 中的数据类型分为两大类，分别是基本数据类型和引用数据类型。其中，基本数据类型由 Java 定义，其数据占用内存的大小固定，在内存中存入的是数值本身；而引用数据类型在内存中存入的是引用数据的存放地址，并不是数据本身。

2.3.1　基本数据类型

基本数据类型分为数值类型、字符类型和布尔类型，数值类型又分为整数类型和浮点类型，下面将依次讲解这 4 种基本数据类型的特征及使用方法。

1. 整数类型

声明为整数类型的常量或变量用来存储整数，整数类型包括字节型（byte）、短整型（short）、整型（int）和长整型（long）4 种数据类型，这 4 种数据类型的区别是它们在内存中所占用的字节数不同，因此，它们能够存储的整数的取值范围也不同，如表 2.2 所示。

表 2.2　整数类型数据占用内存的字节数及取值范围

数 据 类 型	关　键　字	占用内存字节数	取 值 范 围
字节型	byte	1 字节	-128 ～ 127
短整型	short	2 字节	-32 768 ～ 32 767
整型	int	4 字节	-2 147 483 648 ～ 2 147 483 647
长整型	long	8 字节	-9 223 372 036 854 775 808 ～ 9 223 372 036 854 775 807

在为这 4 种数据类型的常量或变量赋值时，所赋的值不能超出对应数据类型允许的取值范围。例如，在下面的代码中依次将 byte、short 和 int 型的变量赋值为 9412、794 125 和 9 876 543 210 是不允许的，即下面的代码均是错误的：

```
byte b = 9412;                  // 声明一个 byte 型变量，并初始化为 9412
short s = 794125;               // 声明一个 short 型变量，并初始化为 794125
int i = 9876543210;             // 声明一个 int 型变量，并初始化为 9876543210
```

在为 long 型常量或变量赋值时，需要在所赋值的后面加上一个字母“L”（或“l”），说明所赋的值为 long 型。如果所赋的值未超出 int 型的取值范围，也可以省略字母“L”（或“l”）。例如，下面的代码均是正确的：

```
long la = 9876543210L;          // 所赋值超出了 int 型的取值范围，必须加上字母“L”
long lb = 987654321L;           // 所赋值未超出 int 型的取值范围，可以加上字母“L”
long lc = 987654321;            // 所赋值未超出 int 型的取值范围，也可以省略字母“L”
```

但是下面的代码就是错误的：

```
long l = 9876543210;            // 所赋值超出了 int 型的取值范围，不加字母“L”是错误的
```

2. 浮点类型

声明为浮点类型的常量或变量用于存储小数（也可以存储整数）。浮点类型包括单精度型（float）和双精度型（double）两种数据类型，这两种数据类型的区别是它们在内存中所占用的字节数不同，因此，它们能够存储的浮点数的取值范围也不同，如表 2.3 所示。

表 2.3　浮点类型数据占用内存的字节数及取值范围

数据类型	关键字	占用内存字节数	取值范围
单精度型	float	4 字节	1.4E-45 ～ 3.402 823 5E38
双精度型	double	8 字节	4.9E-324 ～ 1.797 693 134 862 315 7E308

在为 float 型常量或变量赋值时，需要在所赋值的后面加上一个字母“F”（或“f”），说明所赋的值为 float 型。如果所赋的值为整数，并且未超出 int 型的取值范围，也可以省略字母“F”（或“f”）。例如，下面的代码均是正确的：

```
float fa = 9412.75F;            // 所赋值为小数，必须加上字母“F”
float fb = 9876543210F;         // 所赋值超出了 int 型的取值范围，必须加上字母“F”
float fc = 9412F;               // 所赋值未超出 int 型的取值范围，可以加上字母“F”
float fd = 9412;                // 所赋值未超出 int 型的取值范围，也可以省略字母“F”
```

但是下面的代码就是错误的：

```
float fa = 9412.75;             // 所赋值为小数，不加字母“F”是错误的
float fb = 9876543210;          // 所赋值超出了 int 型的取值范围，不加字母“F”是错误的
```

在为 double 型常量或变量赋值时，需要在所赋值的后面加上一个字母“D”（或“d”），说明所赋的值为 double 型。如果所赋的值为小数，或者所赋的值为整数，并且未超出 int 型的取值范围，也可以省略字母“D”（或“d”）。例如，下面的代码均是正确的：

```
double da = 9412.75D;           // 所赋值为小数，可以加上字母“D”
double db = 9412.75;            // 所赋值为小数，也可以省略字母“D”
double dc = 9412D; // 所赋值为整数，并且未超出 int 型的取值范围，可以加上字母“D”
double dd = 9412;  // 所赋值为整数，并且未超出 int 型的取值范围，也可以省略字母“D”
double de = 9876543210D; // 所赋值为整数，并且超出了 int 型的取值范围，必须加上字母“D”
```

学习笔记

Java 默认小数为 double 型，所以在将小数赋值给 double 型常量或变量时，可以不加字母“D”（或“d”）。

但是下面的代码就是错误的：

```
double d = 9876543210;// 所赋值为整数，并且超出了 int 型的取值范围，不加字母“D”是错误的
```

3. 字符类型

声明为字符类型的常量或变量用来存储单个字符，它占用内存的 2 字节来存储，字符类型使用关键字 char 进行声明。

因为计算机只能存储二进制数据，所以需要将字符通过一串二进制数据来表示，也就是通常所说的字符编码。Java 对字符采用 Unicode 编码，Unicode 使用 2 字节表示 1 个字符，并且 Unicode 字符集中的前 128 个字符与 ASCII 字符集兼容。例如，字符“a”的 ASCII 编码的二进制数据形式为 01100001，Unicode 编码的二进制数据形式为 00000000 01100001，它们都表示十进制数 97，因此 Java 与 C、C++ 一样，都把字符当作整数对待。

学习笔记

ASCII 编码是用来表示英文字符的一种编码，每个字符占用 1 字节，最多可以表示 256 个字符。但英文字符并没有那么多，ASCII 编码使用前 128 个字符（字节中最高位为 0）来存放包括控制符、数字、大小写英文字母和一些其他符号的字符。而字节的最高位为 1 的另外 128 个字符被称为“扩展 ASCII”，通常用来存放英文的制表符、部分音标字符等字符。使用 ASCII 编码无法表示多国语言文字。

Java 中的字符通过 Unicode 编码，以二进制的形式存储到计算机中，计算机可通过数据类型判断要输出的是一个字符还是一个整数。Unicode 编码采用无符号编码，一共可以存储 65536 个字符（0x0000 ～ 0xffff），所以 Java 中的字符几乎可以处理所有国家的语言文字。

在为 char 型常量或变量赋值时，如果所赋的值为一个英文字母、一个符号或一个汉字，则必须将所赋的值放在英文状态下的一对单引号中。例如，下面的代码分别将字母“M”、符号“*”和汉字“男”赋值给 char 型变量 ca、cb 和 cc：

```
char ca = 'M';                              // 将大写字母“M”赋值给 char 型变量 ca
char cb = '*';                              // 将符号“*”赋值给 char 型变量 cb
char cc = '男';                             // 将汉字“男”赋值给 char 型变量 cc
```

学习笔记

在为 char 型常量或变量赋值时，无论所赋的值为字母、符号还是汉字，都只能为一个字符。

因为 Java 把字符当作整数对待，并且可以存储 65536 个字符，所以也可以将 0～65535 的整数赋值给 char 型常量或变量，但是在输出时得到的并不是所赋的整数。例如，下面的代码将整数 88 赋值给 char 型变量 c，在输出变量 c 时得到的是大写字母“X”：

```
char c = 88;                              // 将整数 88 赋值给 char 型变量 c
System.out.println(c);                    // 输出 char 型变量 c，将得到大写字母“X”
```

学习笔记

代码“System.out.println();”用来将指定的内容输出到控制台，并且在输出后换行；代码“System.out.print();”用来将指定的内容输出到控制台，但是在输出后不换行。

也可以将数字 0～9 以字符的形式赋值给 char 型常量或变量，赋值方式为将数字 0～9 放在英文状态下的一对单引号中。例如，下面的代码将数字“6”赋值给 char 型变量 c：

```
char c = '6';                                  // 将数字“6”赋值给 char 型变量 c
```

4. 布尔类型

声明为布尔类型的常量或变量用于存储布尔值，布尔值只有 true 和 false，分别用来代表逻辑判断中的“真”和“假”，布尔类型使用关键字 boolean 进行声明。

```
public class BooleanTest {
    public static void main(String[] args) {
        boolean b;                                 // 声明布尔类型变量 b
        boolean b1, b2;                            // 声明布尔类型变量 b1、b2
        // 为布尔类型变量 b1 赋初值 true，b2 赋初值 false
        boolean b3 = true, b4 = false;
        boolean b5 = 2 < 3, b6 = (2 == 4);         // 为布尔类型变量赋予逻辑判断的结果
       System.out.println("b5 的结果是：" + b5);
       System.out.println("b6 的结果是：" + b6);
    }
}
```

程序运行结果如图 2.2 所示。

图 2.2 布尔类型的使用

2.3.2 引用数据类型

引用数据类型包括类引用、接口引用和数组引用。下面的代码分别声明一个 java.lang.Object 类的引用、一个 java.util.List 接口的引用和一个 int 型数组的引用：

```
Object object = null;          // 声明一个java.lang.Object类的引用，并初始化为null
List list = null;              // 声明一个java.util.List接口的引用，并初始化为null
int[] months = null;           // 声明一个int型数组的引用，并初始化为null
System.out.println("object is " + object);       // 输出类引用object
System.out.println("list is " + list);           // 输出接口引用list
System.out.println("months is " + months);       // 输出数组引用months
```

学习笔记

当将引用数据类型的常量或变量初始化为 null 时，表示引用数据类型的常量或变量不引用任何对象。

执行上面的代码，在控制台将会输出以下内容：

```
object is null
list is null
months is null
```

在具体初始化引用数据类型时需要注意的是，对接口引用的初始化需要通过接口的相应实现类实现。例如，下面的代码在具体初始化接口引用 list 时，是通过接口 java.util.List 的实现类 java.util.ArrayList 实现的：

```
Object object = new Object();       // 声明并具体初始化一个java.lang.Object类的引用
List list = new ArrayList();        // 声明并具体初始化一个java.util.List接口的引用
int[] months = new int[12];         // 声明并具体初始化一个int型数组的引用
System.out.println("object is " + object);       // 输出类引用object
System.out.println("list is " + list);           // 输出接口引用list
System.out.println("months is " + months);       // 输出数组引用months
```

执行上面的代码，在控制台将会输出以下内容：

```
object is java.lang.Object@de6ced
list is []
months is [I@c17164
```

2.3.3　基本类型与引用类型的区别

基本数据类型与引用数据类型的主要区别在于以下两个方面。

1. 组成

基本数据类型是一个单纯的数据类型，它表示的是一个具体的数字、字符或逻辑值，如 68、'M' 或 true。对于引用数据类型，若一个变量引用的是一个复杂的数据结构的实例，则该变量的类型属于引用数据类型，在引用数据类型变量所引用的实例中，不仅可以包含基本数据类型的变量，还可以包含对这些变量的具体操作行为，甚至包含其他引用数据类型的变量。

【例 2.1】　使用基本数据类型与引用数据类型的场景。

创建一个档案类 Record，在该类中使用 String 型变量 name 存储姓名，使用 char 型变量 sex 存储性别，使用 int 型变量 age 存储年龄，使用 boolean 型变量 married 存储婚姻状况，并提供了一些操作这些变量的方法，Record 类的具体代码如下：

```
public class Record {
   String name;                                      // 姓名
   char sex;                                         // 性别
   int age;                                          // 年龄
   boolean married;                                  // 婚姻状况
   public int getAge() {                             // 获得年龄
      return age;
   }
   public void setAge(int age) {                     // 设置年龄
      this.age = age;
   }
   public boolean isMarried() {                      // 获得婚姻状况
      return married;
   }
   public void setMarried(boolean married) {         // 设置婚姻状况
      this.married = married;
   }
   public String getName() {                         // 获得姓名
      return name;
   }
   public void setName(String name) {                // 设置姓名
      this.name = name;
   }
```

```
    public char getSex() {                          // 获得性别
        return sex;
    }
    public void setSex(char sex) {                  // 设置性别
        this.sex = sex;
    }
}
```

下面创建两个 Record 类的实例，并分别通过变量 you 和 me 进行引用，具体代码如下：

```
public class Example {
    public static void main(String[] args) {
        Record you = new Record();                  // 创建代表读者的对象
        Record me = new Record();                   // 创建代表作者的对象
    }
}
```

上面的变量 you 和 me 属于引用数据类型，并且引用的是类的实例，更具体的是属于类引用类型。

下面继续在 Example 类的 main() 方法中编写如下代码，通过 Record 类中的相应方法，依次初始化代表读者和作者的变量 you 和 me 中的姓名、性别、年龄和婚姻状况：

```
you.setName("读者");                                // 设置读者的姓名
you.setSex('女');                                   // 设置读者的性别
you.setAge(22);                                     // 设置读者的年龄
you.setMarried(false);                              // 设置读者的婚姻状况
me.setName("作者");                                 // 设置作者的姓名
me.setSex('男');                                    // 设置作者的性别
me.setAge(26);                                      // 设置作者的年龄
me.setMarried(true);                                // 设置作者的婚姻状况
```

下面继续在 Example 类的 main() 方法中编写如下代码，通过 Record 类中的相应方法，依次获得读者和作者的姓名、性别、年龄和婚姻状况，并将得到的信息输出到控制台：

```
System.out.print(you.getName() + "     ");          // 获得并输出姓名
System.out.print(you.getSex() + "     ");           // 获得并输出性别
System.out.print(you.getAge() + "     ");           // 获得并输出年龄
System.out.println(you.isMarried() + "     ");      // 获得并输出婚姻状况
System.out.print(me.getName() + "     ");           // 获得并输出姓名
System.out.print(me.getSex() + "     ");            // 获得并输出性别
System.out.print(me.getAge() + "     ");            // 获得并输出年龄
System.out.println(me.isMarried() + "     ");       // 获得并输出婚姻状况
```

执行上面的代码，在控制台将会输出两种人物角色的信息，如图 2.3 所示。

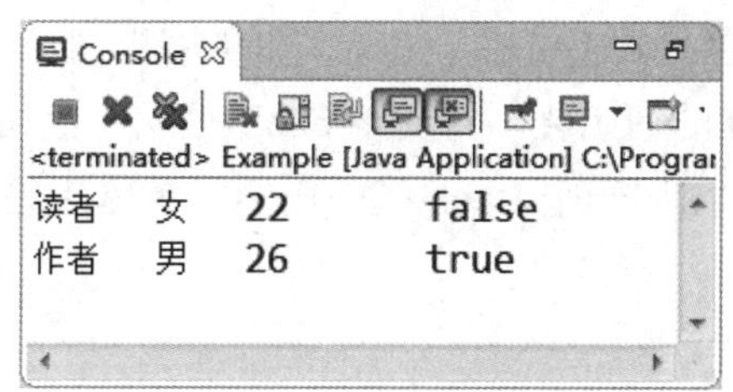

图 2.3　输出两种人物角色的信息

2. Java 虚拟机的处理方式

对于基本数据类型的变量，Java 虚拟机会根据变量的实际类型为其分配实际的内存空间，例如，为 int 型变量分配一个 4 字节的内存空间来存储变量的值。而对于引用数据类型的变量，Java 虚拟机同样需要为其分配内存空间，但引用数据类型的变量在内存空间中存放的并不是变量所引用的对象，而是对象在堆区存放的地址。也就是说，引用变量最终只是指向被引用的对象，而不是存储了被引用的对象，因此两个引用变量之间的赋值，实际上就是将一个引用变量存储的地址复制给另一个引用变量，从而使两个变量指向同一个对象。

例如，创建一个图书类 Book，具体代码如下：

```
public class Book {
    String isbn = "978-7-115-16451-3";
    String name = "零基础学 Java";
    String author = "明日科技";
    float price = 69.00F;
}
```

下面声明两个 Book 类的实例，分别通过变量 book1 和 book2 进行引用，对变量 book1 进行具体的初始化，而将变量 book2 初始化为 null，具体代码如下：

```
Book book1 = new Book();
Book book2 = null;
```

Java 虚拟机为变量 book1、book2 及 book1 所引用对象的成员变量分配的内存空间如图 2.4 所示。

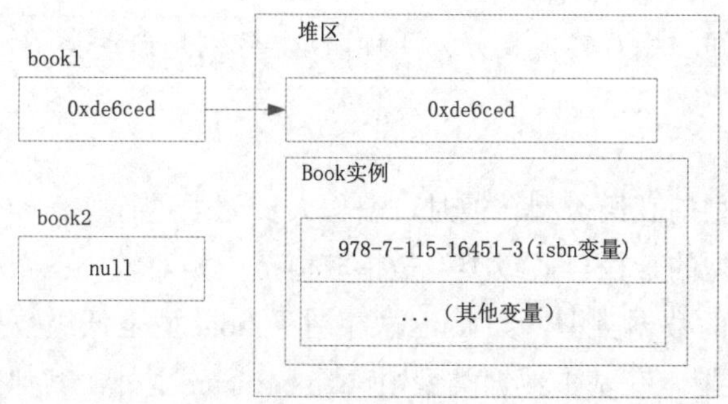

图 2.4　内存空间的分配情况 1

从图 2.4 可以看出，变量 book1 引用了 Book 类的实例，变量 book2 没有引用任何实例。下面对变量 book2 进行具体的初始化，将变量 book1 引用实例的地址复制给变量 book2，即令变量 book2 与 book1 引用同一个 Book 类的实例，具体代码如下：

```
book2 = book1;
```

此时，Java 虚拟机的内存空间分配情况如图 2.5 所示。

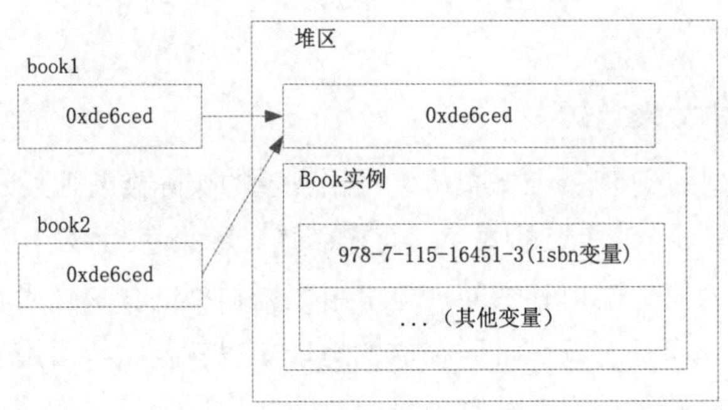

图 2.5　内存空间的分配情况 2

2.3.4　数据类型之间的相互转换

所谓数据类型之间的相互转换，就是将变量从当前数据类型转换为其他数据类型。在 Java 中，数据类型之间的相互转换可以分为以下 3 种情况：

（1）基本数据类型之间的相互转换。

（2）字符串与其他数据类型之间的相互转换。

（3）引用数据类型之间的相互转换。

在这里只介绍基本数据类型之间的相互转换，其他两种情况将在相关的章节中介绍。

在对多个基本数据类型的数据进行混合运算时，如果这几个数据并不属于同一基本数据类型，例如，在一个表达式中同时包含整数类型、浮点类型和字符类型的数据，则需要先将它们转换为统一的数据类型，然后才能进行计算。

基本数据类型之间的相互转换又分为两种情况，分别是自动类型转换和强制类型转换。

1. 自动类型转换

当需要从低级类型向高级类型转换时，编程人员无须进行任何操作，Java 会自动完成从低级类型向高级类型的转换。低级类型是指取值范围相对较小的数据类型，高级类型是指取值范围相对较大的数据类型，如 long 型相对于 float 型是低级数据类型，但是相对于 int 型则是高级数据类型。在基本数据类型中，除 boolean 型外，其他数据类型均可参与算术运算，这些数据类型从低到高的排序如图 2.6 所示。

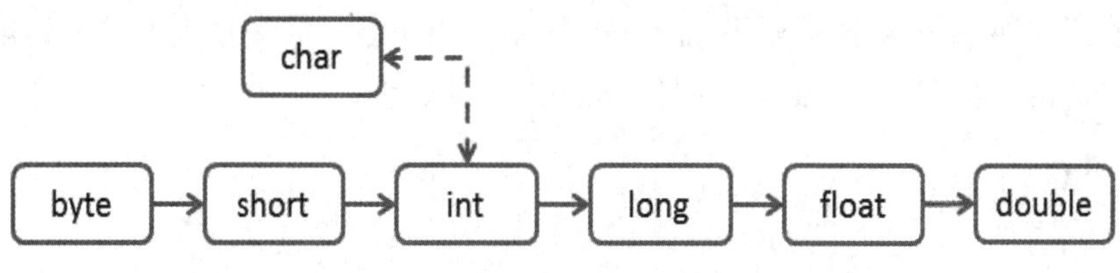

图 2.6　数据类型从低到高的排序

在不同数据类型之间的算术运算中，可以分为两种情况进行考虑：一种情况是在算术表达式中含有int、long、float或double型的数据；另一种情况是不含有上述4种类型的数据，即只含有 byte、short 或 char 型的数据。

（1）在算术表达式中含有 int、long、float 或 double 型的数据。

如果在算术表达式中含有 int、long、float 或 double 型的数据，则 Java 会先将表达式中所有数据类型相对较低的变量自动转换为表达式中数据类型最高的数据类型，再进行计算，并且计算结果的数据类型也为表达式中数据类型最高的数据类型。

例如，在下面的代码中，Java 会先自动将表达式“b * c - i + l”中的变量 b、c 和 i 的数据类型转换为 long 型，再进行计算，并且计算结果的数据类型为 long 型。也就是说，将表达式“b * c - i + l”直接赋值给数据类型低于 long 型（如 int 型）的变量是不被允许的，但是可以直接赋值给数据类型高于 long 型（如 float 型）的变量。

```
byte b = 75;
char c = 'c';
int i = 794215;
long l = 9876543210L;
long result = b * c - i + l;
```

而在下面的代码中，Java 会先自动将表达式“b * c - i + d”中的变量 b、c 和 i 的数据类型转换为 double 型，再进行计算，并且计算结果的数据类型为 double 型。也就是说，将表达式“b * c - i + d”直接赋值给数据类型低于 double 型（如 long 型）的变量是不被允许的。

```
byte b = 75;
char c = 'c';
int i = 794215;
double d = 11.17;
double result = b * c - i + d;
```

（2）在算术表达式中只含有 byte、short 或 char 型的数据。

如果在算术表达式中只含有 byte、short 或 char 型的数据，Java 会先将所有变量的类型自动转换为 int 型，再进行计算，并且计算结果的数据类型为 int 型。

例如，在下面的代码中，Java 会先自动将表达式“b + s * c”中的变量 b、s 和 c 的数据类型转换为 int 型，再进行计算，并且计算结果的数据类型为 int 型。也就是说，将表达式“b + s * c”直接赋值给数据类型低于 int 型（如 char 型）的变量是不被允许的，但是可以直接赋值给数据类型高于 int 型（例如 long 型）的变量。

```
byte b = 75;
short s = 9412;
char c = 'c';
int result = b + s * c;
```

在下面的代码中，Java 会先自动将表达式“s1 * s2”中的变量 s1 和 s2 的数据类型转换为 int 型，再进行计算，并且计算结果的数据类型也为 int 型。

```
short s1 = 75;
short s2 = 9412;
int result = s1 * s2;
```

对于数据类型为 byte、short、int、long、float 和 double 的变量，可以将数据类型相对较低的数据或变量直接赋值给数据类型相对较高的变量，例如，可以将数据类型为 short 的变量直接赋值给数据类型为 float 的变量，但是不可以将数据类型相对较高的数据或变量直接赋值给数据类型相对较低的变量，例如，不可以将数据类型为 float 的变量直接赋值给数据类型为 short 的变量。

对于数据类型为 char 的变量，不可以将数据类型为 byte 或 short 的变量直接赋值给 char 型变量；但是可以将 char 型变量直接赋值给 int、long、float 或 double 型的变量。

2. 强制类型转换

如果需要把数据类型相对较高的数据或变量赋值给数据类型相对较低的变量，就必须进行强制类型转换。例如，将 Java 默认为 double 型的数据“7.5”赋值给数据类型为 int 型变量的方式如下：

```
int i = (int) 7.5;
```

上面代码中在数据“7.5”的前方添加了代码“(int)”，意思是将数据“7.5”的类型强制转换为 int 型。

在进行强制类型转换时，可能会导致数据溢出或精度降低。例如，上面代码中最终变量 i 的值为 7，导致数据精度降低。

将 Java 默认为 int 型的数据“774”赋值给数据类型为 byte 型变量的方式如下：

```
byte b = (byte) 774;
```

最终变量 b 的值为 6，导致数据溢出。导致数据溢出的原因是整数 774 超出了 byte 型数据的取值范围，在进行强制类型转换时，表示整数 774 的二进制数据流的前 24 位会被舍弃，最终赋值给变量 b 的数值是后 8 位的二进制数据流的数据，如图 2.7 所示。

十进制数 774 的二进制数据流的表现形式

00000000 00000000 00000011 00000110

被舍弃的二进制数据流的前 24 位　截取二进制数据流的后 8 位（表示十进制数 6）赋值给变量 b

图 2.7 将十进制数 774 强制类型转换为 byte 型

学习笔记

在编程的过程中，建议读者谨慎使用可能导致数据溢出或精度降低的强制类型转换。

2.4 数组

数组是一种最为常见的数据结构，可以保存一组相同数据类型的数据。数组一旦创建，它的长度就固定了。数组的类型可以为基本数据类型，也可以为引用数据类型；可以为一维数组、二维数组，也可以为多维数组。

2.4.1 声明数组

声明数组需要指定数组类型和数组标识符。

声明一维数组的方式如下：

```
数组类型 [] 数组标识符 ;
数组类型 数组标识符 [];
```

上面两种声明数组格式的作用是相同的，但是前一种方式更符合原理，后一种方式更符合原始编程习惯。例如，分别声明一个 int 型和 boolean 型的一维数组，具体代码如下：

```
int[] months;
boolean members[];
```

Java 中的二维数组是一种特殊的一维数组，即数组的每个元素是一个一维数组，Java 并不直接支持二维数组。

声明二维数组的方式如下：

```
数组类型 [][] 数组标识符 ;
数组类型 数组标识符 [][];
```

例如，分别声明一个 int 型和 boolean 型二维数组，具体代码如下：

```
int[][] days;
boolean holidays[][];
```

2.4.2 创建数组

创建数组实质上就是在内存中为数组分配相应的存储空间。

创建一维数组：

```
int[] months = new int[12];
```

创建二维数组：

```
int[][] days = new int[2][3];
```

可以将二维数组看作一个表格，例如，可以将上面创建的数组 days 看作如表 2.4 所示的表格。

表 2.4 二维数组内部结构表

行 列 索 引	列索引 0	列索引 1	列索引 2
行索引 0	days[0][0]	days[0][1]	days[0][2]
行索引 1	days[1][0]	days[1][1]	days[1][2]

2.4.3 初始化数组

在声明数组的同时，可以给数组元素一个初始值，一维数组初始化如下：

```
int boy [] ={2,45,36,7,69};
```

上述语句等价于：

```
int boy [] = new int [5]
```

二维数组初始化如下：

```
boolean holidays[][] = { { true, false, true }, { false, true, false } };
```

2.4.4 数组长度

数组的元素的个数称为数组的长度。对于一维数组，“数组名 .length”的值就是数组中元素的个数；对于二维数组，“数组名 .length”的值是它含有的一维数组的个数。例如：

```
int[] months = new int[12];                       // 一维数组 months
Boolean[] members = {false, true, true, false};// 一维数组 members
int[][] days = new int[2][3];                     // 二维数组 days
// 二维数组 holidays
```

```
boolean holidays[][] = {{true, false, true}, {false, true, false}};
```

如果需要获得一维数组的长度，可以通过下面的方式：

```
System.out.println(months.length);            // 输出值为 12
System.out.println(members.length);           // 输出值为 4
```

如果是通过下面的方式获得的二维数组的长度，则得到的是二维数组的行数：

```
System.out.println(days.length);              // 输出值为 2
System.out.println(holidays.length);          // 输出值为 2
```

如果需要获得二维数组的列数，可以通过下面的方式：

```
System.out.println(days[0].length);           // 输出值为 3
System.out.println(holidays[0].length);       // 输出值为 3
```

如果是通过“{}”创建的数组，则数组中每一行的列数可以不相同，例如：

```
boolean holidays[][] = {
      { true, false, true },                  // 二维数组的第一行为 3 列
      { false, true },                        // 二维数组的第二行为 2 列
      { true, false, true, false } };         // 二维数组的第三行为 4 列
```

在这种情况下，通过下面的方式得到的只是第一行拥有的列数：

```
System.out.println(holidays[0].length);       // 输出值为 3
```

如果需要获得二维数组中第二行和第三行拥有的列数，可以通过下面的方式：

```
System.out.println(holidays[1].length);       // 输出值为 2
System.out.println(holidays[2].length);       // 输出值为 4
```

2.4.5　使用数组元素

一维数组通过索引符来访问自己的元素，如 months[0]，months[1] 等。需要注意的是，索引是从 0 开始的，而不是从 1 开始的。如果数组中有 4 个元素，那么索引到 3 为止。

在访问数组中的元素时，需要同时指定数组标识符和元素在数组中的索引。例如，访问上面代码中创建的数组，输出索引为 2 的元素，具体代码如下：

```
System.out.println(months[2]);
System.out.println(members[2]);
```

二维数组也是通过索引符访问自己的元素的。在访问数组中的元素时，需要同时指定数组标识符和元素在数组中的索引，例如，访问 2.4.2 节代码中创建的二维数组，输出位于第二行、第三列的元素，具体代码如下：

```
System.out.println(days[1][2]);
System.out.println(holidays[1][2]);
```

第 3 章　运算符与流程控制

程序在运行时通常是按照由上至下的顺序执行的，但有时程序会根据不同的情况，选择不同的语句区块来运行，或者必须重复运行某一语句区块，或者跳转到某一语句区块继续运行，这些根据不同的条件运行不同的语句区块的方式被称为“程序流程控制”。Java 中的流程控制语句有分支语句、循环语句和跳转语句 3 种。

3.1　运算符

在 Java 中，与类无关的运算符主要有赋值运算符、算术运算符、关系运算符、逻辑运算符和位运算符，下面介绍各种运算符的使用方法。

3.1.1　赋值运算符

赋值运算符的符号为“=”，它的作用是将数据、变量或对象赋值给相应类型的变量或对象，例如：

```
int i = 75;                                   // 将数据赋值给变量
long l = i;                                   // 将变量赋值给变量
Object object = new Object();                 // 创建对象
```

赋值运算符的结合性为从右到左。例如，在下面的代码中，首先计算表达式“9412 + 75”，然后将计算结果赋值给变量 result：

```
int result = 9412 + 75;
```

如果两个变量的值相同，也可以使用如下代码完成赋值操作：

```
int x, y;                                     // 声明两个 int 型变量
x = y = 0;                                    // 为两个变量同时赋值
```

3.1.2　算术运算符

算术运算符支持整数类型数据和浮点类型数据的运算。当整数类型数据与浮点类型数

据之间进行算术运算时，Java 会自动完成数据类型的转换，并且计算结果为浮点类型。Java 中算术运算符的功能及使用方法如表 3.1 所示。

表 3.1　算术运算符的功能及使用方法

运 算 符	功　能	举　例	运 算 结 果	结 果 类 型
+	加法运算	10 + 7.5	17.5	double
-	减法运算	10 – 7.5F	2.5F	float
*	乘法运算	3 * 7	21	int
/	除法运算	21 / 3L	7L	long
%	求余运算	10 % 3	1	int

在进行算术运算时，有两种情况需要考虑：一种情况是没有小数参与运算；另一种情况则是有小数参与运算。

1. 没有小数参与运算

在对整数类型数据或变量进行加法（+）、减法（-）和乘法（*）运算时，与数学中的运算方式完全相同，这里就不再介绍了。下面介绍在整数之间进行除法（/）和求余（%）运算时需要注意的问题。

（1）进行除法运算时需要注意的问题。

当在整数类型数据和变量之间进行除法运算时，无论能否整除，运算结果都将是一个整数，并且这并不是通过四舍五入得到的整数，而是简单地去掉小数部分而得到的整数。例如，通过下面的代码分别计算 10 除以 3 和 5 除以 2，最终输出的运算结果依次为 3 和 2：

```
System.out.println(10 / 3);                // 最终输出的运算结果为 3
System.out.println(5 / 2);                 // 最终输出的运算结果为 2
```

（2）进行求余运算时需要注意的问题。

当在整数类型数据和变量之间进行求余运算时，运算结果为数学运算中的余数。例如，通过下面的代码分别计算 10 除以 3 的余数、10 除以 5 的余数和 10 除以 7 的余数，最终输出的运算结果依次为 1、0 和 3：

```
System.out.println(10 % 3);                // 最终输出的运算结果为 1
System.out.println(10 % 5);                // 最终输出的运算结果为 0
System.out.println(10 % 7);                // 最终输出的运算结果为 3
```

（3）关于 0 的问题。

与数学运算一样，0 可以作为被除数，但是不可以作为除数。当 0 作为被除数时，无论是除法运算，还是求余运算，运算结果都为 0。例如，通过下面的代码分别计算 0 除以 6，以及 0 除以 6 的余数，最终输出的运算结果均为 0：

```
System.out.println(0 / 6);                 // 最终输出的运算结果为 0
System.out.println(0 % 6);                 // 最终输出的运算结果为 0
```

当 0 作为除数时，虽然可以编译成功，但是在运行时会抛出 java.lang.ArithmeticException 异常，即算术运算异常。

2. 有小数参与运算

在对浮点类型数据或变量进行算术运算时，如果在算术表达式中含有 double 型数据或变量，则运算结果为 double 型，否则运算结果为 float 型。

在对浮点类型数据或变量进行算术运算时，计算机计算出的结果在小数点后可能会包含 *n* 位小数，这些小数有时并不是精确的，而是会与数学运算中的结果存在一定的误差，只能是尽量接近数学运算中的结果。例如，在计算 4.0 减去 2.1 时，不同的数据类型会得到不同的计算结果，但是这些计算结果都会尽量接近或等于数学运算结果 1.9，具体代码如下：

```
System.out.println(4.0F - 2.1F);        // 输出的运算结果为 1.9000001
System.out.println(4.0 - 2.1F);         // 输出的运算结果为 1.9000000953674316
System.out.println(4.0F - 2.1);         // 输出的运算结果为 1.9
System.out.println(4.0 - 2.1);          // 输出的运算结果为 1.9
```

如果被除数为浮点型数据或变量，无论是除法运算，还是求余运算，0 都可以作为除数。如果是除法运算，则当被除数是正数时，运算结果为 Infinity，表示无穷大，当被除数是负数时，运算结果为 -Infinity，表示无穷小；如果是求余运算，则运算结果为 NaN，例如：

```
System.out.println(7.5 / 0);                    // 输出的运算结果为 Infinity
System.out.println(-7.5 / 0);                   // 输出的运算结果为 -Infinity
System.out.println(7.5 % 0);                    // 输出的运算结果为 NaN
System.out.println(-7.5 % 0);                   // 输出的运算结果为 NaN
```

3.1.3 关系运算符

关系运算符用于比较数据的大小，运算结果为 boolean 型。当关系表达式成立时，运算结果为 true；当关系表达式不成立时，运算结果为 false。Java 中的关系运算符的功能及使用方法如表 3.2 所示。

表 3.2 关系运算符的功能及使用方法

运 算 符	功 能	举 例	运 算 结 果	可运算数据类型
>	大于	'a' > 'b'	false	整数类型、浮点类型、字符类型
<	小于	2 < 3.0	true	整数类型、浮点类型、字符类型
==	等于	'X' == 88	true	所有数据类型
!=	不等于	true != true	false	所有数据类型
>=	大于或等于	6.6 >= 8.8	false	整数类型、浮点类型、字符类型
<=	小于或等于	'M' <= 88	true	整数类型、浮点类型、字符类型

从表 3.2 中可以看出，所有关系运算符均可用于整数类型、浮点类型和字符类型数据

的运算，其中，运算符“==”和“!=”还可用于 boolean 型和引用数据类型数据的运算，即可用于所有的数据类型数据的运算。

学习笔记

要注意关系运算符“==”和赋值运算符“=”的区别！

3.1.4 逻辑运算符

逻辑运算符用于对 boolean 型数据进行运算，运算结果仍为 boolean 型。Java 中的逻辑运算符有“!”（取反）、“^”（异或）、“&”（非简洁与）、“|”（非简洁或）、“&&”（简洁与）和“||”（简洁或），下面将依次介绍各个运算符的用法和特点。

1. 运算符“! ”

运算符“! ”用于对逻辑值进行取反运算。当逻辑值为 true 时，经过取反运算后的运算结果为 false；当逻辑值为 false 时，经过取反运算后的运算结果则为 true，例如：

```
System.out.println(!true);                    // 输出的运算结果为false
System.out.println(!false);                   // 输出的运算结果为true
```

2. 运算符“^”

运算符“^”用于对逻辑值进行异或运算。当运算符的两侧同时为 true 或 false 时，运算结果为 false；否则运算结果为 true，例如：

```
System.out.println(true ^ true);              // 输出的运算结果为false
System.out.println(true ^ false);             // 输出的运算结果为true
System.out.println(false ^ true);             // 输出的运算结果为true
System.out.println(false ^ false);            // 输出的运算结果为false
```

3. 运算符“&&”和“&”

运算符“&& ”和“&”均用于逻辑与运算。当运算符的两侧同时为 true 时，运算结果为 true；否则运算结果为 false，例如：

```
System.out.println(true & true);              // 输出的运算结果为true
System.out.println(true & false);             // 输出的运算结果为false
System.out.println(false & true);             // 输出的运算结果为false
System.out.println(false & false);            // 输出的运算结果为false
System.out.println(true && true);             // 输出的运算结果为true
System.out.println(true && false);            // 输出的运算结果为false
System.out.println(false && true);            // 输出的运算结果为false
System.out.println(false && false);           // 输出的运算结果为false
```

运算符“&&”为简洁与运算符，运算符“&”为非简洁与运算符，它们的区别如下：

（1）只有在运算符“&&”左侧为 true 时，才会运算其右侧的逻辑表达式，否则直接返回运算结果 false。

（2）无论运算符“&”左侧为 true 或 false，都要运算其右侧的逻辑表达式，最后才会返回运算结果。

下面首先声明两个 int 型变量 x 和 y，并分别将它们初始化为 7 和 5，然后运算表达式“(x < y) && (x++ == y--)”，并输出表达式的运算结果。在这个表达式中，如果运算符“&&”右侧的表达式“(x++ == y--)”被执行，则变量 x 和 y 的值将分别变为 8 和 4，并输出变量 x 和 y 的值，具体代码如下：

```
int x = 7, y = 5;
System.out.println((x < y) && (x++ == y--));        // 输出的运算结果为false
System.out.println("x=" + x);                        // 输出 x 的值为 7
System.out.println("y=" + y);                        // 输出 y 的值为 5
```

执行上面的代码，输出表达式的运算结果为 false，输出变量 x 和 y 的值分别为 7 和 5，说明当运算符“&&”左侧为 false 时，并不运算其右侧的表达式。下面将运算符“&&”修改为“&”，具体代码如下：

```
int x = 7, y = 5;
System.out.println((x < y) & (x++ == y--));         // 输出的运算结果为false
System.out.println("x=" + x);                        // 输出 x 的值为 8
System.out.println("y=" + y);                        // 输出 y 的值为 4
```

执行上面的代码，输出表达式的运算结果为 false，输出变量 x 和 y 的值分别为 8 和 4，说明当运算符“&”左侧为 false 时，也要运算其右侧的表达式。

4. 运算符“||”和“|”

运算符“|| ”和“|”均用于逻辑或运算。当运算符的两侧同时为 false 时，运算结果为 false；否则运算结果为 true，例如：

```
System.out.println(true | true);                     // 输出的运算结果为true
System.out.println(true | false);                    // 输出的运算结果为true
System.out.println(false | true);                    // 输出的运算结果为true
System.out.println(false | false);                   // 输出的运算结果为false
System.out.println(true || true);                    // 输出的运算结果为true
System.out.println(true || false);                   // 输出的运算结果为true
System.out.println(false || true);                   // 输出的运算结果为true
System.out.println(false || false);                  // 输出的运算结果为false
```

运算符“||”为简洁或运算符，运算符“|”为非简洁或运算符，它们的区别如下：

（1）只有在运算符“||”左侧为 false 时，才会运算其右侧的逻辑表达式；否则直接返回运算结果 true。

（2）无论运算符“|”左侧为 true 或 false，都要运算其右侧的逻辑表达式，最后才会返回运算结果。

下面首先声明两个 int 型变量 x 和 y，并将它们分别初始化为 7 和 5，然后运算表达式“(x > y) || (x++ == y--)”，并输出表达式的运算结果。在这个表达式中，如果运算符“||”右侧的表达式“(x++ == y--)”被执行，则变量 x 和 y 的值将分别变为 8 和 4，并输出变量 x 和 y 的值，具体代码如下：

```
int x = 7, y = 5;
System.out.println((x > y) || (x++ == y--));     // 输出的运算结果为 true
System.out.println("x=" + x);                     // 输出 x 的值为 7
System.out.println("y=" + y);                     // 输出 y 的值为 5
```

执行上面的代码，输出表达式的运算结果为 true，输出变量 x 和 y 的值分别为 7 和 5，说明当运算符“||”左侧为 true 时，并不运算其右侧的表达式。下面将运算符“||”修改为“|”，具体代码如下：

```
int x = 7, y = 5;
System.out.println((x > y) | (x++ == y--));      // 输出的运算结果为 true
System.out.println("x=" + x);                     // 输出 x 的值为 8
System.out.println("y=" + y);                     // 输出 y 的值为 4
```

执行上面的代码，输出表达式的运算结果为 true，输出变量 x 和 y 的值分别为 8 和 4，说明当运算符“|”左侧为 true 时，也要运算其右侧的表达式。

3.1.5　位运算符

位运算是对操作数以二进制位为单位进行的操作和运算，运算结果均为整数类型。位运算符又分为逻辑位运算符和移位运算符。

1. 逻辑位运算符

逻辑位运算符有“~”（按位取反）、“&”（按位与）、“|”（按位或）和“^”（按位异或），用来对操作数进行按位运算，它们的运算规则如表 3.3 所示。

表 3.3　逻辑位运算符的运算规则

操作数 x	操作数 y	~x	x&y	x|y	x^y
0	0	1	0	0	0
0	1	1	0	1	1
1	0	0	0	1	1
1	1	0	1	1	0

按位取反运算是将二进制位中的 0 修改为 1，1 修改为 0。在进行按位与运算时，只有当两个二进制位都为 1 时，结果才为 1。在进行按位或运算时，只要有一个二进制位为 1，结果就为 1。在进行按位异或运算时，当两个二进制位同时为 0 或 1 时，结果为 0，否

则结果为 1。

【例 3.1】 逻辑位运算符的运算规则。

下面是几个用来理解各个逻辑位运算符的运算规则的例子，具体代码如下：

```
public class Example {
   public static void main(String[] args) {
      int a = 5 & -4;                                  // 运算结果为 4
      int b = 3 | 6;                                   // 运算结果为 7
      int c = 10 ^ 3;                                  // 运算结果为 9
      int d = ~(-14);                                  // 运算结果为 13
   }
}
```

上面代码中各表达式的运算过程分别如图 3.1 ～图 3.4 所示。

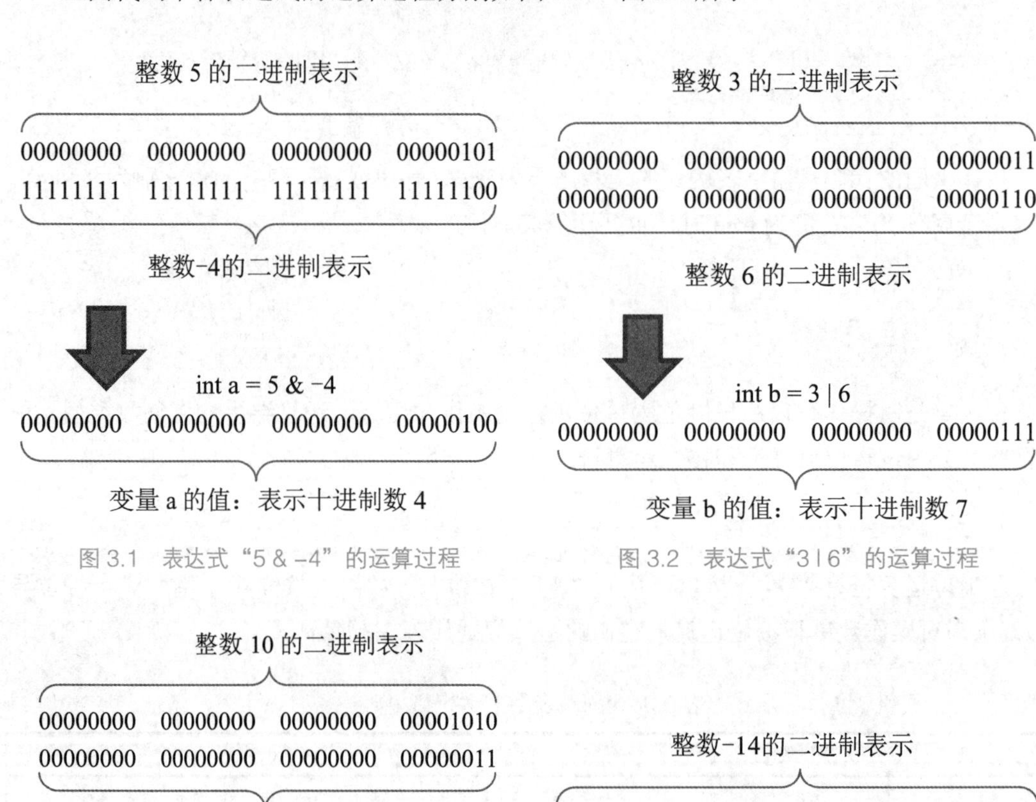

图 3.1 表达式“5 & −4”的运算过程

图 3.2 表达式“3 | 6”的运算过程

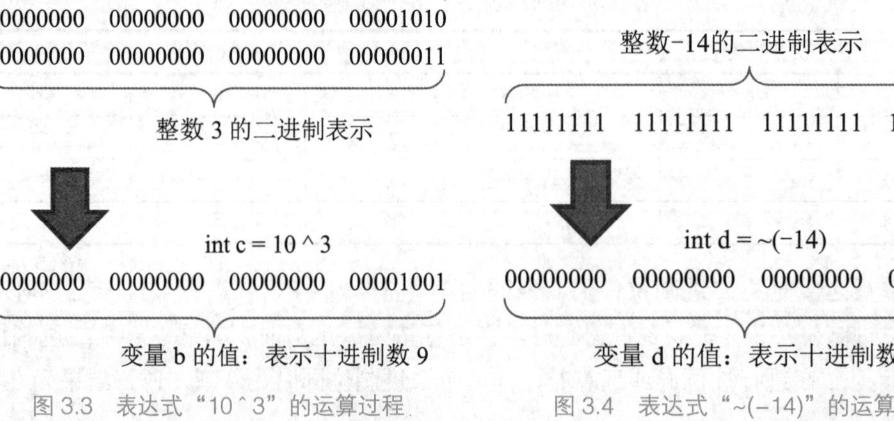

图 3.3 表达式“10 ^ 3”的运算过程

图 3.4 表达式“~(−14)”的运算过程

2. 移位运算符

移位运算符有“<<”（左移，低位添 0 补齐）、“>>”（右移，高位添符号位）和“>>>”（无符号右移，高位添 0 补齐），用来对操作数进行移位运算。

其中，“>>”表示右移，若操作数为正数，则高位补 0；若操作数为负数，则高位补 1。“>>>”表示无符号右移，也叫逻辑右移，无论操作数为正数还是负数，高位都补 0。

【例 3.2】 移位运算符的运算规则。

下面是几个用来理解各个移位运算符的运算规则的例子，具体代码如下：

```
public class Example {
    public static void main(String[] args) {
        int a = -2 << 3;            // 运算结果为-16
        int c = 15 >> 2;            // 运算结果为3
        int e = 4 >>> 2;            // 运算结果为1
        int f = -5 >>> 1;           // 运算结果为2147483645
    }
}
```

上面代码中各表达式的运算过程分别如图 3.5 ～图 3.8 所示。

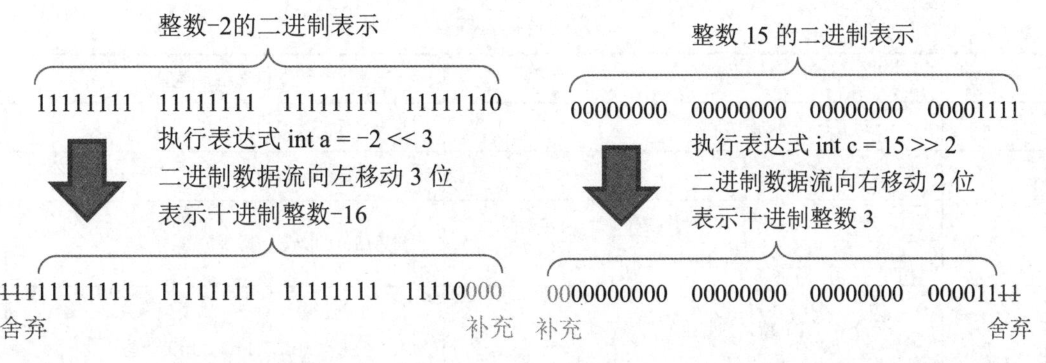

整数-2的二进制表示
11111111 11111111 11111111 11111110
执行表达式 int a = -2 << 3
二进制数据流向左移动 3 位
表示十进制整数-16
11111111111 11111111 11111111 11110000
舍弃
补充

图 3.5 表达式“-2 << 3”的运算过程

整数 15 的二进制表示
00000000 00000000 00000000 00001111
执行表达式 int c = 15 >> 2
二进制数据流向右移动 2 位
表示十进制整数 3
0000000000 00000000 00000000 00001111
补充
舍弃

图 3.6 表达式“15 >> 2”的运算过程

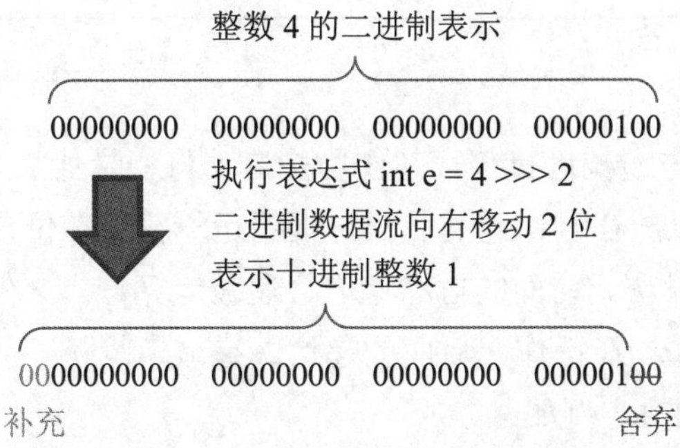

整数 4 的二进制表示
00000000 00000000 00000000 00000100
执行表达式 int e = 4 >>> 2
二进制数据流向右移动 2 位
表示十进制整数 1
0000000000 00000000 00000000 00000100
补充
舍弃

图 3.7 表达式“4 >>> 2”的运算过程

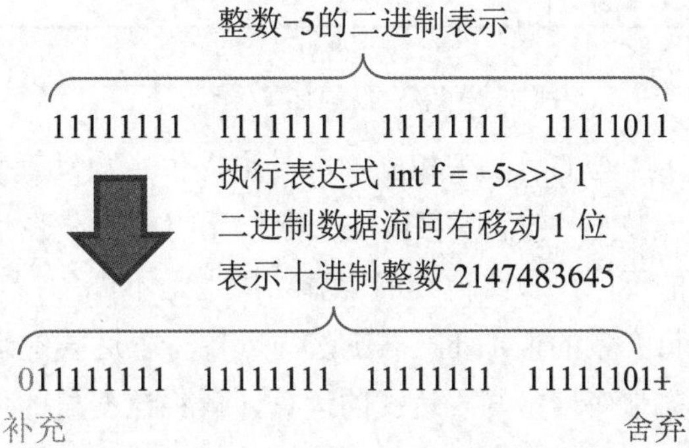

整数-5的二进制表示
11111111 11111111 11111111 11111011
执行表达式 int f = -5>>> 1
二进制数据流向右移动 1 位
表示十进制整数 2147483645
011111111 11111111 11111111 11111011
补充
舍弃

图 3.8 表达式“-5 >>> 1”的运算过程

3.1.6 对象运算符

对象运算符（instanceof）用来判断对象是否为某一类型，运算结果为 boolean 型。如果运算结果为 boolean 型，则返回 true；否则返回 false。对象运算符的关键字为 instanceof，它的应用形式如下：

```
对象标识符 instanceof 类型标识符
```

例如：

```
java.util.Date date = new java.util.Date();
System.out.println(date instanceof java.util.Date);    // 运算结果为true
System.out.println(date instanceof java.sql.Date);     // 运算结果为false
```

3.1.7 其他运算符

在 Java 中，除了前面介绍的几类运算符，还有一些不属于上述类别的运算符，它们的运算规则如表 3.4 所示。

表 3.4 其他运算符的运算规则

运算符	说　明	运算结果类型
++	一元运算符，自动递增	与操作元的类型相同
--	一元运算符，自动递减	与操作元的类型相同
?:	三元运算符，根据“?”左侧的逻辑值，决定返回“:”两侧中的一个值，类似于 if…else 流程控制语句	与返回值的类型相同
[]	用于声明、建立或访问数组的元素	若用于创建数组对象，则类型为数组；若用于访问数组元素，则类型为该数组的类型
.	用于访问类的成员或对象的实例成员	若访问的是成员变量，则类型与该变量相同；若访问的是方法，则类型与该方法的返回值相同

1. 自动递增、递减运算符

与 C、C++ 相同，Java 也提供了自动递增与递减运算符，其作用是自动将变量值加 1 或减 1。它们既可以放在操作元的前面，也可以放在操作元的后面，根据运算符所在位置的不同，最终得到的运算结果也是不同的：在操作元前面的自动递增、递减运算符，会先将变量的值加 1，再使该变量参与表达式的运算；在操作元后面的递增、递减运算符，会先使变量参与表达式的运算，再将该变量的值加 1。例如：

```
int num1=3;
int num2=3;
```

```
int a=2+(++num1);                         // 先将变量 num1 加 1，再执行“2+4”
int b=2+(num2++);                         // 先执行“2+3”，再将变量 num2 加 1
System.out.println(a);                    // 输出结果为：6
System.out.println(b);                    // 输出结果为：5
System.out.println(num1);                 // 输出结果为：4
System.out.println(num2);                 // 输出结果为：4
```

学习笔记

自动递增、递减运算符的操作元只能为变量，不能为字面常数和表达式，而且该变量类型必须为整数类型、浮点类型或 Java 包装类型。例如，++1、(num+2)++ 都是不合法的。

2. 三元运算符“?:”

三元运算符“?:”的应用形式如下：

```
逻辑表达式 ? 表达式 1 : 表达式 2
```

三元运算符“?:”的运算规则为：若逻辑表达式的值为 true，则整个表达式的值为表达式 1 的值；否则为表达式 2 的值。例如：

```
int store=12;
// 输出结果为“库存量：12”
System.out.println(store<=5?"库存不足！":"库存量："+store);
```

以上代码等价于下面的 if…else 语句：

```
int store = 12;
if (store <= 5)
    System.out.println("库存不足！");
else
    System.out.println("库存：" + store);
```

需要注意的是，对于三元运算符“?:”中的表达式 1 和表达式 2，只有其中的一个表达式会被执行，例如：

```
int x = 7, y = 5;
System.out.println(x > y ? x++ : y++);          // 输出结果为 7
System.out.println("x=" + x);                   // x 的值为 8
System.out.println("y=" + y);                   // y 的值为 5
```

3.1.8　运算符的优先级及结合性

当在一个表达式中存在多个运算符，需要进行混合运算时，则会根据运算符的优先级来决定执行顺序。Java 中运算符的优先级如表 3.5 所示。

表 3.5 Java 中运算符的优先级

<table>
<tr><th>优先级</th><th>说明</th><th colspan="12">运算符</th></tr>
<tr><td>最高</td><td>括号</td><td colspan="3">()</td><td colspan="3"></td><td colspan="3"></td><td colspan="3"></td></tr>
<tr><td rowspan="14"></td><td>后置运算符</td><td colspan="3">[]</td><td colspan="3">.</td><td colspan="3"></td><td colspan="3"></td></tr>
<tr><td>正负号</td><td colspan="3">+</td><td colspan="3">-</td><td colspan="3"></td><td colspan="3"></td></tr>
<tr><td>一元运算符</td><td colspan="3">++</td><td colspan="3">--</td><td colspan="3">!</td><td colspan="3">~</td></tr>
<tr><td>乘除运算</td><td colspan="3">*</td><td colspan="3">/</td><td colspan="3">%</td><td colspan="3"></td></tr>
<tr><td>加减运算</td><td colspan="3">+</td><td colspan="3">-</td><td colspan="3"></td><td colspan="3"></td></tr>
<tr><td>移位运算</td><td colspan="3"><<</td><td colspan="3">>></td><td colspan="3">>>></td><td colspan="3"></td></tr>
<tr><td>比较大小</td><td colspan="3"><</td><td colspan="3">></td><td colspan="3"><=</td><td colspan="3">>=</td></tr>
<tr><td>比较是否相等</td><td colspan="3">==</td><td colspan="3">!=</td><td colspan="3"></td><td colspan="3"></td></tr>
<tr><td>按位与运算</td><td colspan="3">&</td><td colspan="3"></td><td colspan="3"></td><td colspan="3"></td></tr>
<tr><td>按位异或运算</td><td colspan="3">^</td><td colspan="3"></td><td colspan="3"></td><td colspan="3"></td></tr>
<tr><td>按位或运算</td><td colspan="3">|</td><td colspan="3"></td><td colspan="3"></td><td colspan="3"></td></tr>
<tr><td>逻辑与运算</td><td colspan="3">&&</td><td colspan="3"></td><td colspan="3"></td><td colspan="3"></td></tr>
<tr><td>逻辑或运算</td><td colspan="3">||</td><td colspan="3"></td><td colspan="3"></td><td colspan="3"></td></tr>
<tr><td>三元运算符</td><td colspan="3">?:</td><td colspan="3"></td><td colspan="3"></td><td colspan="3"></td></tr>
<tr><td>最低</td><td>赋值及复合赋值</td><td>=</td><td>*=</td><td>/=</td><td>%=</td><td>+=</td><td>-=</td><td>>>=</td><td>>>>=</td><td><<<=</td><td>&=</td><td>^=</td><td>|=</td></tr>
</table>

表 3.5 所列运算符的优先级，由上而下优先级逐渐降低。其中，优先级最高的是之前未提及的括号“()”，它的使用与数学运算中的括号一样，只是用来指定括号内的表达式要优先处理，括号内的多个运算符，仍然需要依照表 3.5 的优先级顺序进行运算。

对于处在同一层级的运算符，需要按照它们的结合性，即“先左后右”还是“先右后左”的顺序来执行。在 Java 中，除赋值运算符的结合性为“先右后左”以外，其他所有运算符的结合性都是“先左后右”。

3.2 if 语句

if 语句也称条件语句，是对语句中不同条件的值进行判断，从而根据不同的条件执行不同操作的语句。

条件语句可分为以下 3 种形式：

（1）简单的 if 条件语句。

（2）if…else 条件语句。

（3）if…else if 多分支条件语句。

3.2.1 简单的 if 条件语句

简单的 if 条件语句是对某种条件进行相应的处理。通常表现为“如果满足某种条件，则进行某种处理”。它的一般形式为：

```
if(表达式){
    语句序列
}
```

- 表达式：必要参数。其值可以由多个表达式组成，但其最后的结果一定是 boolean 型，也就是说，其结果只能是 true 或 false。
- 语句序列：可选参数。一条或多条语句，当表达式的值为 true 时执行这些语句。当该语句序列被省略时，可以保留大括号，也可以去掉大括号，然后在 if 条件语句的末尾添加分号“;”。如果该语句序列只有一条语句，则大括号可以省略不写，但为了增强程序的可读性，最好不省略。

例如：如果今天下雨，则我们就不出去玩。

条件语句为：

```
if(今天下雨){
    我们就不出去玩;
}
```

下面的代码都是正确的：

```
if(今天下雨);
if(今天下雨)
    我们就不出去玩;
```

简单的 if 条件语句执行流程如图 3.9 所示。

【例 3.3】 使用简单的 if 条件语句获取两个数的最小值，具体代码如下：

```
public class IfDemo {
    public static void main(String args[]) {
        int a = 3, b = 4, c = 0;
        if (a < b) {                                    // 比较 a 和 b
            c = a;                                      // 将 a 值赋给 c
        }
        if (a > b) {                                    // 比较 a 和 b
            c = b;                                      // 将 b 值赋给 c
        }
        System.out.println("c 的最终结果为: " + c); // 输出 c 值
    }
}
```

程序运行结果如图 3.10 所示。

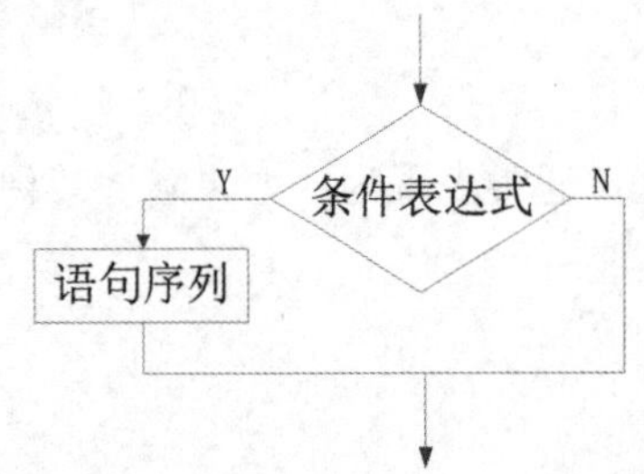

图 3.9　简单的 if 条件语句执行流程

图 3.10　简单的 if 条件语句获取最小值的结果

3.2.2　if…else 条件语句

if…else 条件语句是条件语句的一种最通用的形式。else 是可选的，通常表现为“如果满足某种条件，则进行某种处理，否则进行另一种处理”。它的一般形式为：

```
if(表达式){
    语句序列 1
}else{
    语句序列 2
}
```

- 表达式：必要参数。其值可以由多个表达式组成，但其最后的结果一定是 boolean 型，也就是说，其结果只能是 true 或 false。
- 语句序列 1：可选参数。一条或多条语句，当表达式的值为 true 时执行这些语句。
- 语句序列 2：可选参数。一条或多条语句，当表达式的值为 false 时执行这些语句。

例如：如果指定年为闰年，则二月份为 29 天，否则二月份为 28 天。

条件语句为：

```
if(指定年为闰年){
    二月份为 29 天；
}else{
    二月份为 28 天；
}
```

if…else 条件语句执行流程如图 3.11 所示。

【例 3.4】　使用 if…else 条件语句判断 69 与 29 的大小，具体代码如下：

```
public class IfElseDemo{
    public static void main(String args[]){
        int a=69,b=29;
        if(a>b){                                    //判断 a 与 b 的大小
            System.out.println(a+" 大于 "+b);
```

```
        }else{
            System.out.println(a+" 小于 "+b);
        }
    }
}
```

程序运行结果如图 3.12 所示。

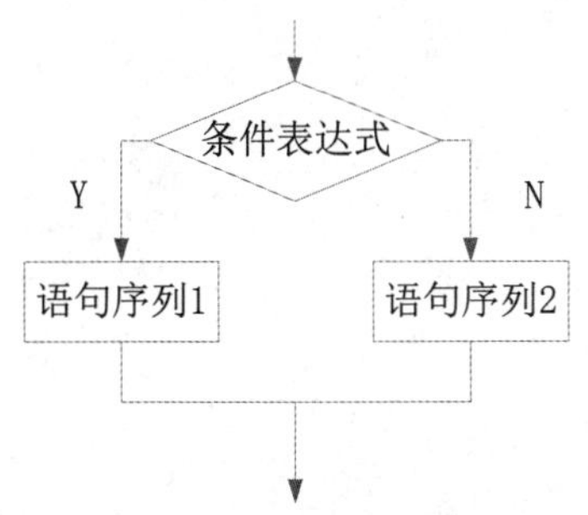

图 3.11　if…else 条件语句执行流程

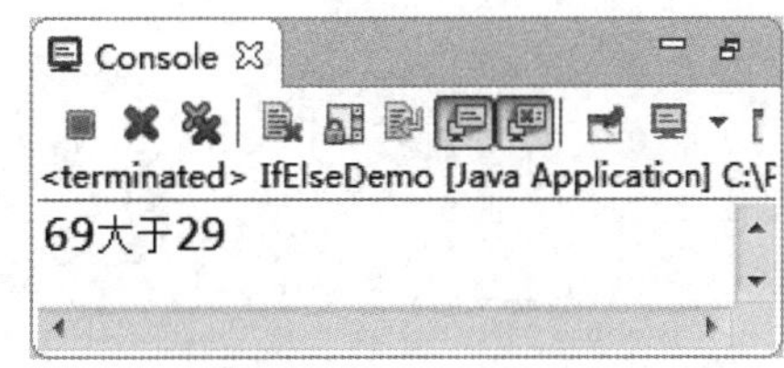

图 3.12　if…else 条件语句判断大小的结果

3.2.3　if…else if 多分支语句

if…else if 多分支语句用于对某一事件的多种情况进行处理。通常表现为“如果满足某种条件，则进行某种处理；如果满足另一种条件，则进行另一种处理；如果所有条件都不满足，则进行其他处理”。它的一般形式为：

```
if(表达式 1){
    语句序列 1
}else if(表达式 2){
    语句序列 2
}else{
    语句序列 n
}
```

- 表达式 1 和表达式 2：必要参数。其值可以由多个表达式组成，但其最后的结果一定是 boolean 型，也就是说，其结果只能是 true 或 false。
- 语句序列 1：可选参数。一条或多条语句，当表达式 1 的值为 true 时执行这些语句。
- 语句序列 2：可选参数。一条或多条语句，当表达式 1 的值为 false，表达式 2 的值为 true 时执行这些语句。
- 语句序列 n：可选参数。一条或多条语句，当表达式 1 的值为 false，表达式 2 的值也为 false 时执行这些语句。

例如：如果今天是星期一，则上数学课；如果今天是星期二，则上语文课；否则上自习。条件语句为：

```
if(今天是星期一){
    上数学课;
}else if(今天是星期二){
    上语文课;
}else{
    上自习;
}
```

if…else if 多分支语句执行流程如图 3.13 所示。

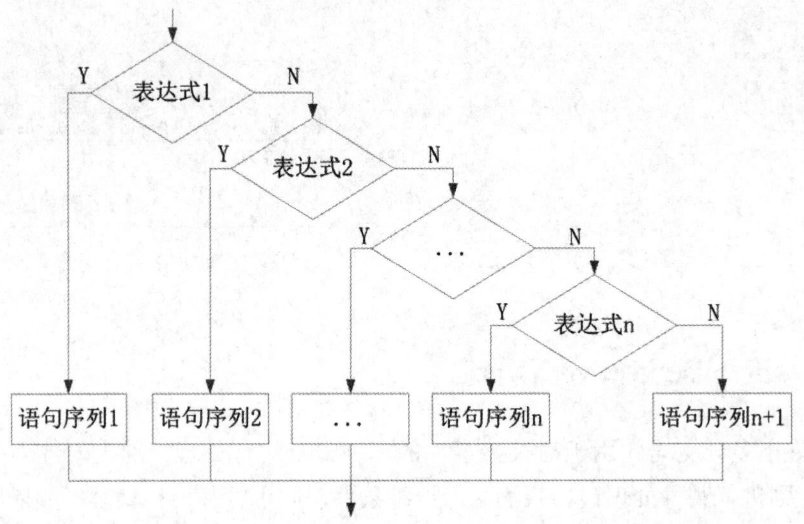

图 3.13　if…else if 多分支语句执行流程

3.2.4　if 语句的嵌套

if 语句的嵌套就是在 if 语句中又包含一个或多个 if 语句。这样的语句一般都用于比较复杂的分支语句中，它的一般形式为：

```
if(表达式 1){
    if(表达式 2){
        语句序列 1
    }else{
        语句序列 2
    }
}else{
    if(表达式 3){
        语句序列 3
    }else{
        语句序列 4
    }
}
```

- 表达式 1、表达式 2 和表达式 3：必要参数。其值可以由多个表达式组成，但其最后的结果一定是 boolean 型，也就是说，其结果只能是 true 或 false。
- 语句序列 1：可选参数。一条或多条语句，当表达式 1 和表达式 2 的值都为 true 时执行这些语句。
- 语句序列 2：可选参数。一条或多条语句，当表达式 1 值为 true，表达式 2 的值为 false 时执行这些语句。
- 语句序列 3：可选参数。一条或多条语句，当表达式 1 的值为 false，表达式 3 的值为 true 时执行这些语句。
- 语句序列 4：可选参数。一条或多条语句，当表达式 1 的值为 false，表达式 3 的值也为 false 时执行这些语句。

【例 3.5】 使用 if…else 嵌套实现：判断英语打 78 分处在什么阶段。条件为：成绩大于或等于 90 分为优，成绩在 75（含）～ 90 分为良，成绩在 60（含）～ 75 分为及格，成绩小于 60 分为不及格，具体代码如下：

```
public class GradeDemo {
    public static void main(String args[]) {
        int English = 78;
        if (English >= 75) {                    // 判断 English 分数是否大于或等于 75
            if (English >= 90) {                // 判断 English 分数是否大于或等于 90
                System.out.println(" 英语打 " + English + " 分：");
                System.out.println(" 英语是优 ");
            } else {
                System.out.println(" 英语打 " + English + " 分：");
                System.out.println(" 英语是良 ");
            }
        } else {
            if (English >= 60) {                // 判断 English 分数是否大于或等于 60
                System.out.println(" 英语打 " + English + " 分：");
                System.out.println(" 英语及格 ");
            } else {
                System.out.println(" 英语打 " + English + " 分：");
                System.out.println(" 英语不及格 ");
            }
        }
    }
}
```

程序运行结果如图 3.14 所示。

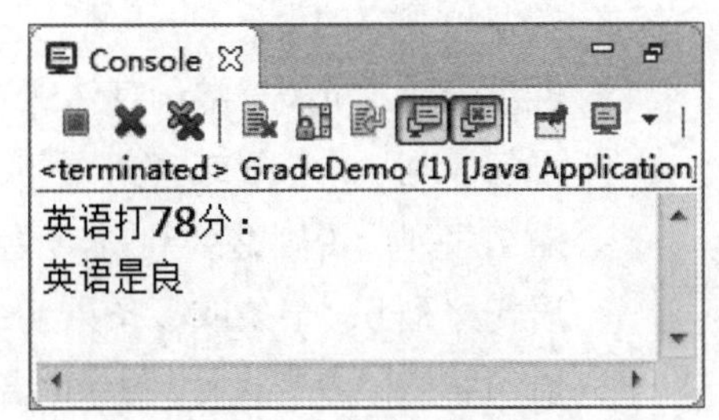

图 3.14 成绩判断结果

在嵌套的语句中最好不要省略大括号，以免造成视觉的错误与程序的混乱。

例如：

```
if (result >= 0)
    if (result > 0)
```

```
        System.out.println("yes");
    else
        System.out.println("no");
```

这样即使 result 等于 0，也会输出 no，因此很难判断 else 与哪个 if 配对。为了避免发生这种情况，最好添加大括号为代码划分界限，具体代码如下：

```
if (result >= 0) {
    if (result > 0) {
        System.out.println("yes");
    }
} else {
    System.out.println("no");
}
```

3.3 switch 多分支语句

switch 语句是多分支的开关语句。它根据表达式的值来执行输出的语句，这样的语句一般用于多条件、多值的分支语句中。它的一般形式为：

```
switch(表达式){
    case 常量表达式1：语句序列1
        [break;]
    case 常量表达式2：语句序列2
        [break;]
    …
    case 常量表达式n：语句序列n
        [break;]
    default：语句序列n+1
        [break;]
}
```

- 表达式：switch 语句中表达式的值必须是整数类型或字符类型，即 int、short、byte 和 char 型。
- 常量表达式 1：常量表达式 1 的值也必须是整数类型或字符类型，是与表达式数据类型相兼容的值。
- 常量表达式 n：与常量表达式 1 的值类似。
- 语句序列 1：一条或多条语句。当常量表达式 1 的值与表达式的值相同时，执行该语句序列；否则继续判断，直到执行表达式 n。
- 语句序列 n：一条或多条语句。当表达式的值与常量表达式 n 的值相同时，执行该语句序列；否则执行 default 语句。
- default：可选参数，如果没有该参数，并且所有常量值与表达式的值都不匹配，则

switch 语句不会进行任何操作。

- break：主要用于跳转语句。

switch 多分支语句执行流程如图 3.15 所示。

【例 3.6】　使用 switch 语句判断，在 10、20、30 之间是否有符合 5 乘以 7 的结果，具体代码如下：

```
public class SwitchDemo {
   public static void main(String args[]) {
      int x = 5, y = 7;
      switch (x * y) {                           // 将 x 乘以 y 作为判断条件
         case 10 :                               // 当 x 乘以 y 为 10 时
            System.out.println("10");
            break;
         case 20 :                               // 当 x 乘以 y 为 20 时
            System.out.println("20");
            break;
         case 30 :                               // 当 x 乘以 y 为 30 时
            System.out.println("30");
            break;
         default :
            System.out.println(" 以上没有匹配的 ");
      }
   }
}
```

程序运行结果如图 3.16 所示。

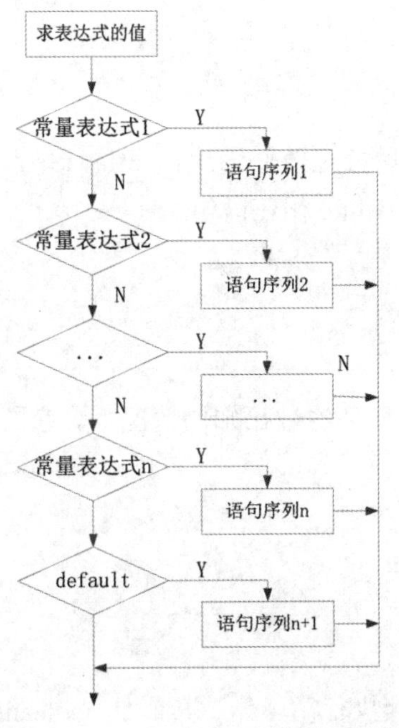

图 3.15　switch 多分支语句执行流程

图 3.16　switch 语句的判断结果

3.4 if 语句和 switch 语句的区别

if 语句和 switch 语句可以从使用效率的角度来区别，也可以从实用性的角度来区分。

如果从使用效率的角度来区分，则在对同一个变量的不同值进行条件判断时，可以使用 switch 语句与 if 语句，而使用 switch 语句的效率相对较高，尤其是在判断的分支越多时越明显。

如果从语句的实用性的角度来区分，则 switch 语句不如 if 语句。if 语句是应用很广泛和很实用的语句。

学习笔记

在程序开发的过程中，具体如何使用 if 语句和 switch 语句要根据实际的情况而定，尽量做到物尽其用，不要因为 switch 语句的效率高就一味地使用它，也不要因为 if 语句的实用性高就不使用 switch 语句。我们需要根据实际的情况，具体问题具体分析，使用最适合的语句。在一般情况下，当判断条件较少时，可以使用 if 语句，而当判断条件较多时，就可以使用 switch 语句。

3.5 循环语句

循环语句用于重复执行某段程序代码，直到满足特定条件为止。在 Java 中，循环语句有 3 种形式：for 循环语句、while 循环语句和 do…while 循环语句。

3.5.1 for 循环语句

for 循环语句是非常常用的循环语句，一般用于循环次数已知的情况下。它的一般形式为：

```
for（初始化语句；循环条件；迭代语句）{
    语句序列
}
```

- 初始化语句：初始化循环体变量。
- 循环条件：起决定性作用，用于判断是否继续执行循环体。其值是 boolean 型的表达式，即结果只能是 true 或 false。

- 迭代语句：用于改变循环条件的语句。
- 语句序列：该语句序列被称为循环体，当循环条件的结果为 true 时，会重复执行它。

for 循环语句的流程：首先执行初始化语句，然后判断循环条件，当循环条件为 true 时，就执行一次循环体，最后执行迭代语句，改变循环变量的值。这样就是一次循环。接下来进行下一次循环，直到循环条件的值为 false 时，结束循环。

for 循环语句执行流程如图 3.17 所示。

【例 3.7】　使用 for 循环语句实现打印 1 ～ 10 的所有整数，具体代码如下：

```
public class ForDemo {
    public static void main(String args[]) {
        System.out.println("10 以内的所有整数为：");
        for (int i = 1; i <= 10; i++) {
            System.out.print(i + " ");
        }
    }
}
```

程序运行结果如图 3.18 所示。

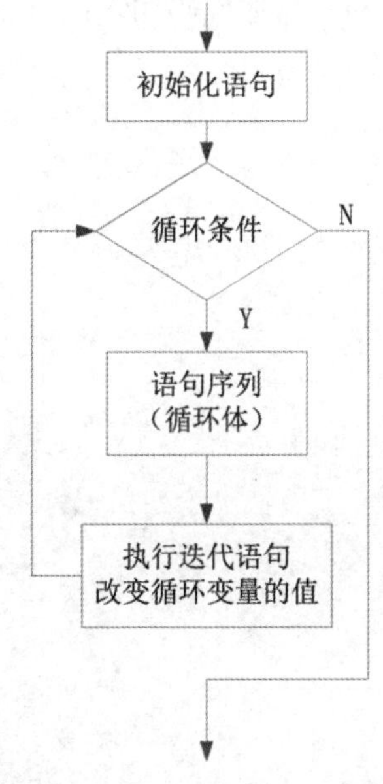

图 3.17　for 循环语句执行流程

图 3.18　for 循环语句实现打印的结果

学习笔记

千万不要让程序无止境地执行，否则会造成死循环。

例如，每执行一次 i++，i 就会加 1，永远满足循环条件。这个循环永远不会终止，具体代码如下：

```
for(int i=0;i>=0;i++){
    System.out.println(i);
}
```

3.5.2 while 循环语句

while 循环语句是用一个表达式来控制循环的语句。它的一般形式为：

```
while(表达式){
    语句序列
}
```

- 表达式：用于判断是否执行循环，其值必须为 boolean 型，也就是说，其结果只能为 true 或 false。当循环开始时，首先会执行表达式，如果表达式的值为 true，则会执行语句序列，也就是循环体；然后当到达循环体的末尾时，会再次执行表达式，直到表达式的值为 false，才会开始执行循环语句后面的语句。

while 循环语句执行流程如图 3.19 所示。

【例 3.8】 使用 while 循环语句计算 1 ～ 99 的整数和，具体代码如下：

```
public class WhileDemo {
    public static void main(String args[]) {
        int sum = 0;
        int i = 1;
        while (i < 100) {                          // 当 i 小于 100 时
            sum += i;                              // 累加 i 的值
            i++;
        }
        System.out.println("从 1 到 99 的整数和为：" + sum);
    }
}
```

程序运行结果如图 3.20 所示。

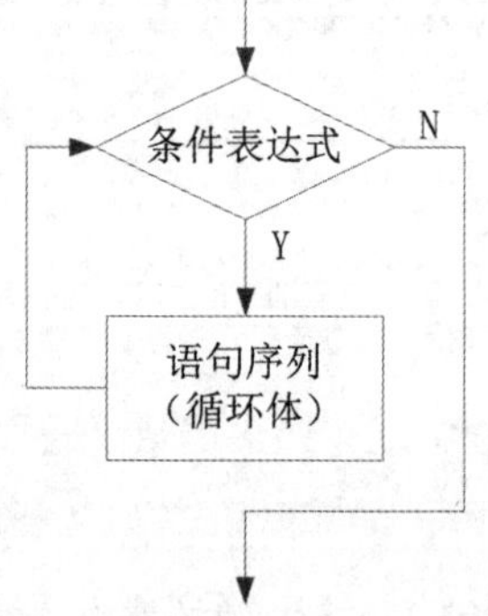

图 3.19 while 循环语句执行流程

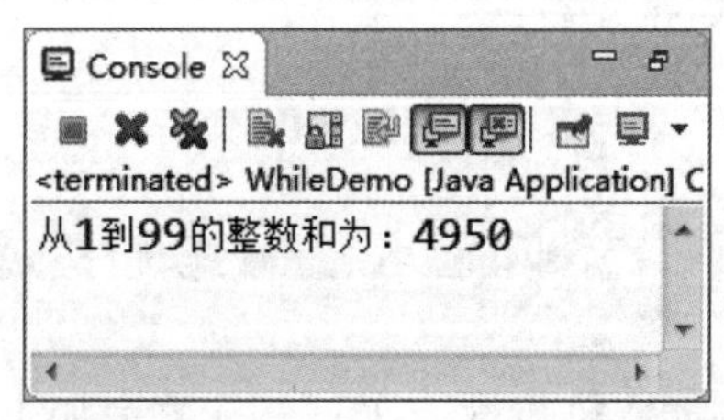

图 3.20 while 循环语句的计算结果

学习笔记

一定要保证程序正常结束，否则会造成死循环。

例如，0 永远都小于 100，在运行以下代码后，程序将会不停地输出 0：

```
int i=0;
while(i<100){
    System.out.println(i);
}
```

3.5.3　do…while 循环语句

do…while 循环语句被称为后测试循环语句，它使用一个条件来控制是否继续重复执行该语句。它的一般形式为：

```
do{
    语句序列
}while(表达式);
```

do…while 循环语句的执行过程与 while 循环语句有所区别。do…while 循环至少会被执行一次，它首先执行循环体的语句序列，然后判断是否继续执行。

do…while 循环语句执行流程如图 3.21 所示。

【例 3.9】　使用 do…while 循环语句计算 1 ～ 100 的整数和，具体代码如下：

```
public class DoWhileDemo {
    public static void main(String args[]) {
        int sum = 0, i = 0;
        do {
            sum += i;                               // 累加 i 的值
            i++;
        } while (i <= 100);                         // 当 i 小于或等于 100 时
        System.out.println(" 从 1 到 100 的整数和为: " + sum);
    }
}
```

程序运行结果如图 3.22 所示。

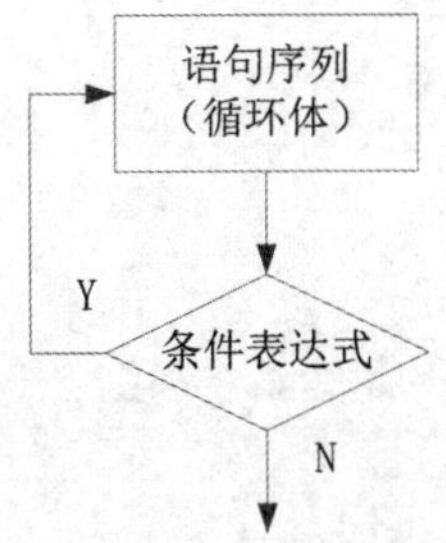

图 3.21　do…while 循环语句执行流程

图 3.22　do…while 循环语句的计算结果

在一般情况下，如果 while 和 do…while 循环语句的循环体相同，它们的输出结果就相同；但是，如果 while 后面的表达式的值一开始就是 false，它们的输出结果就不同。

例如，在 while 和 do…while 循环语句的循环体相同且表达式的值为 false 的情况下，具体代码如下：

```
public class ComparingLoop {
    public static void main(String args[]) {
        int i = 10;
        int sum = i;
        System.out.println("******** 当 i 的值为 " + i + " 时 ********");
        System.out.println(" 通过 do…while 循环语句实现：");
        do {
            System.out.println(i);                      // 输出 i 的值
            i++;
            sum += i;                                   // 累加 i 的值
        } while (sum < 10);                             // 当累加和小于 10 时
        i = 10;
        sum = i;
        System.out.println(" 通过 while 循环语句实现：");
        while (sum < 10) {                              // 当累加和小于 10 时
            System.out.println(i);                      // 输出 i 的值
            i++;
            sum += i;                                   // 累加 i 的值
        }
    }
}
```

程序运行结果如图 3.23 所示。

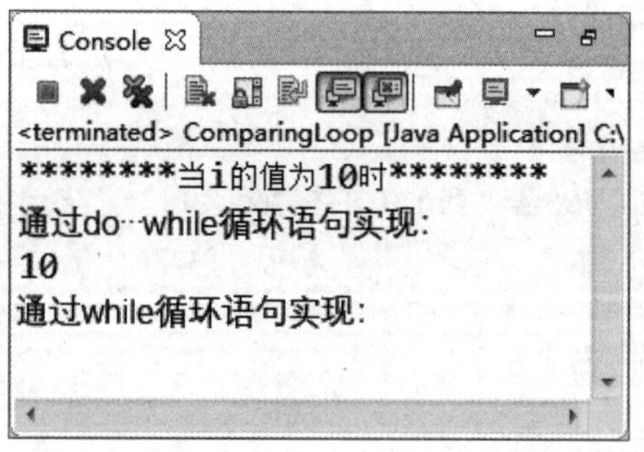

图 3.23　while 和 do…while 循环语句的运行结果

学习笔记

在使用 do…while 循环语句时，一定要保证循环能够正常结束，否则会造成死循环。

例如，0 永远都小于 100，在运行以下代码后，就会造成死循环：

```
int i = 0;
do {
    System.out.println(i);
} while (i < 100);
```

3.5.4 循环的嵌套

循环的嵌套就是在一个循环体内可以包含另一个完整的循环体，而在这个完整的循环体内还可以包含其他的循环体。循环嵌套很复杂，在 for 循环语句、while 循环语句和 do…while 循环语句中都可以进行嵌套，并且在它们之间也可以相互嵌套。下面是几种嵌套的形式。

1. for 循环语句的嵌套

一般形式为：

```
for(条件表达式 1;条件表达式 2 ;条件表达式 3){
    for(条件表达式 1;条件表达式 2 ;条件表达式 3){
        语句序列
    }
}
```

2. while 循环语句的嵌套

一般形式为：

```
while(条件表达式 1){
    while(条件表达式 2){
        语句序列
    }
}
```

3. do…while 循环语句的嵌套

一般形式为：

```
do{
    do{
        语句序列
    }while(条件表达式 1);
}while(条件表达式 2);
```

4. for 循环语句与 while 循环语句的嵌套

一般形式为：

```
for(条件表达式 1;条件表达式 2 ;条件表达式 3){
    while(条件表达式){
        语句序列
```

```
    }
}
```

5. while 循环语句与 for 循环语句的嵌套

一般形式为：

```
while(条件表达式){
    for(条件表达式 1; 条件表达式 2 ; 条件表达式 3){
        语句序列
    }
}
```

6. do…while 循环语句与 for 循环语句的嵌套

一般形式为：

```
do{
    for(条件表达式 1; 条件表达式 2 ; 条件表达式 3){
        语句序列
    }
}while(条件表达式);
```

为了使读者更好地理解循环语句的嵌套，下面以一个实例来说明。

【例 3.10】 打印九九乘法表，具体代码如下：

```
public class Multiplication {
    public static void main(String[] args) {
        int i, j;                                   // 创建两个整型变量
        for (i = 1; i < 10; i++) {                  // 输出 9 行
            for (j = 1; j < i + 1; j++) {           // 输出与行数相等的列
                System.out.print(j + "*" + i + "=" + i * j + "\t");
            }
            System.out.println();                   // 换行
        }
    }
}
```

程序运行结果如图 3.24 所示。

```
Console
<terminated> Multiplication [Java Application] C:\Program Files\Java\jdk\bin\javaw.exe (2018年5月18日 上午10:31:21)
1*1=1
1*2=2	2*2=4
1*3=3	2*3=6	3*3=9
1*4=4	2*4=8	3*4=12	4*4=16
1*5=5	2*5=10	3*5=15	4*5=20	5*5=25
1*6=6	2*6=12	3*6=18	4*6=24	5*6=30	6*6=36
1*7=7	2*7=14	3*7=21	4*7=28	5*7=35	6*7=42	7*7=49
1*8=8	2*8=16	3*8=24	4*8=32	5*8=40	6*8=48	7*8=56	8*8=64
1*9=9	2*9=18	3*9=27	4*9=36	5*9=45	6*9=54	7*9=63	8*9=72	9*9=81
```

图 3.24 打印九九乘法表

3.6　跳转语句

Java 支持多种跳转语句，如 break 跳转语句、continue 跳转语句和 return 跳转语句。

3.6.1　break 跳转语句

break 跳转语句可以终止循环或其他控制结构。它在 for、while 或 do…while 循环语句中，用于强行终止循环。

只要执行到 break 跳转语句，就会终止循环体的执行。break 跳转语句不仅适用于循环语句，还适用于 switch 多分支语句。

【例 3.11】　求 10 以内的素数，具体代码如下：

```
public class BreakDemo {
    public static void main(String[] args) {
        System.out.println("10 以内的素数为：");
        int i, j;
        for (i = 1; i <= 10; i++) {
            for (j = 2; j <= i / 2; j++) {
                if (i % j == 0)
                    break;
            }
            if (j > i / 2)
                System.out.print(i + " ");
        }
    }
}
```

程序运行结果如图 3.25 所示。

图 3.25　求 10 以内的素数的运行结果

3.6.2 continue 跳转语句

continue 跳转语句应用于 for、while 和 do…while 等循环语句中。如果在某次循环体的执行过程中执行了 continue 跳转语句，本次循环就结束了，即不再执行本次循环中 continue 跳转语句后面的语句，而是进行下一次循环。

【例 3.12】 求 100 以内被 9 整除的数，具体代码如下：

```
public class ContinueDemo {
    public static void main(String args[]) {
        System.out.println("100 以内能被 9 整除的数为：");
        for (int i = 1; i < 100; i++) {
            if (i % 9 != 0) {                          // 当 i 的值不能被 9 整除时
                continue;
            }
            System.out.print(i + " ");                 // 输出 i 的值
        }
    }
}
```

程序运行结果如图 3.26 所示。

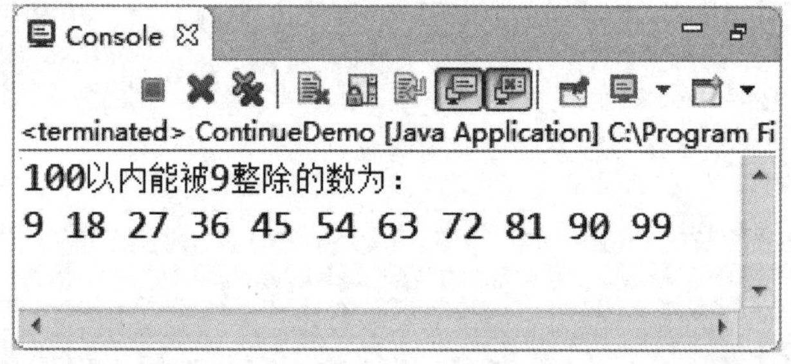

图 3.26 求 100 以内被 9 整除的数的运行结果

3.6.3 return 跳转语句

return 跳转语句可以从一个方法中返回，并把控制权交给调用它的语句。return 跳转语句通常被放在方法的最后，用于退出当前方法并返回一个值。它的语法格式为：

```
return [ 表达式 ];
```

- 表达式：可选参数，表示要返回的值。它的数据类型必须同方法声明中的返回值类型一致。

例如，编写返回 a 和 b 两数之和的方法，具体代码如下：

```
public int set(int a,int b){
    return sum=a+b;
}
```

如果方法没有返回值，则可以省略关键字 return 的表达式，使方法结束，具体代码如下：

```
public void set(int a,int b){
    sum=a+b;
    return;
}
```

第 4 章　面向对象基础

面向对象是一种思想，它起源于 20 世纪 60 年代中期的仿真程序设计语言 Simula。面向对象思想将客观世界中的事物描述为对象，并通过抽象思维方法将需要解决的实际问题分解成人们易于理解的对象模型，然后通过这些对象模型来构建应用程序的功能。它的目标是开发出能够反映现实世界某个特定片段的软件。本章将介绍 Java 面向对象程序设计的基础内容。

4.1　面向对象程序设计

面向对象是新一代的程序开发模式，它可以模拟现实世界的事物，把软件系统抽象为各种对象的集合，以对象为最小系统单位。这更接近于人类的自然思维，为程序开发人员提供了更灵活的思维空间。

4.1.1　面向对象程序设计概述

传统的程序采用结构化的程序设计方法，即面向过程程序设计。面向过程程序设计会针对某一需求，自顶向下，逐步细化，将需求通过模块的形式实现，然后对模块中的问题进行结构化编码。也可以说，这种方法会针对问题进行求解。随着用户需求的不断增加，软件规模越来越大，传统的面向过程的开发方法暴露出许多缺点，如软件开发周期长、工程较难维护等。20 世纪 80 年代后期，人们提出了面向对象程序设计（Object-Oriented Programming，OOP）的方法。面向对象程序设计将数据和处理数据的方法紧密地结合在一起，形成类，再将类实例化，形成了对象。在面向对象的世界中，不再需要考虑数据结构和功能函数，只需要关注对象就可以了。

对象是客观世界中存在的人、事、物体等实体。在现实世界中，对象随处可见，例如，路边生长的树、天上飞的鸟、水里游的鱼、路上跑的车等。不过这里所说的树、鸟、鱼、车都是对同一类事物的总称，这就是面向对象中的类（Class）。这时读者可能要问，对象和类之间的关系是什么呢？对象就是符合某种类的定义所产生的实例（Instance）。虽然在日常生活中，我们习惯用类名称呼这些对象，但是实际上看到的是类的实例对象，而不是一个类。例如，你看见树上落着一只鸟，这里的“鸟”虽然是一个类名，但实际上你看见的是鸟类的一个实例对象，而不是鸟类。由此可见，类只是一个抽象的称呼，而对象则是与现实生活中的事物相对应的实体。类与对象的关系如图 4.1 所示。

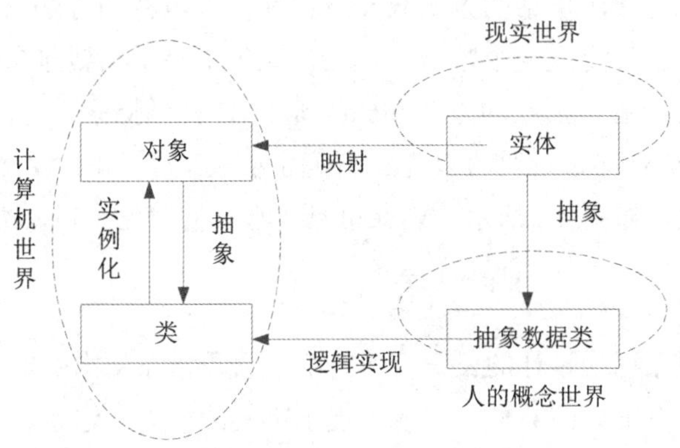

图 4.1　类与对象的关系

在现实生活中，只使用类或对象并不能很好地描述一个事物。例如，聪聪对妈妈说他今天放学看见了一只鸟，这时妈妈不知道聪聪说的鸟是什么样的。但是，如果聪聪说他看见了一只绿色的、会说话的鸟，这时妈妈就可以想象这只鸟是什么样的。这里的绿色是指对象的属性，而会说话是指对象的方法。由此可见，对象应该具有属性和方法。在面向对象程序设计中，使用属性来描述对象的状态，使用方法来处理对象的行为。

4.1.2　面向对象程序设计的特点

面向对象程序设计更加符合人的思维模式，编写的程序更加健壮和强大，更重要的是，面向对象程序设计更加有利于在系统开发时进行责任分工，能有效地组织和管理一些比较复杂的应用程序的开发。面向对象程序设计的特点主要有封装性、继承性和多态性。

1. 封装性

面向对象程序设计的核心思想之一就是将对象的属性和方法封装起来，只需要让用户知道并使用对象提供的属性和方法即可，而不需要知道对象的具体实现。例如，一部手机就是一个封装的对象，当用户使用手机拨打电话时，只需要使用它提供的键盘输入电话号码，然后按下发送键即可，并不需要知道手机内部是如何工作的。

采用封装的原则可以使对象以外的部分不能随意存取对象内部的数据，从而有效地避免外部错误对内部数据的影响，实现错误局部化，大大降低查找错误和解决错误的难度。此外，采用封装的原则也可以提高程序的可维护性。当一个对象的内部结构或实现方法改变时，只要对象的接口没有改变，就不用改变其他部分。

2. 继承性

在面向对象程序设计中，允许通过继承原有类的某些特性或全部特性而产生新的类，这时，原有的类被称为父类（或超类），产生的新类被称为子类（或派生类）。子类不仅可以直接继承父类的共性，而且可以创建它特有的个性。例如，已经存在一个手机类，该类包含两个方法，分别是接听电话的方法 receive() 和拨打电话的方法 send()，这两个方法对于任何手机都适用。现在定义一个智能手机类，该类中除了需要包含手机类中的 receive() 和 send() 方法，还需要包含拍照的方法 photograph()、视频摄录的方法 kinescope() 和播放 MP4 视频的方法 playmp4()，这时可以先让智能手机类继承手机类，再添加新的方法，完成智能手机类的创建，如图 4.2 所示。由此可见，继承性简化了对新类的设计。

3. 多态性

多态性是面向对象程序设计的又一重要特征。它是指在父类中定义的属性和方法被子类继承之后，可以具有不同的数据类型或表现出不同的行为。这使得同一种属性或方法在父类及其各个子类中具有不同的语义。例如，首先定义一个动物类，该类中存在一个指定动物行为的方法叫喊 ()。然后定义两个动物类的子类，即大象类和老虎类，这两个类都重写了父类的叫喊 () 方法，实现了自己的叫喊行为，并且都进行了相应的处理（如不同的声音），如图 4.3 所示。

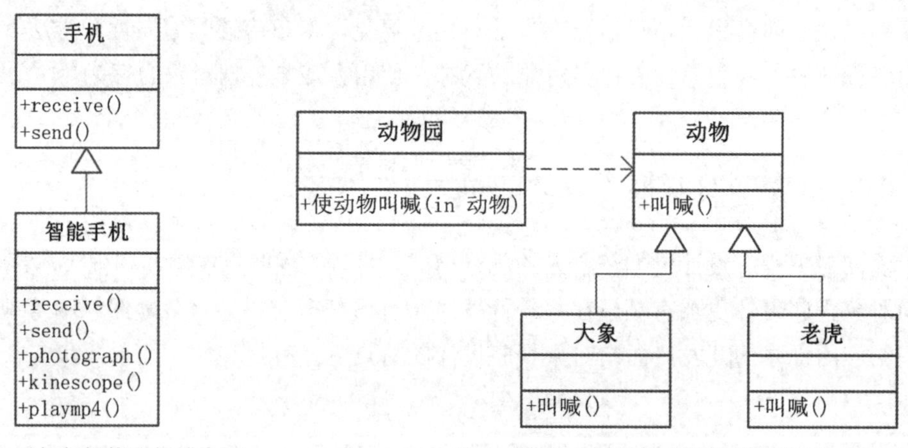

图 4.2　手机与智能手机的类图　　　　图 4.3　动物类之间的继承关系

这时，在动物园类中执行使动物叫喊 () 方法时，如果参数为动物类的实现，会使动物发出叫声。如果参数为大象，则会输出“大象的吼叫声！”；如果参数为老虎，则会输出“老虎的吼叫声！”。由此可见，动物园类在执行使动物叫喊 () 方法时，不需要判断应该执行哪个类的叫喊 () 方法，因为 Java 编译器会自动根据所传递的参数进行判断，并根据运行时对象类型的不同而执行不同的操作。

多态性丰富了对象的内容，扩大了对象的适应性，改变了对象单一继承的关系。

4.2 类

Java 与其他面向对象程序设计的语言一样，引入了类和对象的概念。类是用来创建对象的模板，它包含被创建对象的属性和方法的定义。因此，要学习 Java 编程就必须学会怎样去编写类，即怎样用 Java 的语法去描述一类事物共有的属性和方法。

4.2.1 定义类

在 Java 中，类是基本的构成要素，是对象的模板。Java 程序中所有的对象都是由类创建的。

1. 什么是类

类是同一种事物的统称，它是一个抽象的概念，如鸟类、人类、手机类、车类等。

由于 Java 是面向对象程序设计的语言，而类是面向对象的核心机制，因此，我们可以在类中编写属性和方法，然后通过对象来实现类的行为。

2. 类的声明

在类的声明中，需要定义类的名称、类的被访问权限、该类与其他类的关系等。类的声明格式如下：

```
[ 修饰符 ] class <类名> [extends 父类名] [implements 接口列表]{ }
```

- 修饰符：可选参数，用于指定类的被访问权限，可选值为 public、abstract 和 final。
- 类名：必选参数，用于指定类的名称。类名必须是合法的 Java 标识符，在一般情况下，要求首字母大写。
- extends 父类名：可选参数，用于指定要定义的类继承于哪个父类。当使用关键字 extends 时，父类名为必选参数。
- implements 接口列表：可选参数，用于指定该类实现的接口。当使用关键字 implements 时，接口列表为必选参数。

如果一个类被声明为 public，则表明该类可以被其他任何的类访问和引用，也就是说，程序的其他部分可以创建这个类的对象、访问这个类内部可见的成员变量和调用它的可见方法。

例如，定义一个 Apple 类，对该类的访问权限为 public，即该类可以被它所在包之外的其他类访问或引用。具体代码如下：

```
public class Apple { }
```

学习笔记

Java 的类文件的扩展名为“.java”，类文件的名称前缀必须与类名相同，即类文件的名称为“类名.java”。例如，有一个 Java 类文件 Apple.java，则其类名为 Apple。

3. 类体

在类的声明中，大括号中的内容为类体。类体主要由以下两部分组成：

（1）成员变量的定义。

（2）成员方法的定义。

下面会详细介绍成员变量和成员方法。

在程序设计过程中，编写一个能够完全描述客观事物的类是不现实的。例如，构建一个 Apple 类，该类可以拥有很多的属性（即成员变量），但是在定义该类时，只选取程序需要的必要属性和方法就可以了。Apple 类的成员变量列表如下：

属性（成员变量）：颜色（color）、产地（address）、单价（price）、单位（unit）

这个 Apple 类只包含了苹果的部分属性和方法，但是它已经能够满足程序的需要。该类的实现代码如下：

```
class Apple {
    String color;                                   // 定义颜色成员变量
    String address;                                 // 定义产地成员变量
    String price;                                   // 定义单价成员变量
    String unit;                                    // 定义单位成员变量
}
```

4.2.2 成员变量和局部变量

在类体中，变量定义部分所声明的变量为类的成员变量，而在方法体中，声明的变量和方法的参数则为局部变量。成员变量又可细分为实例变量和类变量。在声明成员变量时，用关键字 static 修饰的被称为类变量（也可称为 static 变量或静态变量），否则被称为实例变量。

1. 声明成员变量

Java 用成员变量来表示类的状态和属性。声明成员变量的基本语法格式如下：

```
[修饰符] [static] [final] <变量类型> <变量名>;
```

- 修饰符：可选参数，用于指定变量的被访问权限，可选值为 public、protected 和 private。
- static：可选参数，用于指定该成员变量为类变量，可以直接通过类名访问。如果省略该关键字，则表示该成员变量为实例变量。

- final：可选参数，用于指定该成员变量为取值不会改变的常量。
- 变量类型：必选参数，用于指定变量的数据类型，其值可以为 Java 中的任何一种数据类型。
- 变量名：必选参数，用于指定成员变量的名称。变量名必须是合法的 Java 标识符。

例如，在类中声明 3 个成员变量，具体代码如下：

```
public class Apple {
    public String color;                          // 声明实例变量 color
    public static int count;                      // 声明类变量 count
    public final boolean MATURE=true;             // 声明常量 MATURE 并赋值
    public static void main(String[] args) {
        System.out.println(Apple.count);
        Apple apple=new Apple();
        System.out.println(apple.color);
        System.out.println(apple.MATURE);
    }
}
```

类变量与实例变量的区别：在运行时，Java 虚拟机只为类变量分配一次内存，并在加载类的过程中完成类变量的内存分配，可以直接通过类名访问类变量。而实例变量则是在每创建一个实例时，就为该实例的变量分配一次内存。

2. 声明局部变量

声明局部变量的基本语法格式同声明成员变量类似，不同的是，不能使用关键字 public、protected、private 和 static 对局部变量进行修饰，但可以使用关键字 final。声明局部变量的基本语法格式如下：

```
[final] <变量类型> <变量名>;
```

- final：可选参数，用于指定该局部变量为取值不会改变的常量。
- 变量类型：必选参数，用于指定变量的数据类型，其值可以为 Java 中的任何一种数据类型。
- 变量名：必选参数，用于指定局部变量的名称。变量名必须是合法的 Java 标识符。

例如，在成员方法 grow() 中声明两个局部变量，具体代码如下：

```
public void grow(){
    final boolean STATE;                          // 声明常量 STATE
    int age;                                      // 声明局部变量 age
}
```

3. 变量的有效范围

变量的有效范围是指该变量在程序代码中的作用区域，在该区域外不能直接访问变量。

有效范围决定了变量的生命周期。变量的生命周期是指从声明一个变量并分配内存空间、使用变量，然后释放该变量并清除所占用内存空间的一个过程。声明变量的位置决定了变量的有效范围，根据有效范围的不同，可以将变量分为以下两种。

（1）成员变量：在类中声明，在整个类中有效。

（2）局部变量：在方法内或方法内的复合代码块（即方法内部，“{”与“}”之间的代码）中声明的变量。在复合代码块中声明的变量，只在当前复合代码块中有效；在复合代码块外、方法内声明的变量在整个方法内都有效。例如，一个实例的实现代码如下：

```
public class Olympics {
    private int medal_All = 800;                        // 成员变量
    public void China() {
        int medal_CN = 100;                             // 方法的局部变量
        if (medal_CN < 1000) {                          // 代码块
            int gold = 50;                              // 代码块的局部变量
            medal_CN += 50;                             // 允许访问
            medal_All -= 150;                           // 允许访问
        }
    }
}
```

4.2.3 成员方法

在 Java 中，类的行为由类的成员方法来实现。类的成员方法由以下两部分组成。

（1）方法的声明。

（2）方法体。

其一般格式如下：

```
[修饰符] <方法返回值的类型> <方法名>( [参数列表]) {
    [方法体]
}
```

- 修饰符：可选参数，用于指定方法的被访问权限，可选值为 public、protected 和 private。
- 方法返回值的类型：必选参数，用于指定方法返回值的类型。如果该方法没有返回值，则可以使用关键字 void 进行标识。方法返回值的类型可以为任何 Java 数据类型。
- 方法名：必选参数，用于指定成员方法的名称。方法名必须是合法的 Java 标识符。
- 参数列表：可选参数，用于指定方法中所需的参数。当存在多个参数时，各参数之间应该使用逗号分隔。方法的参数类型可以为任何 Java 数据类型。
- 方法体：可选参数，是方法的实现部分。在方法体中可以完成指定的工作，可以只打印一句话，也可以省略方法体，使方法什么都不做。需要注意的是，当省略方法体时，其外面的大括号一定不能省略。

【例 4.1】　创建成员方法实现两数相加，具体代码如下：

```
public class Count {
    public int add(int src, int des) {
        int sum = src + des;                      // 将方法的两个参数相加
        return sum;                               // 返回运算结果
    }
    public static void main(String[] args) {
        Count count = new Count();                // 创建类本身的对象
        int apple1 = 30;                          // 定义变量 apple1
        int apple2 = 20;                          // 定义变量 apple2
        int num = count.add(apple1, apple2);      // 调用 add() 方法
        System.out.println("苹果总数是：" + num + "箱。");  // 输出运算结果
    }
}
```

程序运行结果如图 4.4 所示。

图 4.4　创建成员方法实现两数相加的运行结果

在上面的代码中包含 add() 方法和 main() 方法。在 add() 方法的定义中，首先定义整数类型的变量 sum，该变量是 add() 方法参数列表中的两个参数之和。然后使用关键字 return 将变量 sum 的值返回给调用该方法的语句。main() 方法是类的主方法，是程序执行的入口，该方法创建了类自身的对象 count，然后调用 count 对象的 add() 方法计算苹果数量的总和，并输出到控制台中。

学习笔记

在同一个类中，不能定义参数和方法名都和已有方法相同的方法。

4.2.4　注意事项

上面说过，类体是由成员变量和成员方法组成的。对成员变量的操作只能放在方法中，方法会使用各种语句对成员变量和方法体中声明的局部变量进行操作，在声明成员变量时可以赋予其初始值。

例如：

```
public class A {
    int a = 12;                                   // 声明成员变量并赋予其初始值
}
```

但是不能这样：

```
public class A {
    int a ;
    a = 12;                                    // 这样是非法的，此操作只能出现在方法体中
}
```

4.2.5 类的 UML 图

UML（Unified Modeling Language，统一建模语言）图是一个结构图，用来描述一个系统的静态结构。一个 UML 图中通常包含类（Class）的 UML 图、接口（Interface）的 UML 图，以及泛化关系（Generalization）的 UML 图、关联关系（Association）的 UML 图、依赖关系（Dependency）的 UML 图和实现关系（Realization）的 UML 图。

Tiger
-name : String -age : int
+run()

图 4.5 Tiger 类的 UML 图

在 UML 图中，使用一个长方形描述一个类的主要构成，将长方形垂直地分为三层。Tiger 类的 UML 图如图 4.5 所示。

第一层是名字层，如果类的名字是常规字形，表明该类是具体类；如果类的名字是斜体字形，表明该类是抽象类（后续会讲到抽象类）。

第二层是变量层，也称属性层，用于列出类的成员变量及类型。格式是“变量名：类型”。

第三层是方法层，用于列出类中的方法。格式是“方法名：类型”。

4.3 构造方法与对象

构造方法用于将对象中的所有成员变量进行初始化。对象的属性通过变量来刻画，也就是类的成员变量，而对象的行为通过方法来体现，也就是类的成员方法。方法可以通过操作属性形成一定的算法来实现一个具体的功能。类可以把属性和方法封装成一个整体。

4.3.1 构造方法的概念及用途

构造方法是一种特殊的方法，它的名字必须与它所在类的名字完全相同，而且没有返回值，也不需要使用关键字 void 进行标识。例如：

```
public class Apple {
    public Apple() {                             // 默认的构造方法
    }
}
```

构造方法用于将对象中的所有成员变量进行初始化，在创建对象时立即被调用。

1. 默认构造方法和自定义构造方法

如果类中定义了一个或多个构造方法，则 Java 中不提供默认的构造方法。

【例 4.2】 定义 Apple 类，在该类的构造方法中初始化成员变量，具体代码如下：

```
public class Apple {
    int num;                                          // 声明成员变量
    float price;
    Apple apple;
    public Apple() {                                  // 声明构造方法
        num = 10;                                     // 初始化成员变量
        price = 8.34f;
    }
    public static void main(String[] args) {
        Apple apple = new Apple();                    // 创建 Apple 的实例对象
        System.out.println("苹果数量: " + apple.num);  // 输出成员变量值
        System.out.println("苹果单价: " + apple.price);
        System.out.println("成员变量 apple=" + apple.apple);
    }
}
```

程序运行结果如图 4.6 所示。

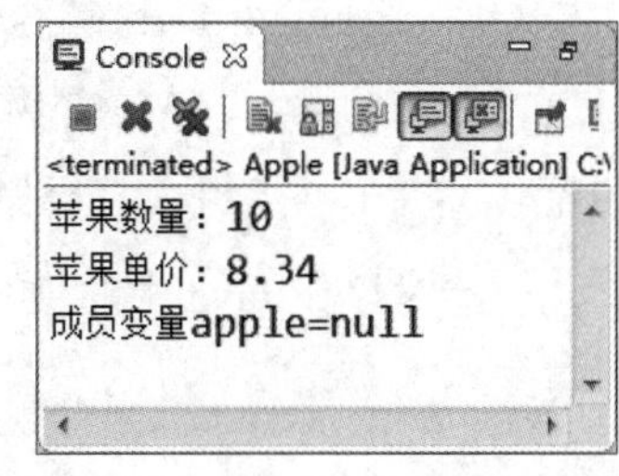

图 4.6　类初始化成员变量的值

2. 构造方法没有返回值

需要注意的是，构造方法没有返回值，例如，下面这段代码，如果强行添加返回值类型则会报错：

```
public class Apple {
    int a, b;
    Apple() {                              // 是构造方法
        a = 1;
        b = 2;
    }
    void Apple(int x, int y) {             // 不是构造方法，该方法的返回值类型为 void
        a = x;
        b = y;
    }

    int Apple() {                          // 不是构造方法，该方法的返回值类型为 int
        return 5;
    }
}
```

需要注意的是，如果用户没有定义构造方法，Java 会自动提供一个默认的构造方法，用来实现成员变量的初始化。在 Java 中，各种类型变量的初始值如表 4.1 所示。

表 4.1　各种类型变量的初始值

类　型	初始值
byte	0
short	0
int	0
float	0.0F
long	0L
double	0.0D
char	'\u0000'
boolean	false
引用类型	null

4.3.2　对象的概述

在面向对象语言中，对象是对类的一个具体描述，是一个客观存在的实体。“万物皆对象”，也就是说，任何事物都可以被看作对象，如一个人、一个动物，或者没有生命体的轮船、汽车、飞机，甚至概念性的抽象，如公司业绩等。

一个对象在 Java 中的生命周期包括创建、使用和销毁 3 个阶段。

4.3.3　对象的创建

对象是类的实例。Java 定义任何变量都需要指定变量类型，因此，在创建对象之前，一定要先声明该对象。

1. 对象的声明

声明对象的一般格式如下：

```
类名 对象名；
```

- 类名：必选参数，用于指定一个已经被定义的类。
- 对象名：必选参数，用于指定对象的名称。对象名必须是合法的 Java 标识符。

例如，声明 Apple 类的一个对象 redApple 的具体代码如下：

```
Apple  redApple;
```

2. 实例化对象

在声明对象时，只是在内存中为其建立一个引用，并设置初始值为 null，表示不指向任何内存空间。

在声明对象后，需要为对象分配内存，这个过程被称为实例化对象。在 Java 中使用关键字 new 来实例化对象，具体语法格式如下：

```
对象名 =new 构造方法名 ([ 参数列表 ]);
```

- 对象名：必选参数，用于指定已经被声明的对象名。
- 类名：必选参数，用于指定构造方法名，即类名，因为构造方法名与类名相同。
- 参数列表：可选参数，用于指定构造方法的入口参数。如果构造方法无参数，则可以省略。

在声明 Apple 类的一个对象 redApple 后，可以通过以下代码为对象 redApple 分配内存（即创建该对象）：

```
redApple=new Apple();  // 由于 Apple 类的构造方法无入口参数，所以省略了参数列表
```

在声明对象时，可以直接实例化该对象：

```
Apple  redApple=new Apple();
```

这相当于同时执行了对象声明和创建对象：

```
Apple  redApple;
redApple=new Apple();
```

4.3.4　对象的使用

在创建对象之后，不仅可以访问对象的成员变量，并改变成员变量的值，而且可以调用对象的成员方法。通过使用运算符“.”实现对成员变量的访问和成员方法的调用。

其语法格式如下：

```
对象 . 成员变量
对象 . 成员方法 ()
```

【例 4.3】　定义一个类，创建该类的对象，同时改变对象的成员变量的值并调用该对象的成员方法。例如，创建一个名称为 Round 的类，在该类中定义一个常量 PI、一个成员变量 r、一个不带参数的方法 getArea() 和一个带参数的方法 getCircumference()。Round 类的具体代码如下：

```
public class Round {
   final float PI = 3.14159f;                          // 定义一个用于表示圆周率的常量 PI
   public float r = 0.0f;
   public float getArea() {                            // 定义计算圆面积的方法
      float area = PI * r * r;                         // 计算圆面积并赋值给变量 area
      return area;                                     // 返回计算后的圆面积
   }
   public float getCircumference(float r) {            // 定义计算圆周长的方法
      float circumference = 2 * PI * r;          // 计算圆周长并赋值给变量 circumference
      return circumference;                      // 返回计算后的圆周长
```

```
    }
    public static void main(String[] args) {
        Round round = new Round();          // 创建 Round 类的对象 round
        round.r = 20;                       // 改变成员变量的值
        float r = 20;
        float area = round.getArea();       // 调用成员方法
        System.out.println("圆的面积为: " + area);
        float circumference = round.getCircumference(r);// 调用带参数的成员方法
        System.out.println("圆的周长为: " + circumference);
    }
}
```

程序运行结果如图 4.7 所示。

图 4.7　圆面积和圆周长的计算结果

4.3.5　对象的销毁

在许多程序设计语言中，需要手动释放对象所占用的内存，而在 Java 中不需要手动完成这项工作。Java 提供的垃圾回收机制可以自动判断对象是否还在使用，并且能够自动销毁不再使用的对象，回收被销毁的对象所占用的资源。

Java 提供了一个名称为 finalize() 的方法，用于在对象被垃圾回收机制销毁之前执行一些资源回收工作，并由垃圾回收系统调用。但是垃圾回收系统的运行是不可预测的。finalize() 方法没有任何参数和返回值，每个类有且只有一个 finalize() 方法。

4.4　类与程序的基本结构

一个 Java 应用程序由若干个类组成，这些类可以在一个源文件中，也可以分布在若干个源文件中，如图 4.8 所示。

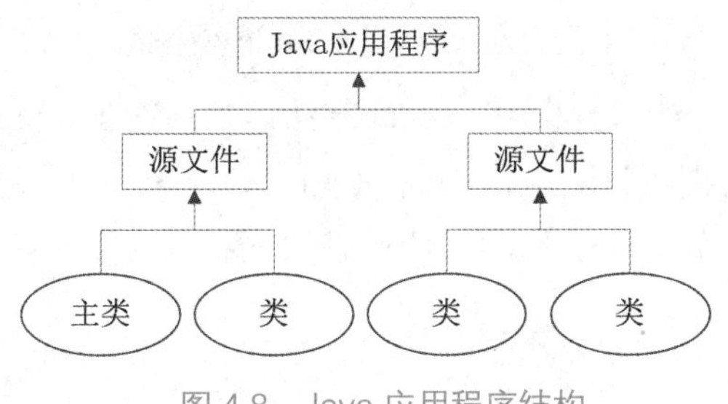

图 4.8　Java 应用程序结构

在 Java 应用程序中有一个主类，即含有 main() 方法的类，main() 方法是程序执行的入口，也就是说，想要执行一个 Java 应用程序必须从 main() 方法开始执行。在编写一个 Java 应用程序时，可以编写若干个 Java 源文件，每个源文件在编译后会产生若干个类的字节码文件。

当解释器运行一个 Java 应用程序时，Java 虚拟机会将 Java 应用程序的字节码文件加载到内存中，然后由 Java 虚拟机解释执行。

Java 应用程序以类为“基本单位”。从编译的角度来看，每个源文件都是一个独立编译单位，当程序需要修改某个类时，只需要重新编译该类所在的源文件即可，不必重新编译其他类所在的源文件，这样非常有利于系统的维护。从软件设计角度来看，Java 中的类是可复用的，编写具有一定功能的可复用代码在软件设计中非常重要。

4.5　参数传值

在 Java 应用程序中，如果在声明方法时包含了形参声明，则在调用方法时必须给这些形参指定参数值。在调用方法时，实际传递给形参的参数值被称为实参。

4.5.1　传值机制

Java 方法中的参数传递方式只有一种，即值传递。所谓的值传递，是将实际参数的副本传递到方法内，而参数本身不会受到任何影响。例如，用户去银行开户需要身份证原件和复印件，而身份证原件和复印件上的内容完全相同。当复印件上的内容改变时，原件上的内容不会受到任何影响。也就是说，方法中参数变量的值是调用者指定值的拷贝。

4.5.2　基本数据类型的参数传值

对于基本数据类型的参数，向该参数传递值的级别不能高于该参数的级别。例如，不可以向 int 型参数传递一个 float 值，但可以向 double 型参数传递一个 float 值。

【例 4.4】 在 Point 类中定义一个 add() 方法，然后在 Example 类的 main() 方法中创建 Point 类的对象，然后调用该对象的 add(int x,int y) 方法，当调用 add() 方法时，必须向 add() 方法中传递两个参数。Point 类的具体代码如下：

```
public class Point {
   int add(int x, int y) {
      return x + y;
   }
}
```

Example 类的具体代码如下：

```
public class Example {
   public static void main(String[] args) {
      Point ap = new Point();
      int a = 15;
      int b = 32;
      int sum = ap.add(a, b);
      System.out.println(sum);
   }
}
```

4.5.3 引用类型参数的传值

当参数是引用类型时，传递的值是变量中存放的“引用”，而不是变量所引用的实体。两个相同类型的引用型变量，如果具有同样的引用，则会具有同样的实体，因此，如果该参数表示变量所引用的实体，则会导致原变量的实体发生同样的变化；然而，改变参数中存放的“引用”不会影响向其传值的变量中存放的“引用”。

【例 4.5】 Car 类为汽车类，负责创建一个汽车类的对象，FuelTank 类是一个油箱类，负责创建油箱的对象。Car 类创建的对象在调用 run(FuelTank ft) 方法时需要将 FuelTank 类创建的油箱对象 ft 传递给 run(FuelTank ft) 方法。该方法会消耗汽油，油箱中的汽油会减少。

FuelTank 类的具体代码如下：

```
public class FuelTank {                                  // 定义一个油箱类
   int gas;                                              // 定义汽油
   FuelTank(int x) {
      gas = x;
   }
}
```

Car 类的具体代码如下：

```
public class Car {                                       // 定义一个汽车类
```

```
    void run(FuelTank ft) {
        ft.gas = ft.gas - 5;                        // 消耗汽油
    }
}
```

测试类 Example2 的具体代码如下：

```
public class Example2 {
    public static void main(String[] args) {
        FuelTank ft = new FuelTank(100);          // 创建油箱对象，然后给油箱加满油
        System.out.println("当前油箱的油量是：" + ft.gas);// 显示当前油箱的油量
        Car car = new Car();                      // 创建汽车对象
        System.out.println("下面开始启动汽车");
        car.run(ft);                              // 启动汽车
        System.out.println("当前汽车油箱的油量是：" + ft.gas);
    }
}
```

程序运行结果如图 4.9 所示。

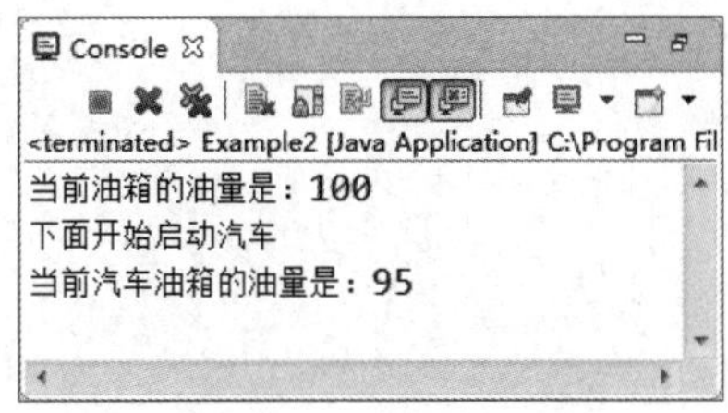

图 4.9　汽车消耗油量的计算结果

4.6　对象的组合

如果一个类把某个对象作为自己的一个成员变量，则在使用这样的类创建对象后，该对象中就会有其他对象，也就是说，该类对象将其他对象作为自己的一部分。

4.6.1　组合与复用

如果一个对象 a 组合了另一个对象 b，则对象 a 可以委托对象 b 调用其方法，即对象 a 以组合的方式复用对象 b 的方法。

【例 4.6】　计算圆锥的体积。

圆锥底面圆 Circle 类的具体代码如下：

```
public class Circle {
```

```
    double r;                                       // 定义圆的半径
    double area;                                    // 定义圆的面积
    Circle(double R) {
        r = R;
    }
    void setR(double R) {
        r = R;
    }
    double getR() {
        return r;
    }
    double getArea() {
        area = 3.14 * r * r;
        return area;
    }
}
```

圆锥 Circular 类的具体代码如下：

```
public class Circular {
    Circle bottom;                                  // 定义圆锥的底面圆面积
    double height;                                  // 定义圆锥的高度
    Circular(Circle c, double h) {
        bottom = c;
        height = h;
    }
    double getVolume() {
        return bottom.getArea() * height / 3;
    }
}
```

测试类 Example3 的具体代码如下：

```
public class Example3 {
    public static void main(String[] args) {
        Circle c = new Circle(6);
        System.out.println("半径是：" + c.getR());
        Circular circular = new Circular(c, 20);
        System.out.println("圆锥体积是：" + circular.getVolume());
    }
}
```

程序运行结果如图 4.10 所示。

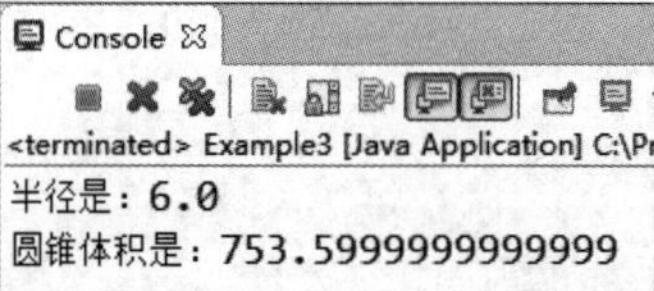

图 4.10　圆锥体积的计算结果

4.6.2　类的关联关系和依赖关系的 UML 图

1. 关联关系

如果 A 类中的成员变量使用 B 类声明的对象，则 A 类和 B 类的关系是关联关系，称 A 类的对象关联于 B 类的对象或 A 类的对象组合了 B 类的对象。如果 A 类的对象关联于 B 类的对象，则 UML 图使用一条实线连接 A 类和 B 类的 UML 图，实线的起始端是 A 类的 UML 图，终止端是 B 类的 UML 图，但终止端使用一个指向 B 类的 UML 图的方向箭头表示实线的结束。关联关系的 UML 图如图 4.11 所示。

2. 依赖关系

如果 A 类中某个方法的参数使用 B 类声明的对象或 A 类中某个方法返回的数据类型是 B 类对象，则 A 类和 B 类的关系是依赖关系，称 A 类依赖于 B 类。如果 A 类依赖于 B 类，则 UML 使用一条虚线连接 A 类和 B 类的 UML 图，虚线的起始端是 A 类的 UML 图，终止端是 B 类的 UML 图，但终止端使用一个指向 B 类的 UML 图的方向箭头表示虚线的结束。依赖关系的 UML 图如图 4.12 所示。

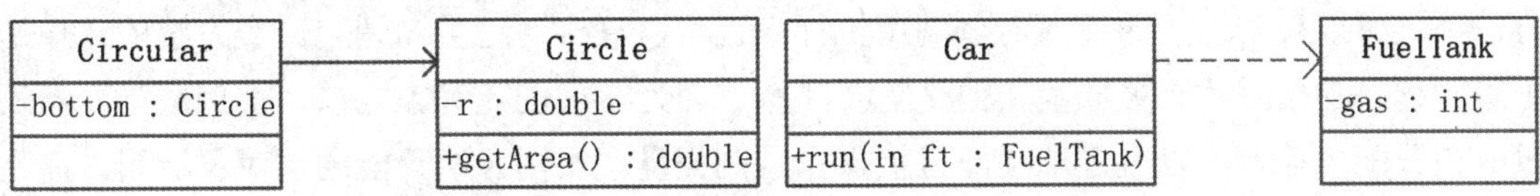

图 4.11　关联关系的 UML 图　　图 4.12　依赖关系的 UML 图

4.7　实例方法与类方法

在 4.2.3 节大家已经对方法有了一些了解。在类中定义的方法可以分为实例方法和类方法。

4.7.1　实例方法与类方法的定义

在声明方法时，方法类型前面不使用 static 修饰的是实例方法，使用 static 修饰的是类方法，也称静态方法。

例如：

```
class Student {
   int sum(int a, int b) {                         // 实例方法
```

```
        return a + b;
    }
    static void run(){                                    //类方法
        …
    }
}
```

在 Student 类中包含两个方法，其中，sum() 方法是实例方法，run() 方法是类方法，也称静态方法。在声明类方法时，需要将 static 放在方法类型的前面。

4.7.2 实例方法与类方法的区别

1. 对象调用实例方法

当字节码文件被分配到内存时，实例方法不会被分配入口地址，只有当该类创建对象后，类中的实例方法才会被分配入口地址，这时的实例方法才可以被类创建的对象调用。

2. 使用类名调用类方法

类中定义的方法，在该类被加载到内存时，就分配了相应的入口地址。这样一来，类方法不仅可以被类创建的任何对象调用执行，也可以直接通过类名调用。类方法的入口地址直到程序退出时才会被取消。但是需要注意，因为在类创建对象之前，实例成员变量还没有被分配内存，所以类方法不能直接操作实例变量。实例方法只能通过对象调用，而不能通过类名调用。

4.8 关键字 this

关键字 this 表示某个对象。关键字 this 可以出现在实例方法和构造方法中，但不可以出现在类方法中。当局部变量和成员变量的名字相同时，成员变量会被隐藏，这时，如果想要在成员方法中使用成员变量，则必须使用关键字 this。

其语法格式如下：

```
this.成员变量名
this.成员方法名()
```

【例 4.7】 创建一个类文件，在该类中定义 setName() 方法，并将方法的参数值赋予类中的成员变量，具体代码如下：

```
class A {
    private void setName(String name) {               // 定义一个 setName() 方法
```

```
        this.name = name;                               // 将参数值赋予类中的成员变量
    }
}
```

在上述代码中可以看到，成员变量与在 setName() 方法中的形参的名称相同，都为 name，那么应该如何在类中区分使用的是哪一个变量呢？在 Java 中规定使用关键字 this 来代表本类对象的引用，关键字 this 被隐式地用于引用对象的成员变量和成员方法中，例如，在上述代码中，this.name 指的是 A 类中的成员变量 name，而 this.name=name 语句中的第二个 name 则指的是形参 name。实质上，setName() 方法实现的功能是将形参 name 的值赋予成员变量 name。

在这里相信读者已经明白了使用关键字 this 可以调用成员变量和成员方法，但 Java 中最常规的调用方式是使用“对象 . 成员变量”或“对象 . 成员方法”进行调用（关于使用对象调用成员变量和方法的问题，将在后续章节中进行讲述）。

既然关键字 this 和对象都可以调用成员变量和成员方法，那么关键字 this 与对象之间具有怎样的关系呢？

事实上，关键字 this 引用的是本类的一个对象，在局部变量或方法参数覆盖成员变量时，如上面代码的情况，就需要添加关键字 this 来明确引用的是类成员还是局部变量或方法参数。

如果省略关键字 this 直接写成 name = name，则只是把参数 name 赋值给参数变量本身，成员变量 name 的值并没有改变，这是因为参数 name 在方法的作用域中覆盖了成员变量 name。

其实，关键字 this 除了可以调用成员变量或成员方法，还可以作为方法的返回值。例如，在项目中创建一个类文件，在该类中定义 Book 类的方法，并通过关键字 this 返回，具体代码如下：

```
public Book getBook() {
    return this;                                        // 返回 Book 类引用
}
```

在 getBook() 方法中，方法的返回值为 Book 类，因此，在方法体中使用 return this 这种形式将 Book 类的对象返回。

【例 4.8】　在 Fruit 类中定义一个成员变量 color，并且在该类的成员方法中定义一个局部变量 color，这时如果想在成员方法中使用成员变量 color，则需要使用关键字 this，具体代码如下：

```
public class Fruit {
    public String color = "绿色";                        // 定义颜色成员变量
    // 定义收获的方法
    public void harvest() {
        String color = "红色";                           // 定义颜色局部变量
```

```
        // 此处输出的是局部变量 color
        System.out.println(" 水果是: " + color + " 的! ");
        System.out.println(" 水果已经收获 …");
        // 此处输出的是成员变量 color
        System.out.println(" 水果原来是: " + this.color + " 的! ");
    }
    public static void main(String[] args) {
        Fruit obj = new Fruit();
        obj.harvest();
    }
}
```

程序运行结果如图 4.13 所示。

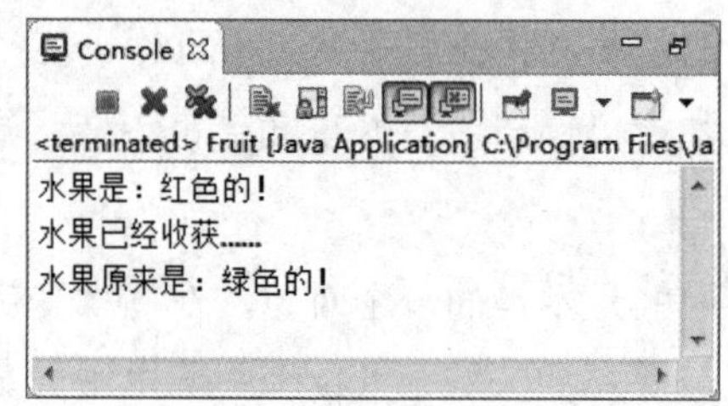

图 4.13　关键字 this 调用成员变量的运行结果

4.9　包

Java 要求文件名和类名相同，因此，如果将多个类放在一起，很可能出现文件名冲突的情况，这时 Java 提供了一种解决该问题的方法，即使用包将类进行分组。下面将对 Java 中的包进行详细介绍。

4.9.1　包的概念

包（package）是 Java 提供的一种区别类的命名空间的机制，是类的组织方式，是一组相关类和接口（接口将在第 6 章为大家详细介绍）的集合，它提供了访问权限和命名的管理机制。Java 中提供的包主要有以下 3 种用途。

（1）将功能相近的类放在同一个包中，可以方便查找与使用。

（2）由于在不同包中可以存在同名类，因此使用包在一定程度上可以避免命名冲突。

（3）在 Java 中，某些访问权限是以包为单位的。

4.9.2　创建包

创建包可以通过在类或接口的源文件中使用 package 语句实现， package 语句的语法格式如下：

```
package 包名;
```

- 包名：必选参数，用于指定包的名称，包的名称必须为合法的 Java 标识符。当包中还有包时，可以使用“包 1. 包 2.…. 包 n”进行指定，其中，包 1 为最外层的包，而包 n 为最内层的包。

package 语句位于类或接口源文件的第一行。例如，定义一个类 Round，将其放入 com.mr 包中的具体代码如下：

```
package com.mr;
public class Round {
    final float PI=3.14159f;                    //定义一个用于表示圆周率的常量 PI
    public void paint(){                        //定义一个绘图的方法
        System.out.println("画一个圆形！");
    }
}
```

学习笔记

在 Java 中提供的包相当于系统中的文件夹。例如，如果将上面代码中的 Round 类保存到 C 盘根目录下，则它的实际路径应该为“C:\com\mr\Round.java”。

4.9.3　使用包中的类

类可以访问其所在包中的所有类，还可以使用其他包中的所有 public 类。访问其他包中的 public 类可以有以下两种方法。

（1）使用长名引用包中的类。

使用长名引用包中的类比较简单，只需要在每个类名前面加上完整的包名即可。例如，创建 Round 类（保存在 com.mr 包中）的对象并实例化该对象的代码如下：

```
com.mr.Round round=new com.mr.Round();
```

（2）使用 import 语句引入包中的类。

由于采用使用长名引用包中的类的方法比较烦琐，因此 Java 提供了 import 语句来引入包中的类。import 语句的基本语法格式如下：

```
import 包名1[.包名2.…].类名|*;
```

当存在多个包名时，各个包名之间使用“.”分隔，同时包名与类名之间也使用“.”分隔。“*”表示包中所有的类。

例如，引入 com.mr 包中的 Round 类的代码如下：

```
import com.mr.Round;
```

如果 com.mr 包中包含多个类，则可以使用以下代码引入该包下的全部类：

```
import com.mr.*;
```

4.10 访问权限

访问权限使用访问修饰符进行限制，访问修饰符有 private、protected 和 public，它们都是 Java 中的关键字。

1. 什么是访问权限

访问权限是指对象是否能够通过运算符“.”操作自己的变量或通过运算符“.”调用类中的方法。

在编写类时，类中的实例方法总是可以操作该类中的实例变量和类变量；类方法总是可以操作该类中的类变量，与访问修饰符没有关系。

2. 私有变量和私有方法

使用 private 修饰的成员变量和方法被称为私有变量和私有方法。例如：

```
public class A {
   private int a;                                    // 变量 a 是私有变量
   private int sum (int m,int n) {                   // 方法 sum() 是私有方法
     return m - n;
   }
}
```

如果现在有一个 B 类，则在 B 类中创建一个 A 类的对象后，该对象不能访问自己的私有变量和方法。例如：

```
public class B {
   public static void main(String[] args) {
      A ca = new A();
      ca.a = 18;                                     // 编译错误，访问不到私有变量 a
   }
}
```

如果一个类中的某个成员是私有类变量，则在另一个类中，不能通过类名来操作这个

私有类变量。如果一个类中的某个方法是私有类方法，则在另一个类中，也不能通过类名来调用这个私有类方法。

3. 公有变量和公有方法

使用 public 修饰的变量和方法被称为公有变量和公有方法。例如：

```
public class A {
   public int a;                                    // 变量 a 是公有变量
   public int sum (int m,int n) {                   // 方法 sum() 是公有方法
     return m - n;
   }
}
```

使用 public 修饰的变量和方法在任何一个类中创建对象后都会被访问到。例如：

```
public class B {
   public static void main(String[] args) {
      A ca = new A();
      ca.a = 18;                                    // 可以访问，编译通过
   }
}
```

4. 友好变量和友好方法

不使用 private、public 和 protected 修饰的成员变量和方法被称为友好变量和友好方法。例如：

```
public class A {
   int a;                                           // 变量 a 是友好变量
   int sum (int m,int n) {                          // 方法 sum() 是友好方法
     return m - n;
   }
}
```

对于同一个包中的两个类而言，如果在一个类中创建了另一个类的对象，则该对象能访问自己的友好变量和友好方法。例如：

```
public class B {
   public static void main(String[] args) {
      A ca = new A();
      ca.a = 18;                                    // 可以访问，编译通过
   }
}
```

学习笔记

如果源文件使用 import 语句引入了另一个包中的类，并使用该类创建了一个对象，则该类的这个对象将不能访问自己的友好变量和友好方法。

5. 受保护的成员变量和方法

使用 protected 修饰的成员变量和方法被称为受保护的成员变量和方法。例如：

```
public class A {
   protected int a;                              // 变量 a 是受保护的成员变量
   protected int sum (int m,int n) {             // 方法 sum() 是受保护的方法
     return m - n;
   }
}
```

对于同一个包中的两个类而言，一个类在另一个类创建对象后可以通过该对象访问自己的 protected 变量和 protected() 方法。例如：

```
public class B {
   public static void main(String[] args) {
      A ca = new A();
      ca.a = 18;                                 // 可以访问，编译通过
   }
}
```

6. public 类与友好类

在声明类时，如果在关键字 class 前面加上关键字 public，则这样的类就是公有的类。例如：

```
public class A {
…
}
```

可以在任何另外一个类中，使用 public 类创建对象。如果一个类不使用 public 修饰，例如：

```
class A {
…
}
```

则这个没有被 public 修饰的类就称为友好类。在另一个类中使用友好类创建对象时，必须保证它们在同一个包中。

第 5 章　继承与多态

Java 是纯粹的面向对象的程序设计语言，而继承与多态是它的另外两大特性。继承是面向对象实现软件复用的重要手段；多态表示子类对象可以直接赋给父类变量，但运行时依然表现出子类的行为特征。Java 支持使用继承和多态的基本概念来设计程序，从现实世界中客观存在的事物出发来构造软件系统。

5.1　继承简介

在面向对象程序设计中，继承是不可或缺的一部分。通过继承可以实现代码的重用，提高程序的可维护性。

5.1.1　继承的概念

继承一般是指晚辈从父辈那里继承财产，也可以说是子女拥有父母所给予他们的东西。在面向对象程序设计中，继承的含义与此类似，不同的是，这里继承的财产是类。也就是说，继承是子类拥有父类的成员。

在动物园中有许多动物，这些动物具有相同的属性和行为。这时可以编写一个动物类 Animal（该类中包括所有动物均具有的属性和行为），即父类。但是不同类的动物又具有它自己特有的属性和行为。例如，鸟类具有飞的行为，这时可以编写一个鸟类 Bird，由于鸟类属于动物类，它也具有动物类所共同拥有的属性和行为，因此在编写鸟类时，就可以使 Bird 类继承父类 Animal。这样不但可以节省程序的开发时间，而且提高了代码的可重用性。Bird 类与 Animal 类的继承关系如图 5.1 所示。

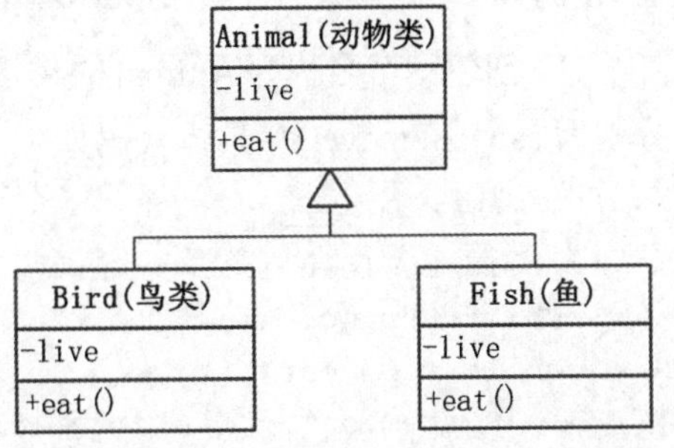

图 5.1　Bird 类与 Animal 类的继承关系

5.1.2 子类对象的创建

在类的声明中，可以通过使用关键字 extends 来显式地指明其父类。

语法格式如下：

```
[修饰符] class 子类名 extends 父类名
```

- 修饰符：可选参数，用于指定类的访问权限，可选值为 public、abstract 和 final。
- 子类名：必选参数，用于指定子类的名称。类名必须是合法的 Java 标识符，在一般情况下，要求首字母大写。
- extends 父类名：必选参数，用于指定要定义的子类继承于哪个父类。

例如，定义一个 Cattle 类，该类继承于父类 Animal，即 Cattle 类是 Animal 类的子类，具体代码如下：

```
class Cattle extends Animal {
}
```

5.1.3 继承的使用原则

子类可以继承父类中所有可被子类访问的成员变量和成员方法，但必须遵循以下原则。

（1）子类能够继承父类中被声明为 public 和 protected 的成员变量和成员方法，但不能继承被声明为 private 的成员变量和成员方法。

（2）子类能够继承在同一个包中的由默认修饰符修饰的成员变量和成员方法。

（3）如果子类声明了一个与父类的成员变量名称相同的成员变量，则子类不能继承父类的成员变量。此时子类的成员变量隐藏了父类的成员变量。

（4）如果子类声明了一个与父类的成员方法名称相同的成员方法，则子类不能继承父类的成员方法。此时子类的成员方法覆盖了父类的成员方法。

【例 5.1】 定义一个动物类 Animal 及它的子类 Bird。

（1）创建一个名称为 Animal 的类，并在该类中声明一个成员变量 live 和两个成员方法，分别为 eat() 和 move()，具体代码如下：

```
public class Animal {
    public boolean live=true;                          //定义一个成员变量
    public String skin="";
    public void eat(){                                 //定义一个成员方法
        System.out.println("动物需要吃食物");
    }
    public void move(){                                //定义一个成员方法
```

```
        System.out.println("动物会运动");
    }
}
```

（2）创建一个 Animal 类的子类 Bird，在该类中隐藏父类的成员变量 skin，并且覆盖成员方法 move()，具体代码如下：

```
public class Bird extends Animal {
    public String skin = "羽毛";
    public void move() {
        System.out.println("鸟会飞翔");
    }
}
```

（3）创建一个名称为 Zoo 的类，在该类的 main() 方法中创建子类 Bird 的对象并为该对象分配内存，然后使该对象调用该类的成员方法及成员变量，具体代码如下：

```
public class Zoo {
    public static void main(String[] args) {
        Bird bird = new Bird();
        bird.eat();
        bird.move();
        System.out.println("鸟有：" + bird.skin);
    }
}
```

eat() 方法是从父类 Animal 继承的方法，move() 方法是子类 Bird 声明的覆盖父类成员方法的成员方法，skin 变量是子类的成员变量。程序运行结果如图 5.2 所示。

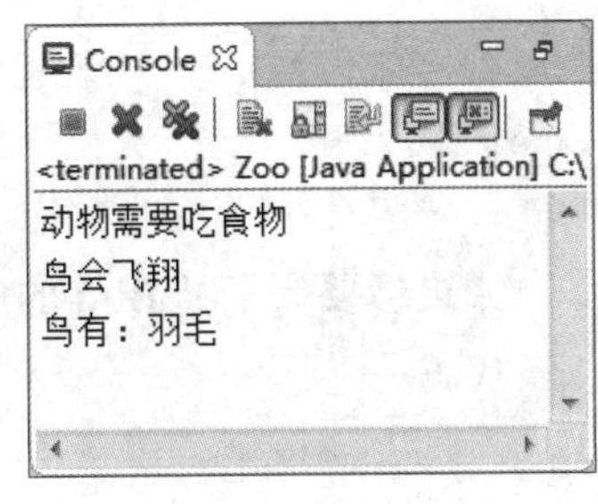

图 5.2　Bird 类继承 Animal 类

5.1.4　关键字 super

子类可以继承父类的非私有成员变量和方法（不是以关键字 private 修饰的），但是，如果子类中声明的成员变量与父类的成员变量同名，则父类的成员变量将被隐藏。如果子类中声明的成员方法与父类的成员方法的名称相同，并且参数个数、类型和顺序也相同，则称子类的成员方法覆盖了父类的成员方法。这时，如果想要在子类中访问父类中被子类隐藏的成员方法或变量，就可以使用关键字 super。

关键字 super 主要有以下两种用途。

（1）调用父类的构造方法。

子类可以调用父类的构造方法，但是必须在子类的构造方法中使用关键字 super 来调用。语法格式如下：

```
super([参数列表]);
```

如果父类的构造方法中包括参数，则参数列表为必选项，用于指定父类构造方法的入口参数。

例如，在 Animal 类中添加一个默认的构造方法和一个带参数的构造方法，具体代码如下：

```
public Animal() {
}
public Animal(String strSkin) {
   skin = strSkin;
}
```

这时，如果想要在子类 Bird 中使用父类的带参数的构造方法，则需要在子类 Bird 的构造方法中通过以下代码进行调用：

```
public Bird() {
   super(" 羽毛 ");
}
```

（2）操作被隐藏的成员变量和被覆盖的成员方法。

如果想要在子类中操作父类中被隐藏的成员变量和被覆盖的成员方法，可以使用关键字 super。

语法格式如下：

```
super. 成员变量名
super. 成员方法名 ([ 参数列表 ])
```

如果想要在子类 Bird 的成员方法中改变父类 Animal 的成员变量 skin 的值，可以使用以下代码：

```
super.skin=" 羽毛 ";
```

如果想要在子类 Bird 的成员方法中使用父类 Animal 的成员方法 move()，可以使用以下代码：

```
super.move();
```

5.2 子类的继承

子类中的一部分成员是子类自己声明和创建的，另一部分是通过它的父类继承的。在 Java 中，Object 类是所有类的祖先类，也就是说，任何类都继承于 Object 类。除 Object 类以外的每个类，有且仅有一个父类，而一个类可以有零个或多个子类。

1. 同一包中的子类与父类

如果子类与父类在同一包中，则子类会继承父类中非 private 修饰的成员变量和方法。

【例 5.2】　有 4 个类，People 类是父类，Student 类是继承于父类的子类，Teacher 类也是继承于父类的子类，Example 类是测试类。

People 类的具体代码如下：

```
public class People {                          // 定义 People 类，它是一个父类
   String name = "小红";
   int age = 16;
   protected void Say() {
      System.out.println("大家好，我叫" + name + "，今年" + age + "岁");
   }
}
```

Student 类的具体代码如下：

```
public class Student extends People {          // 定义 Student 类，继承于 People 类
   int number = 40326;
}
```

Teacher 类的具体代码如下：

```
public class Teacher extends People {          // 定义 Teacher 类，继承于 People 类
   protected void Say() {
      System.out.println("大家好，我叫" + name + "，今年" + age + "岁，我是一
名老师");
   }
}
```

Example 类的具体代码如下：

```
public class Example {
   public static void main(String[] args) {
      Student stu = new Student();
      stu.Say();
      stu.age = 19;
      stu.name = "张三";
      stu.Say();
      System.out.print("我的学号是：" + stu.number);
      Teacher te = new Teacher();
      te.name = "赵冬";
      te.age = 38;
      te.Say();
   }
}
```

程序运行结果如图 5.3 所示。

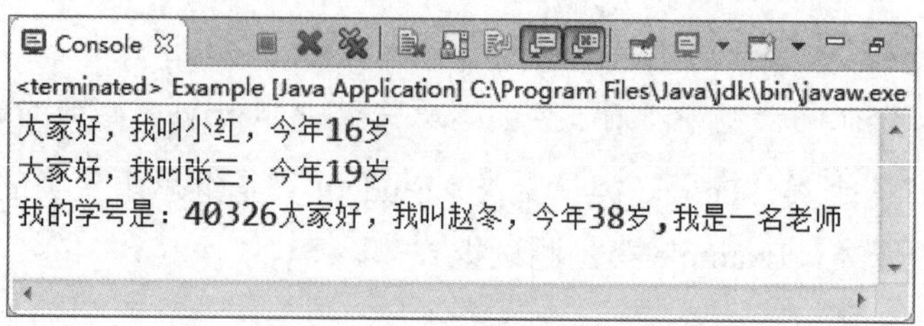

图 5.3　子类继承父类

2. 非同一包中的子类与父类

当子类与父类不在同一包中时，父类中使用 private 修饰的成员变量和友好的成员变量不会被继承，也就是说，子类只能继承父类中使用 public 和 protected 修饰的成员变量作为子类的成员变量，同样地，子类也只能继承父类中使用 public 和 protected 修饰的成员方法作为子类的成员方法。

3. 继承关系的 UML 图

当一个类是另一个类的子类时，可以通过 UML 图使用实线连接两个类来表示二者之间的继承关系。实线的起始端是子类的 UML 图，实线的终止端是父类的 UML 图。在实线的终止端使用一个空心三角形表示实线的结束。

子类与父类间继承关系的 UML 图如图 5.4 所示。

People
-name : String
-age : int
+say()

Student
-number : int

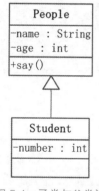

图 5.4　子类与父类间继承关系的 UML 图

4. 继承中的 protected

在一个 A 类中，它所定义的成员变量和方法都被 protected 所修饰。如果 A 类被 B 类、C 类继承，则在 B 类与 C 类中都继承了 A 类的成员变量和方法。这时，如果在 C 类中创建一个自身的对象，则该对象可以访问父类的和自身定义的 protected 修饰的成员变量和方法。但是在其他类中，如 Student 类，对于子类 C 自己声明的 protected 修饰的成员变量和方法，只要 Student 类与 C 类在同一包中，创建的对象就可以访问这些被 protected 修饰的成员变量和方法。对于子类 C 从父类中继承的 protected 修饰的成员变量和方法，只要 Student 类与 C 类的父类在同一包中，创建的对象就能够访问继承的 protected 修饰的成员变量和方法。

5.3　多态

多态是面向对象程序设计的重要机制，是面向对象的三大基本特性之一。在 Java 中，通常使用方法的重载（Overloading）和覆盖（Overriding）实现类的多态性。

5.3.1　方法的重载

方法的重载是指在一个类中出现多个名称相同，但参数个数或参数类型不同的方法。Java 在执行具有重载关系的方法时，会根据调用参数的个数和类型来区分具体执行的是哪个方法。

【例 5.3】　定义一个名称为 Calculate 的类，在该类中定义两个名称为 getArea() 的方法（参数个数不同）和两个名称为 draw() 的方法（参数类型不同）。具体代码如下：

```
public class Calculate {
    final float PI = 3.14159f;                          // 定义一个用于表示圆周率的常量 PI
    // 求圆形的面积
    public float getArea(float r) {    // 定义一个用于计算面积的方法 getArea()
        float area = PI * r * r;
        return area;
    }
    // 求矩形的面积
    public float getArea(float l, float w) {            // 重载 getArea() 方法
        float area = l * w;
        return area;
    }
    // 画任意形状的图形
    public void draw(int num) {                         // 定义一个用于画图的方法 draw()
        System.out.println("画" + num + "个任意形状的图形");
    }
    // 画指定形状的图形
    public void draw(String shape) {                    // 重载 draw() 方法
        System.out.println("画一个" + shape);
    }
    public static void main(String[] args) {
        // 创建 Calculate 类的对象并为其分配内存
        Calculate calculate = new Calculate();
        float l = 20;
        float w = 30;
        float areaRectangle = calculate.getArea(l, w);
        System.out.println("求长为" + l + " 宽为" + w + "的矩形的面积是："
                        + areaRectangle);
        float r = 7;
        float areaCirc = calculate.getArea(r);
        System.out.println("求半径为" + r + "的圆的面积是：" + areaCirc);
        int num = 7;
        calculate.draw(num);
        calculate.draw("三角形");
    }
}
```

程序运行结果如图 5.5 所示。

Console
<terminated> Calculate [Java Application] C:\Program Files\Java\jdk\bin\java
求长为20.0 宽为30.0的矩形的面积是：600.0
求半径为7.0的圆的面积是：153.93791
画7个任意形状的图形
画一个三角形

图 5.5 方法的重载

重载的方法之间不一定有联系，但是为了提高程序的可读性，一般只重载功能相似的方法。

学习笔记

在进行方法的重载时，方法返回值的类型不能作为区分方法是否重载的标志。

5.3.2 避免重载出现的歧义

重载的方法之间必须保证参数不同，但是需要注意，重载的方法在被调用时可能出现调用歧义。例如，Student 类中的 speak() 方法就很容易引发歧义，具体代码如下：

```
public class Student {
    static void speak(double a, int b) {
        System.out.println(" 我很高兴 ");
    }
    static void speak(int a, double b) {
        System.out.println("I am so Happy");
    }
}
```

对于上面的 Student 类而言，当代码为“Student.speak(5.5,5);”时，控制台会输出“我很高兴”；当代码为“Student.speak(5,5.5)”时，控制台会输出“I am so Happy”；当代码为“Student.speak(5,5)”时，就会出现无法解析的编译问题，这是因为 Student.speak(5,5) 不清楚应该执行哪一个重载的方法。

5.3.3 方法的覆盖

当子类继承父类中所有可能被子类访问的成员方法时，如果子类的方法名与父类的方法名相同，则子类不能继承父类的成员方法。此时，子类的成员方法覆盖了父类的成员方法。覆盖体现了子类补充或改变父类方法的能力。覆盖可以使一个方法在不同的子类中表现出不同的行为。

【例 5.4】 定义动物类 Animal 及它的子类，然后在 Zoo 类中分别创建各个子类的对象，并调用子类覆盖父类的 cry() 方法。

（1）创建一个名称为 Animal 的类，在该类中声明一个成员方法 cry()，具体代码如下：

```
public class Animal {
   public Animal() {
   }
   public void cry() {
      System.out.println("动物发出叫声！");
   }
}
```

（2）创建一个 Animal 类的子类 Dog，在该类中覆盖父类的成员方法 cry()，具体代码如下：

```
public class Dog extends Animal {
   public Dog() {
   }
   public void cry() {
      System.out.println("狗发出“汪汪…”声！");
   }
}
```

（3）创建一个 Animal 类的子类 Cat，在该类中覆盖父类的成员方法 cry()，具体代码如下：

```
public class Cat extends Animal {
   public Cat() {
   }
   public void cry() {
      System.out.println("猫发出“喵喵…”声！");
   }
}
```

（4）创建一个 Animal 类的子类 Cattle，在该类中不定义任何方法，具体代码如下：

```
public class Cattle extends Animal {
}
```

（5）创建 Zoo 类，在该类的 main() 方法中分别创建子类 Dog、Cat 和 Cattle 的对象并调用它们的成员方法 cry()，具体代码如下：

```
public class Zoo {
   public static void main(String[] args) {
      Dog dog = new Dog();                        // 创建 Dog 类的对象并为其分配内存
```

```
        System.out.println("执行 dog.cry();语句时的输出结果：");
        dog.cry();
        Cat cat = new Cat();                    // 创建 Cat 类的对象并为其分配内存
        System.out.println("执行 cat.cry();语句时的输出结果：");
        cat.cry();
        Cattle cattle = new Cattle();           // 创建 Cattle 类的对象并为其分配内存
        System.out.println("执行 cattle.cry();语句时的输出结果：");
        cattle.cry();
    }
}
```

程序运行结果如图 5.6 所示。

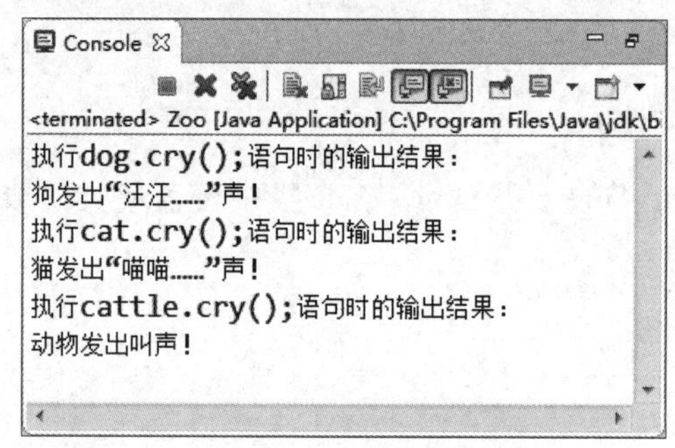

图 5.6　方法的覆盖

从上面的运行结果中可以看出，由于 Dog 类和 Cat 类都重载了父类的成员方法 cry()，因此执行的是子类中的 cry() 方法，而 Cattle 类没有重载父类的成员方法 cry()，所以执行的是父类中的 cry() 方法。

学习笔记

在进行方法覆盖时，需要注意以下几点。

（1）子类不能覆盖父类中声明为 final 或 static 的方法。

（2）子类必须覆盖父类中声明为 abstract 的方法，或者子类将该方法声明为 abstract。

（3）在子类覆盖父类中的同名方法时，子类中方法的声明也必须和父类中被覆盖的方法的声明一样。

5.3.4　向上转型

一个对象可以被看作本类类型，也可以被看作它的超类类型。取得一个对象的引用并将它看作超类类型的对象，称为向上转型。

【例 5.5】 创建抽象的动物类，在该类中定义一个移动方法 move()，并创建两个子类：鹦鹉类 Parrot 和乌龟类 Tortoise。在 Zoo 类中定义放生方法 free()，调用 free() 方法后会使动物获得自由，控制台将输出鹦鹉和乌龟正在移动的方式，具体代码如下：

```
abstract class Animal {
    public abstract void move();                        // 移动方法
}

class Parrot extends Animal {
    public void move() {                                // 鹦鹉的移动方法
        System.out.println("鹦鹉正在飞行…");
    }
}

class Tortoise extends Animal {
    public void move() {                                // 乌龟的移动方法
        System.out.println("乌龟正在爬行…");
    }
}

public class Zoo {
    public void free(Animal animal) {                   // 放生方法
        animal.move();
    }
    public static void main(String[] args) {
        Zoo zoo = new Zoo();                            // 动物园
        Parrot parrot = new Parrot();                   // 鹦鹉
        Tortoise tortoise = new Tortoise();             // 乌龟
        zoo.free(parrot);                               // 放生鹦鹉
        zoo.free(tortoise);                             // 放生乌龟
    }
}
```

程序运行结果如图 5.7 所示。

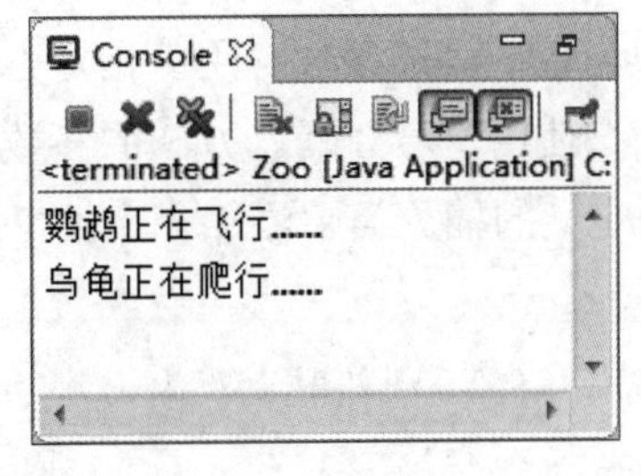

图 5.7　向上转型

5.4　抽象类

四边形具有 4 条边，或者更具体一点，平行四边形是具有对边平行且相等特性的特殊四边形，等腰三角形是腰相等的三角形，这些描述都是合乎情理的。但是，图形对象不能使用具体的语言来描述，例如，我们无法描述图形对象有几条边，究竟是什么图形等。这种类在 Java 中被定义为抽象类。

5.4.1 抽象类和抽象方法

所谓抽象类，就是只声明方法的存在而不去具体实现它的类。抽象类不能被实例化，也就是说，不能创建抽象类的对象。在定义抽象类时，需要在关键字 class 前面添加关键字 abstract。

语法格式如下：

```
abstract class 类名{
    类体
}
```

例如，定义一个名称为 Fruit 的抽象类，具体代码如下：

```
abstract class Fruit {                          // 定义抽象类
    public String color;                        // 定义颜色成员变量
    // 定义构造方法
    public Fruit() {
        color = "绿色";                          // 对变量 color 进行初始化
    }
}
```

在抽象类中创建的、没有实现的、必须由子类重写的方法被称为抽象方法。抽象方法只有方法的声明，没有方法的实现，使用关键字 abstract 进行修饰。

语法格式如下：

```
abstract <方法返回值类型> 方法名(参数列表);
```

- 方法返回值类型：必选参数，用于指定方法的返回值类型。如果该方法没有返回值，可以使用关键字 void 进行标识。方法返回值的类型可以是任何 Java 数据类型。
- 方法名：必选参数，用于指定抽象方法的名称。方法名必须是合法的 Java 标识符。
- 参数列表：可选参数，用于指定方法中所需的参数。当存在多个参数时，各参数之间应该使用逗号分隔。方法的参数可以是任何 Java 数据类型。

在上面定义的抽象类中添加一个抽象方法，具体代码如下：

```
//定义抽象方法
public abstract void harvest();                 //收获的方法
```

学习笔记

抽象方法不能使用关键字 private 或 static 进行修饰。

包含一个或多个抽象方法的类必须被声明为抽象类。这是因为抽象方法没有定义方法的实现部分，如果不将其声明为抽象类，这个类将可以生成对象，则当用户调用抽象方法时，程序就不知道如何进行处理。

【例5.6】 定义一个水果类Fruit，该类为水果的抽象类，并在该类中定义一个抽象方法，同时在其子类中实现该抽象方法。

（1）创建 Fruit 类，在该类中定义相应的成员变量和方法，具体代码如下：

```
abstract class Fruit {                          // 定义抽象类
    public String color;                        // 定义颜色成员变量
    // 定义构造方法
    public Fruit() {
        color = "绿色";                          // 对变量 color 进行初始化
    }
    // 定义抽象方法
    public abstract void harvest();             // 收获的方法
}
```

（2）创建 Fruit 类的子类 Apple，在该类中实现其父类的抽象方法 harvest()，具体代码如下：

```
class Apple extends Fruit {
    public void harvest() {
        System.out.println("苹果已经收获！");  // 输出字符串"苹果已经收获！"
    }
}
```

（3）创建一个 Fruit 类的子类 Orange，同样实现父类的抽象方法 harvest()，具体代码如下：

```
class Orange extends Fruit {
    public void harvest() {
        System.out.println("橘子已经收获！");  // 输出字符串"橘子已经收获！"
    }
}
```

（4）创建 Farm 类，在该类中执行 Fruit 类的两个子类的 harvest() 方法，具体代码如下：

```
public class Farm {
    public static void main(String[] args) {
        System.out.println("调用 Apple 类的 harvest() 方法的结果：");
        Apple apple = new Apple();       // 声明 Apple 类的一个对象 apple，并为其分配内存
        apple.harvest();                 // 调用 Apple 类的 harvest() 方法
        System.out.println("调用 Orange 类的 harvest() 方法的结果：");
        // 声明 Orange 类的一个对象 orange，并为其分配内存
        Orange orange = new Orange();
        orange.harvest();                // 调用 Orange 类的 harvest() 方法
    }
}
```

程序运行结果如图 5.8 所示。

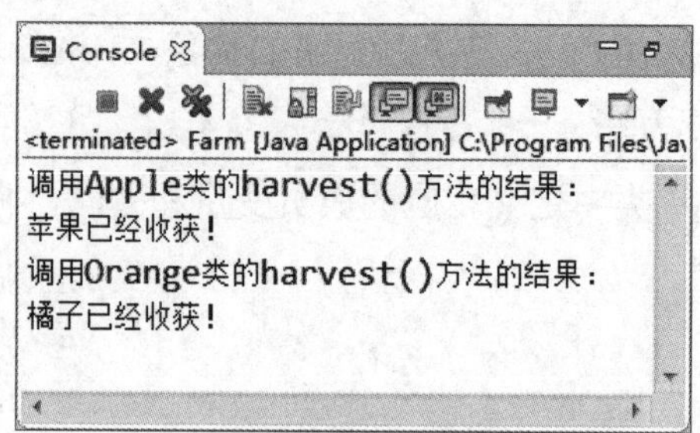

图 5.8 使用抽象类的运行结果

5.4.2 抽象类和抽象方法的规则

综上所述，抽象类和抽象方法的规则总结如下。

（1）抽象类必须使用关键字 abstract 来修饰，抽象方法必须使用关键字 abstract 来修饰。

（2）抽象类不能被实例化，无法使用关键字 new 来调用抽象类的构造器创建抽象类的实例，即使抽象类中不包含抽象方法，这个抽象类也不能创建实例。

（3）抽象类可以包含属性、方法（普通方法和抽象方法）、构造器、初始化块、内部类和枚举类。抽象类的构造器不能用于创建实例，主要用于被其子类调用。

（4）含有抽象方法的类（包括直接定义了一个抽象方法；继承了一个抽象父类，但没有完全实现父类包含的抽象方法；实现了一个接口，但没有完全实现接口包含的抽象方法 3 种情况）只能被定义为抽象类。

5.4.3 抽象类的作用

抽象类不能被实例化，只能被继承。从语义角度来看，抽象类是从多个具体类中抽象出来的父类，它具有更高层次的抽象。从多个具有相同特征的类中抽象出一个抽象类，并以这个抽象类为模板，可以避免子类的随意设计。抽象类体现的就是这种模板模式的设计。抽象类是多个子类的模板。子类在抽象类的基础上进行了扩展，但是子类会大致保留抽象类的行为。

5.5 关键字 final

关键字 final 可以用来修饰类、变量和方法，表示它修饰的类、变量和方法不可改变。

5.5.1　final 变量

当使用关键字 final 修饰变量时，表示该变量一旦获得初始值之后就不可以被改变。使用关键字 final 既可以修饰成员变量也可以修饰局部变量、形参。

1. 使用关键字 final 修饰成员变量

成员变量是随着类初始化或对象初始化而初始化的。当类初始化时，系统会为该类的类属性分配内存，并分配默认值；当创建对象时，系统会为该对象的实例属性分配内存，并分配默认值。

使用关键字 final 修饰的成员变量，如果既没有在定义成员变量时指定初始值，也没有在初始化块、构造器中为成员变量指定初始值，则这些成员变量的值将一直是 0、'\u0000'、false 或 null，这些成员变量就失去了意义。

因此当定义 final 变量时，要么指定初始值，要么在初始化块、构造器中初始化成员变量。在给成员变量指定默认值之后，就不能在初始化块、构造器中为该属性重新赋值。

2. 使用关键字 final 修饰局部变量

使用关键字 final 修饰的局部变量，如果在定义时没有指定初始值，则可以在后面的代码中对该 final 局部变量赋值，但是只能赋一次值，不能重复赋值。如果使用关键字 final 修饰的局部变量在定义时已经指定了默认值，则在后面代码中不能再对该变量赋值。

3. 使用关键字 final 修饰基本类型和引用类型变量的区别

当使用关键字 final 修饰基本类型变量时，不能对基本类型变量重新赋值，因此基本类型变量不能被修改。但是引用类型变量保存的仅仅是一个引用，在使用关键字 final 修饰时，只需要保证这个引用所引用的地址不会改变，即一直引用同一对象，而这个对象是可以发生改变的。

5.5.2　final 类

使用关键字 final 修饰的类称为 final 类。该类不能被继承，即不能有子类。有时为了程序的安全性，可以将一些重要的类声明为 final 类。例如，Java 提供的 System 类和 String 类都是 final 类。

语法格式如下：

```
final class 类名{
    类体
}
```

【例 5.7】 创建一个名称为 FinalDemo 的 final 类，具体代码如下：

```
public final class FinalDemo {
    private String message = "这是一个 final 类";
    private String enable = "它不能被继承，所以不可能有子类。";
    public static void main(String[] args) {
        FinalDemo demo = new FinalDemo();
        System.out.println(demo.message);
        System.out.println(demo.enable);
    }
}
```

5.5.3 final 方法

使用关键字 final 修饰的方法是不可以被重写的。如果想要禁止子类重写父类的某个方法，则可以使用关键字 final 修饰该方法，具体代码如下：

```
public class Father {
    public final void say() {
    }
}

public class Son extends Father {
    public final void say() {
    }                                       // 编译错误，不允许重写 final 方法
}
```

学习笔记

使用关键字 final 修饰的方法称为 final 方法，该方法不能被重写。

5.6 内部类

Java 允许在类中定义内部类。内部类就是在其他类内部定义的子类。一般格式如下：

```
public class Zoo {
    class Wolf {                            // 内部类 Wolf
    }
}
```

内部类有以下 4 种形式。

（1）成员内部类。

（2）局部内部类。

（3）静态内部类。

（4）匿名内部类。

本节将分别介绍这 4 种内部类的使用。

1. 成员内部类

成员内部类和成员变量一样，属于类的全局成员。一般格式如下：

```
public class Sample {
    public int id;                                  // 成员变量
    class Inner {                                   // 成员内部类
    }
}
```

学习笔记

> 成员变量 id 被定义为使用 public 修饰的公有属性，但是成员内部类 Inner 不可以使用 public 修饰。因为公共类的名称必须与类文件同名，所以每个 Java 类文件中只允许存在一个使用 public 修饰的公共类。

内部类 Inner 和变量 id 都被定义为 Sample 类的成员，但是成员内部类 Inner 的使用要比成员变量 id 复杂一些。

一般格式如下：

```
Sample sample = new Sample();
Sample.Inner inner = sample.new Inner();
```

只有创建了成员内部类的实例，才能使用成员内部类的变量和方法。

【例 5.8】 创建成员内部类的实例对象，并调用该对象的 print() 方法。

（1）创建 Sample 类，并在该类中定义成员内部类 Inner，具体代码如下：

```
public class Sample {
    public int id;                                  // 成员变量
    private String name;                            // 私有成员变量
    static String type;                             // 静态成员变量
    public Sample() {
        id = 9527;
        name = " 苹果 ";
        type = " 水果 ";
    }
    class Inner {                                   // 成员内部类
        private String message = " 成员内部类的创建者包含以下属性：";
        public void print() {
```

```
            System.out.println(message);
            System.out.println("编号：" + id);     // 访问公有成员
            System.out.println("名称：" + name);   // 访问私有成员
            System.out.println("类别：" + type);   // 访问静态成员
        }
    }
}
```

（2）创建测试成员内部类的 Test 类，具体代码如下：

```
public class Test {
    public static void main(String[] args) {
        Sample sample = new Sample();                  // 创建 Sample 类的对象
        Sample.Inner inner = sample.new Inner(); // 创建成员内部类的对象
        inner.print();                                 // 调用成员内部类的 print() 方法
    }
}
```

程序运行结果如图 5.9 所示。

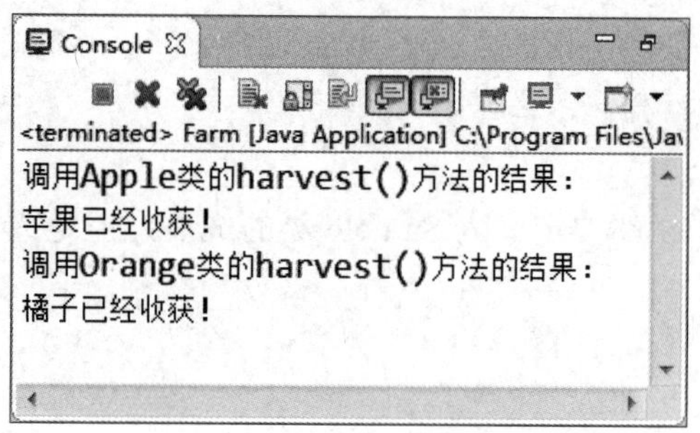

图 5.9　成员内部类的使用

2. 局部内部类

局部内部类和局部变量一样，都是在方法内定义的，其只在方法内部有效。

一般格式如下：

```
public void sell() {
    class Apple {                                  // 局部内部类
    }
}
```

局部内部类可以访问它的创建类中的所有成员变量和方法，包括私有方法。

【例 5.9】 在 sell() 方法中创建局部内部类 Apple，然后创建该内部类的实例，并调用其定义的 price() 方法输出单价信息，具体代码如下：

```
public class Sample {
    private String name;                           // 私有成员变量
    public Sample() {
```

```
            name = "苹果";
        }
        public void sell(int price) {
            class Apple {                                  // 局部内部类
                int innerPrice = 0;
                public Apple(int price) {
                    innerPrice = price;
                }
                public void price() {
                    System.out.println("现在开始销售" + name);
                    System.out.println("单价为：" + innerPrice + "元");
                }
            }
            Apple apple = new Apple(price);
            apple.price();
        }
        public static void main(String[] args) {
            Sample sample = new Sample();
            sample.sell(100);
        }
}
```

程序运行结果如图 5.10 所示。

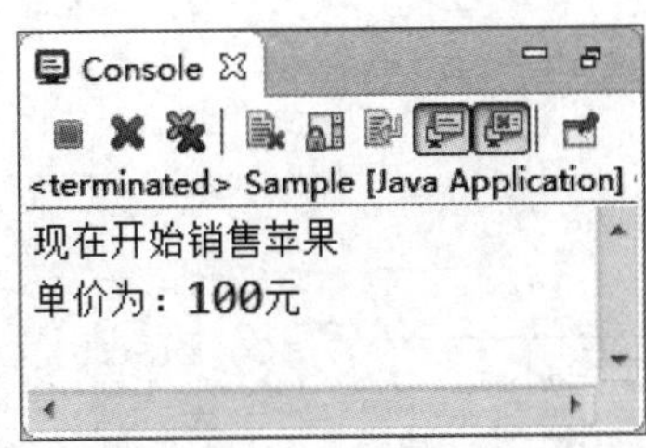

图 5.10　局部内部类的使用

3. 静态内部类

静态内部类和静态变量类似，都使用关键字 static 修饰。因此，在学习静态内部类之前，必须熟悉静态变量的使用。

一般格式如下：

```
public class Sample {
    static class Apple {                                   // 静态内部类
    }
}
```

静态内部类可以在不创建 Sample 类的情况下直接使用。

【例 5.10】　在 Sample 类中创建静态内部类 Apple，然后在创建 Sample 类的实例对象之前和之后，分别创建静态内部类 Apple 的实例对象，并执行它们的 introduction() 方法，具体代码如下：

```
public class Sample {
    private static String name;                          // 私有成员变量
    public Sample() {
        name = "苹果";
    }
    static class Apple {                                 // 静态内部类
        int innerPrice = 0;
        public Apple(int price) {
            innerPrice = price;
        }
        public void introduction() {                     // 介绍苹果的方法
            System.out.println("这是一个" + name);
            System.out.println("它的零售单价为：" + innerPrice + "元");
        }
    }
    public static void main(String[] args) {
        Sample.Apple apple = new Sample.Apple(8);  // 第一次创建 Apple 对象
        apple.introduction();                      // 第一次执行 Apple 对象的介绍方法
        new Sample();                              // 创建 Sample 类的对象
        Sample.Apple apple2 = new Sample.Apple(10); // 第二次创建 Apple 对象
        apple2.introduction();                     // 第二次执行 Apple 对象的介绍方法
    }
}
```

程序运行结果如图 5.11 所示。

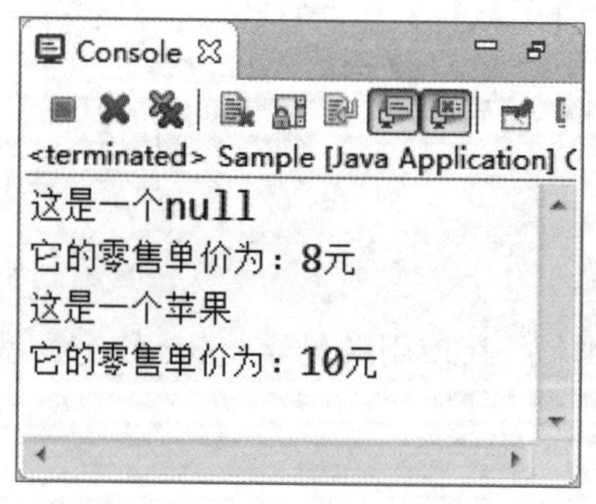

图 5.11　静态内部类的使用

从该实例中可以发现，在 Sample 类被实例化之前，成员变量 name 的值是 null（即没有赋值），因此第一次创建的 Apple 对象没有名字。而在第二次创建 Apple 对象之前，程序已经创建了一个 Sample 类的对象，这就导致 Sample 类的静态成员变量被初始化，因为这个静态成员变量被整个 Sample 类所共享，所以第二次创建的 Apple 对象也就共享了 name 变量，从而输出了“这是一个苹果”的信息。

4. 匿名内部类

匿名内部类就是没有名称的内部类，它经常被应用于 Swing 程序设计中的事件监听。

匿名内部类具有以下特点。

（1）匿名内部类可以继承父类的方法，也可以重写父类的方法。

（2）匿名内部类可以访问外嵌类中的成员变量和方法，在匿名内部类中不能声明静态变量和静态方法。

（3）在使用匿名内部类时，必须在某个类中直接使用匿名内部类创建对象。

（4）在使用匿名内部类创建对象时，需要直接使用父类的构造方法。

一般格式如下：

```
new ClassName(){
    …
}
```

例如，创建一个匿名的 Apple 类，具体代码如下：

```
public class Sample {
    public static void main(String[] args) {
        new Apple() {
            public void introduction() {
                System.out.println("这是一个匿名内部类，但是谁也无法使用它。");
            }
        };
    }
}
```

虽然上述代码成功创建了一个匿名内部类 Apple，但是正如它的 introduction() 方法所描述的那样，谁也无法使用它，这是因为一个对该类的引用都没有。

匿名内部类经常被用来创建接口的唯一实现类，或者创建某个类的唯一子类。

【例 5.11】 创建 Apple 接口和 Sample 类，在 Sample 类中编写 print() 方法。该方法可以接收一个实现 Apple 接口的对象作为参数，并执行该参数的 say() 方法打印一条信息，具体代码如下：

```
interface Apple {                                        // 定义 Apple 接口
    public void say();                                   // 定义 say() 方法
}

public class Sample {                                    // 创建 Sample 类
    public static void print(Apple apple) {              // 创建 print() 方法
        apple.say();
    }
    public static void main(String[] args) {
```

```
        Sample.print(new Apple() {                          // 为print()方法传递参数
            public void say() {                             // 实现Apple接口
                System.out.println("这是一箱子的苹果。");    // 匿名内部类作参数
            }
        });
    }
}
```

程序运行结果如图 5.12 所示。

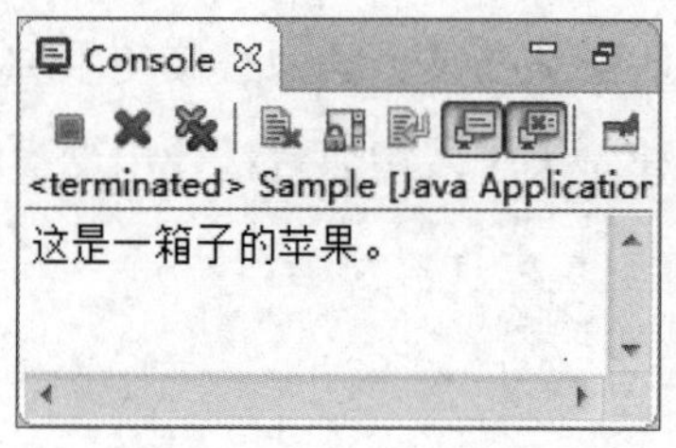

图 5.12　匿名内部类的使用

第6章　接　　口

Java仅支持单重继承，不支持多重继承，即一个类只能有一个父类。但是在实际应用中，经常需要使用多重继承来解决问题。为了解决该问题，Java提供了接口来实现类的多重继承功能。

6.1　接口简介

在实际生活中，接口几乎随处可见。例如，具有USB接口的电子设备，手机充电头、U盘、鼠标都是USB接口的实现类。对于不同的设备而言，它们的USB接口都遵循一个规范，用来保证插入USB接口的设备之间可以进行正常的通信。

Java中的接口是一个特殊的抽象类，接口中的所有方法都没有方法体。比如，定义一个人类，人类可以为老师，也可以为学生，因此人这个类就可以被定义为抽象类，还可以定义几个抽象的方法，如讲课、看书等，这样就形成了一个接口。如果你想要成为一个老师，则可以实现人类这个接口，也可以实现人类接口中的方法，当然，也可以存在老师特有的方法。就像USB接口一样，只需要把USB接到接口上，就能实现你想要的功能。

6.2　接口的定义

Java使用关键字interface来定义一个接口。接口的定义与类的定义类似，也分为接口的声明和接口体，其中，接口体由常量定义和方法定义两部分组成。

语法格式如下：

```
[修饰符] interface 接口名 [extends 父接口名列表]{
    [public] [static] [final] 常量;
    [public] [abstract] 方法;
}
```

- 修饰符：可选参数，用于指定接口的访问权限，可选值为 public。如果省略该参数，则使用默认的访问权限。
- 接口名：必选参数，用于指定接口的名称。接口名必须是合法的 Java 标识符，在一般情况下，要求首字母大写。
- extends 父接口名列表：可选参数，用于指定要定义的接口继承于哪个父接口。当使用关键字 extends 时，父接口名为必选参数。
- 方法：接口中的方法只有定义，无法被实现。

【例 6.1】 定义一个 Calculate 接口，并在该接口中定义一个常量 PI 和两个方法，具体代码如下：

```
public interface Calculate {
    final float PI=3.14159f;                    // 定义一个用于表示圆周率的常量 PI
    float getArea(float r);                     // 定义一个用于计算面积的方法 getArea()
    // 定义一个用于计算周长的方法 getCircumference()
    float getCircumference(float r);
}
```

学习笔记

Java 接口文件的文件名必须与接口名相同。

6.3 接口的继承

接口是可以被继承的。但是接口的继承与类的继承不太一样，接口可以实现多重继承，也就是说，接口可以有多个直接父接口。与类的继承类似，当子类继承父类接口时，子类会获得父类接口中定义的所有抽象方法、常量属性等。

当一个接口继承多个父类接口时，多个父类接口排列在关键字 extends 之后，各个父类接口之间使用英文逗号隔开。例如：

```
public interface interfaceA {
    int one = 1;
    void sayA();
}

public interface interfaceB {
    int two = 2;
    void sayB();
}
```

```
public interface interfaceC extends interfaceA, interfaceB {
    int three = 3;
    void sayC();
}

public class app {
    public static void main(String[] args) {
        System.out.println(interfaceC.one);
        System.out.println(interfaceC.two);
        System.out.println(interfaceC.three);
    }
}
```

6.4　接口的实现

接口可以被类实现，也可以被其他接口继承。在类中实现接口可以使用关键字 implements。

语法格式如下：

```
[ 修饰符 ] class <类名> [extends 父类名 ] [implements 接口列表 ]{
}
```

- 修饰符：可选参数，用于指定类的访问权限，可选值为 public、final 和 abstract。
- 类名：必选参数，用于指定类的名称。类名必须是合法的 Java 标识符，在一般情况下，要求首字母大写。
- extends 父类名：可选参数，用于指定要定义的类继承于哪个父类。当使用关键字 extends 时，父类名为必选参数。
- implements 接口列表：可选参数，用于指定该类实现哪些接口。当使用关键字 implements 时，接口列表为必选参数。当接口列表中存在多个接口名时，各个接口名之间使用逗号分隔。

在类实现接口时，方法的名称、返回值类型、参数的个数及类型必须与接口中的完全一致，并且必须实现接口中的所有抽象方法。

【例 6.2】 定义两个接口，并且在这两个接口中声明一个同名的常量和一个同名的方法，然后定义一个同时实现这两个接口的类。

（1）创建 Calculate 接口，并在该接口中声明一个常量和两个方法，具体代码如下：

```
public interface Calculate {
    final float PI = 3.14159f;                    // 定义一个用于表示圆周率的常量 PI
```

```
    float getArea(float r);                    // 定义一个用于计算面积的方法 getArea()
    // 定义一个用于计算周长的方法 getCircumference()
    float getCircumference(float r);
}
```

（2）创建 GeometryShape 接口，并在该接口中声明一个常量和三个方法，具体代码如下：

```
public interface GeometryShape {
    final float PI = 3.14159f;                 // 定义一个用于表示圆周率的常量 PI
    float getArea(float r);                    // 定义一个用于计算面积的方法 getArea()
    // 定义一个用于计算周长的方法 getCircumference()
    float getCircumference(float r);
    void draw();                               // 定义一个绘图方法 draw()
}
```

（3）创建 Circ 类，并在该类中实现 Calculate 接口和 GeometryShape 接口，具体代码如下：

```
public class Circ implements Calculate, GeometryShape {
    // 定义计算圆面积的方法
    public float getArea(float r) {
        float area = Calculate.PI * r * r;        // 计算圆面积并赋值给变量 area
        return area;                              // 返回计算后的圆面积
    }
    // 定义计算圆周长的方法
    public float getCircumference(float r) {
        // 计算圆周长并赋值给变量 circumference
        float circumference = 2 * Calculate.PI * r;
        return circumference;                     // 返回计算后的圆周长
    }
    // 定义一个绘图的方法
    public void draw() {
        System.out.println("画一个圆形！");
    }
    // 定义主方法测试程序
    public static void main(String[] args) {
        Circ circ = new Circ();
        float r = 7;
        float area = circ.getArea(r);
        System.out.println("圆的面积为：" + area);
        float circumference = circ.getCircumference(r);
        System.out.println("圆的周长为：" + circumference);
        circ.draw();
    }
}
```

程序运行结果如图 6.1 所示。

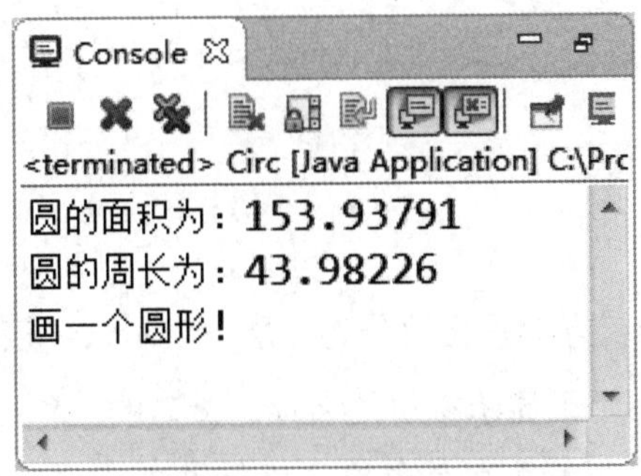

图 6.1 类实现接口场景的运行结果

6.5 接口与抽象类

接口与抽象类的共同点如下：

（1）接口与抽象类都不能被实例化，但能被其他类实现和继承。

（2）接口与抽象类中都可以包含抽象方法，实现接口或继承抽象类的普通子类都必须包含这些抽象方法。

接口与抽象类之间还存在非常大的差别。由于接口指定了系统各模块间遵循的标准，体现的是一种规范，因此，接口一旦被定义之后就不应该被改变，否则会对整个系统造成影响。对于接口的实现者而言，接口规定了实现者必须向外提供哪些服务；对于接口的调用者而言，接口规定了调用者可以调用哪些服务。当在多个应用程序之间使用接口时，接口是多个程序之间的通信标准。

抽象类作为多个子类的父类，它体现的是一种模板式设计。这个抽象父类可以被当成中间产品，而不是最终产品，需要进一步完善。

接口与抽象类的用法差别如下：

（1）子类只能继承一个抽象类，但可以实现多个接口。

（2）一个类若要实现一个接口，则必须实现接口中的所有方法，而抽象类不必。

（3）抽象类中的成员变量可以是各种类型的，而接口中的成员变量只能是 public、static、final 类型的。

（4）接口中只能定义抽象方法，而抽象类中可以定义非抽象方法。

（5）抽象类中可以有静态方法和静态代码块等，而接口中不可以。

（6）接口不能被实例化，没有构造方法，而抽象类可以有构造方法。

6.6 接口的 UML 图

接口的 UML 图将一个长方形垂直地分为 3 层来表示一个接口。

顶部第一层是名称层，用于显示接口的名称。接口的名称必须是斜体字形，并且需要使用 <<interface>> 修饰符。该修饰符和名称分布在两行。

中部第二层是常量层，用于列出接口中的常量及类型，格式为“常量名 : 类型”。

底部第三层是方法层，也称操作层，用于列出接口中的方法及返回值类型，格式为“方法名 (参数列表): 类型”。

当一个类实现了一个接口时，这个类和这个接口之间的关系是实现关系，即类实现了接口。UML 图使用虚线连接类和它所实现的接口，虚线的起始端是类，虚线的终止端是它所实现的接口，在终止端使用一个空心的三角形表示虚线的结束。Circ 类实现 Calculate 接口的 UML 图，如图 6.2 所示。

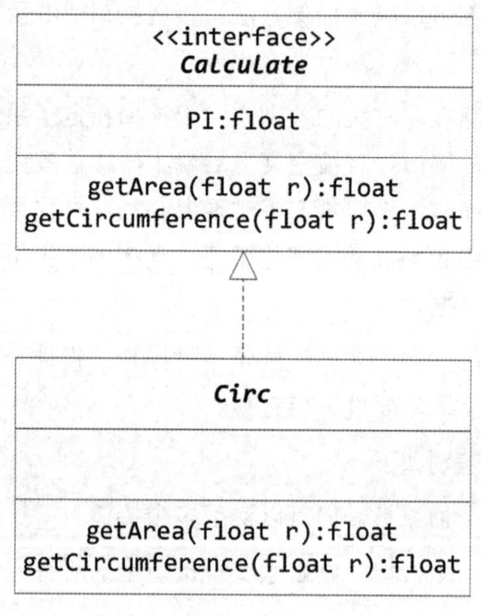

图 6.2　Circ 类实现 Calculate 接口的 UML 图

6.7 接口回调

接口是 Java 中的一种数据类型。使用接口声明的变量称为接口变量。接口变量属于引用型变量，可以存放实现该接口的类的实例的引用，即存放对象的引用。如果 Peo 是一个接口，则可以使用 Peo 声明一个变量，具体代码如下：

```
Peo pe;
```

此时这个接口是一个空接口，还没有向这个接口中存入实现该接口的类的实例的引用。如果 Stu 类是实现 Peo 接口的类，使用 Stu 类创建名称为 object 的对象，则 object 对象不仅可以调用 Stu 类中原有的方法，还可以调用 Stu 类实现接口的方法，具体代码如下：

```
Stu object = new Stu();
```

Java 中的接口回调是指在把实现某一接口的类所创建的对象的引用赋值给该接口声明的接口变量后，该接口变量就可以调用被类实现的接口方法。实际上，当接口变量调用被类实现的接口方法时，就是通知相应的对象调用这个方法。

【例 6.3】 使 Teacher 类和 Student 类都实现 People 接口，模拟接口回调场景，具体代码如下：

```
public interface People {                           // 定义一个接口
    void Say(String s);
}

public class Teacher implements People {            // Teacher 类实现接口
    public void Say(String s) {
        System.out.println(s);
    }
}

public class Student implements People {            // Student 类实现接口
    public void Say(String s) {
        System.out.print(s);
    }
}

public class app {
    public static void main(String[] args) {
        People p;                                   // 声明接口变量
        p = new Teacher();                          // 接口变量中存放对象的引用
        p.Say("我是老师");                          // 接口回调
        p = new Student();                          // 接口变量中存放对象的引用
        p.Say("我是学生");                          // 接口回调
    }
}
```

程序运行结果如图 6.3 所示。

图 6.3　模拟接口回调场景的运行结果

6.8　接口与多态

由接口实现的多态是指不同的类在实现同一个接口时可能具有不同的表现方式。

【例 6.4】　使用 Dog 类和 Cat 类实现 Animals 接口，具体代码如下：

```
public interface Animals {
    void Eat(String s);
}

public class Dog implements Animals{
    public void Eat(String s){
        System.out.println(" 我是小狗嘎逗，我爱吃 "+s);
    }
}

public class Cat implements Animals{
    public void Eat(String s){
        System.out.println(" 我是小猫咪咪，我爱吃 "+s);
    }
}

public class Example {
    public static void main(String[] args) {
        Animals ani;
        ani = new Dog();
        ani.Eat(" 骨头 ");
        ani= new Cat();
        ani.Eat(" 鱼 ");
    }
}
```

程序运行结果如图 6.4 所示。

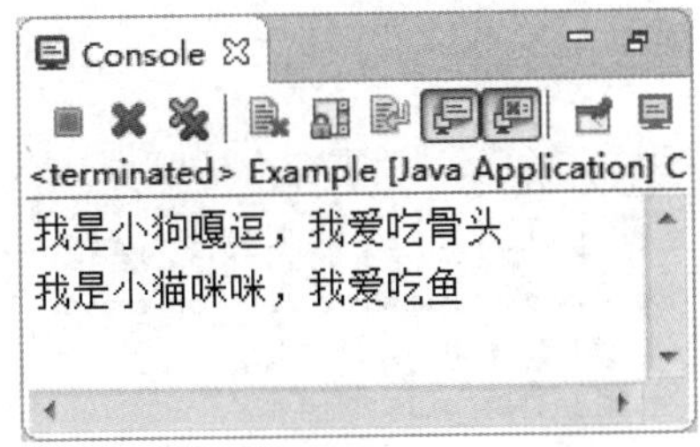

图 6.4　多态场景的运行结果

6.9　接口参数

如果一个方法的参数是接口类型的参数，我们就可以将任何实现该接口的类的实例的引用传递给该接口参数，该接口参数就可以回调类实现的接口方法。

【例 6.5】　实现接口的回调参数，具体代码如下：

```
public interface Eatfood {
    void Eatfood();
}

public class Chinese implements Eatfood {
    public void Eatfood() {
        System.out.println(" 中国人习惯使用筷子吃饭。");
    }
}
public class America implements Eatfood {
    public void Eatfood() {
        System.out.println(" 美国人习惯使用刀叉吃饭。");
    }
}
public class EatMethods {
    public void lookEatMethods(Eatfood eat) {     // 定义接口类型的参数
        eat.Eatfood();                            // 接口回调
    }
}
public class Example2 {
    public static void main(String[] args) {
        EatMethods em = new EatMethods();
        em.lookEatMethods(new Chinese());
        em.lookEatMethods(new America());
    }
}
```

程序运行结果如图 6.5 所示。

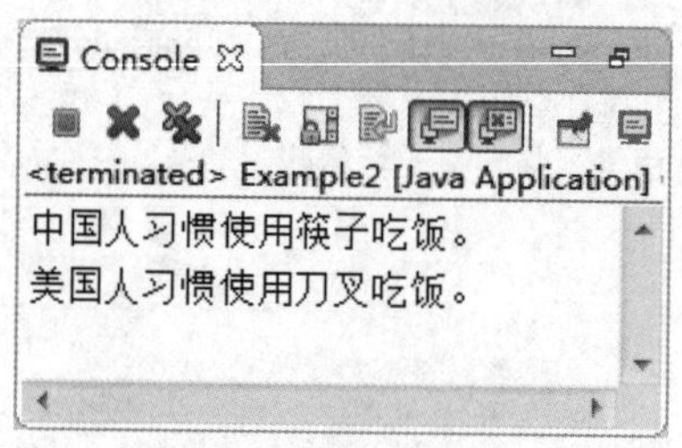

图 6.5　回调参数场景的运行结果

6.10　面向接口编程

面向接口编程是对多态性的一种体现。面向接口编程使用接口来约束类的行为，并为类与类之间的通信建立实施标准。使用面向接口编程增加了程序的可维护性和可扩展性。可维护性体现在：当子类的功能被修改时，只要接口不发生改变，系统的其他代码就不需要修改。可扩展性体现在：当增加一个子类时，测试类和其他代码都不需要修改，如果子类增加其他功能，则只需要子类实现其他接口即可。使用接口可以实现程序设计的“开-闭原则”，即对扩展开放，对修改关闭。如图 6.6 所示，当多个类实现接口时，接口变量 variable 所在的类不需要进行任何修改，就可以回调类重写的接口方法。

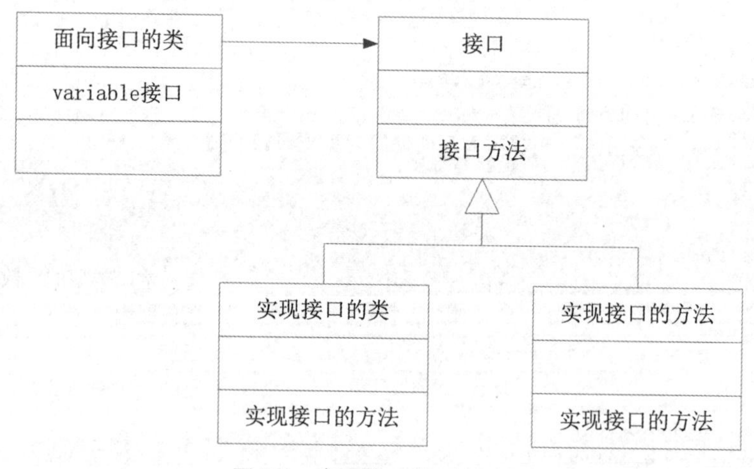

图 6.6　实现接口的 UML 图

第7章 异常处理

在程序设计和运行的过程中，发生错误是不可避免的。虽然Java的设计提供了便于写出整洁、安全的代码的方法，并且程序员会尽量减少错误的产生，但是使程序被迫停止的错误仍然不可避免。为此，Java提供了异常处理机制来帮助程序员检查可能出现的错误，以保证程序的可读性和可维护性。在Java中，会将异常封装到一个类中，当出现错误时，就会抛出异常。本章将介绍异常处理的概念及如何创建、激活自定义异常等知识。

7.1 异常概述

在程序中，错误的产生可能是由于发生了程序员无法预料的各种情况，或者出现了超出程序员控制范围的环境因素，如试图打开一个根本不存在的文件等。在Java中，这种在程序运行时出现的错误被称为异常。Java的异常处理机制的优势之一就是可以将异常情况在方法调用中进行传递，从而将异常情况传递到合适的位置进行处理。这种机制类似于在现实中发生了火灾，而一个人是无法扑灭大火的，他可以将这种异常情况传递给119，然后由119将这个情况传递给附近的消防队，最后由消防队来灭火。这种处理机制使得Java的异常处理更加灵活，Java编写的项目更加稳定。当然，异常处理机制也存在一些弊端，例如，使用异常处理可能会降低程序的执行效率、增加语法复杂度等。下面通过一个案例认识一下什么是异常。

【例7.1】 在项目中创建Baulk类，在主方法中定义int型变量，将0作为除数赋给该变量，具体代码如下：

```
public class Baulk {                                    // 创建Baulk类
    public static void main(String[] args) {            // 主方法
        int result = 3 / 0;                             // 定义int型变量并赋值
        System.out.println(result);                     // 将变量输出
    }
}
```

程序运行结果如图7.1所示。

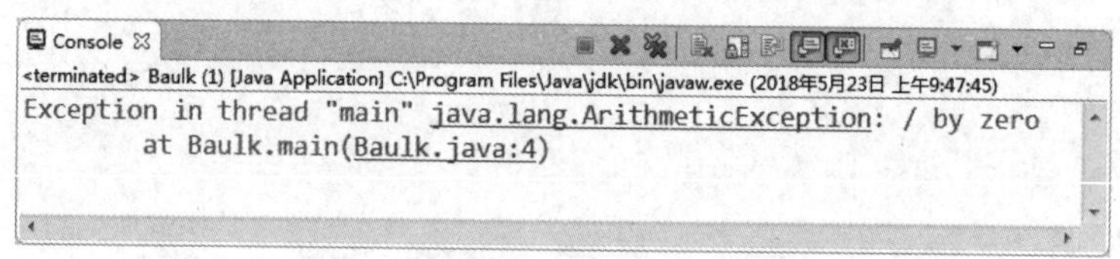

图 7.1　异常效果

程序运行结果提示发生了算术异常 ArithmeticException（根据给出的错误提示可知，发生错误是因为在算术表达式“3/0”中，0 作为除数出现），系统无法执行，程序提前结束。这种情况就是异常。有许多异常的例子，如空指针、数组溢出等。

Java 是一门面向对象的程序设计语言，因此，异常在 Java 中是作为类的实例的形式出现的。当在某一方法中发生错误时，这个方法会创建一个对象，并将它传递给正在运行的系统。这个对象就是异常对象。通过异常处理机制，可以将非正常情况下的处理代码与程序的主逻辑分离，即在编写代码主流程的同时在其他地方处理异常。

7.2　异常的分类

Java 类库的每个包中都定义了异常类，这些类都是 Throwable 类的子类。Throwable 类派生了两个子类，分别是 Error 类和 Exception 类。Error 类及其子类用于描述 Java 运行系统中的内部错误及资源耗尽的错误（这类错误比较严重）。Exception 类被称为非致命性类，可以通过捕捉并处理使程序继续执行。Exception 类可以根据错误发生的原因分为运行时异常和非运行时异常。Java 中的异常类继承体系如图 7.2 所示。

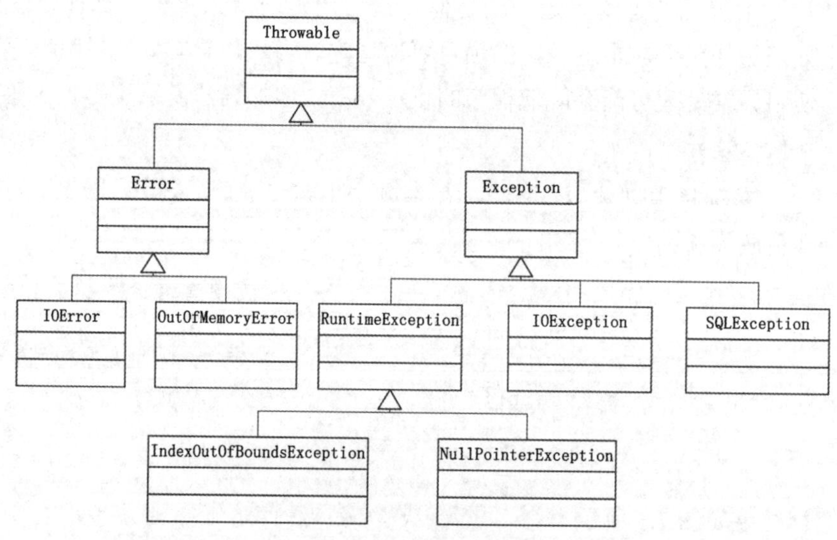

图 7.2　Java 中的异常类继承体系

7.2.1　系统错误——Error

Error 类及其子类通常用来描述 Java 运行时系统的内部错误及资源耗尽错误。该类定义了在常规环境下不希望由程序捕获的异常，如 OutOfMemoryError、ThreadDeath 等。当这些错误发生时，Java 虚拟机（JVM）一般会选择终止线程。

例如，在控制台中输出“梦想照亮现实”这句话，具体代码如下：

```
public class Test {
    public static void main(String[] args) {
        System.out.println("梦想照亮现实！！！")  // 此处缺少必要的分号
    }
}
```

运行上面的代码，会出现如图 7.3 所示的错误提示。

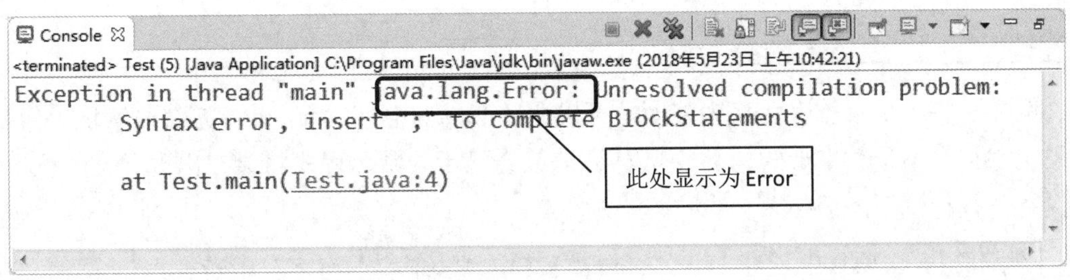

图 7.3　Error 错误提示

从图 7.3 的提示中可以看到，显示的异常信息为“java.lang.Error”，说明这是一个系统错误。当程序遇到这种错误时，通常都会停止执行，并且这类错误无法使用异常处理语句进行处理。

7.2.2　异常——Exception

Exception 类用于描述程序本身可以处理的异常。这种异常主要分为运行时异常和非运行时异常，在程序中应当尽可能处理这些异常。本节将分别对这两种异常进行讲解。

1. 运行时异常

运行时异常是在程序运行过程中产生的异常，是 RuntimeException 类及其子类异常，如 NullPointerException、IndexOutOfBoundsException 等。这些异常一般是由程序逻辑错误引起的，程序应该从逻辑角度尽可能避免这类异常的发生。

Java 提供了常见的运行时异常类，这些异常类可以通过 try…catch 语句捕获，如表 7.1 所示。

表 7.1　常见的运行时异常类及说明

异 常 类	说 明
ClassCastException	类型转换异常
NullPointerException	空指针异常
ArrayIndexOutOfBoundsException	数组下标越界异常
ArithmeticException	算术异常
ArrayStoreException	数组中包含不兼容的值抛出的异常
NumberFormatException	字符串转换为数字抛出的异常
IllegalArgumentException	非法参数异常
FileSystemNotFoundException	文件系统未找到异常
SecurityException	安全性异常
StringIndexOutOfBoundsException	字符串索引超出范围抛出的异常
NegativeArraySizeException	数组长度为负异常

例如，将一个字符串转换为整型，可以通过 Integer 类的 parseInt() 方法来实现。但是，如果该字符串不是数字形式，parseInt() 方法就会显示异常，程序将会在出现异常的位置终止，不再执行下面的语句。

【例 7.2】 在项目中创建 Thundering 类，在主方法中实现将字符串转换为 int 型的功能，运行程序，系统会报出异常提示，具体代码如下：

```
public class Thundering {                              // 创建类
    public static void main(String[] args) {           // 主方法
        String str = "lili";                           // 定义字符串
        System.out.println(str + "年龄是：");           // 输出的提示信息
        int age = Integer.parseInt("20L");             // 数据类型的转换
        System.out.println(age);                       // 输出信息
    }
}
```

程序运行结果如图 7.4 所示。

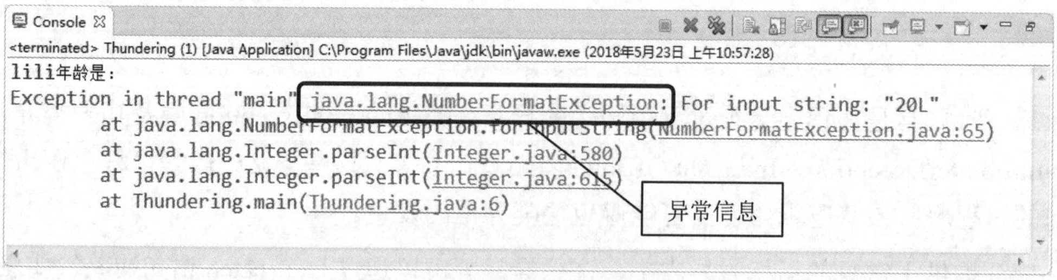

```
Console
<terminated> Thundering (1) [Java Application] C:\Program Files\Java\jdk\bin\javaw.exe (2018年5月23日 上午10:57:28)
lili年龄是：
Exception in thread "main" java.lang.NumberFormatException: For input string: "20L"
	at java.lang.NumberFormatException.forInputString(NumberFormatException.java:65)
	at java.lang.Integer.parseInt(Integer.java:580)
	at java.lang.Integer.parseInt(Integer.java:615)
	at Thundering.main(Thundering.java:6)
```

异常信息

图 7.4　运行时异常

从图 7.4 中可以看出，本实例报出的是 NumberFormatException 异常（字符串转换为数字抛出的异常）。该异常实质上是由开发人员的逻辑错误造成的。

2. 非运行时异常

非运行时异常是指除 RuntimeException 类及其子类异常以外的异常。从程序的语法角度来讲，这类异常是必须进行处理的异常，如果不处理，程序就不能编译通过，如 IOException、SQLException 及用户自定义的异常等。

Java 中常见的非运行时异常类及说明如表 7.2 所示。

表 7.2　常见的非运行时异常类及说明

异　常　类	说　　明
ClassNotFoundException	未找到相应异常
SQLException	操作数据库异常
IOException	输入 / 输出流异常
TimeoutException	操作超时异常
FileNotFoundException	文件未找到异常

【例 7.3】　有一个名称为 com.mrsoft 的足球队，有队员 19 名，现在要通过 Class.forName("com.mrsoft.Coach") 这条语句在 Coach 类中寻找球队的教练，具体代码如下：

```
public class FootballTeam {
    private int playerNum;                              // 定义“球员数量”
    private String teamName;                            // 定义“球队名称”
    public FootballTeam() {                             // 构造方法 FootballTeam()
        // 寻找“教练”类
        Class.forName("com.mrsoft.Coach");
    }
    public static void main(String[] args) {
        FootballTeam team = new FootballTeam();  // 创建对象 team
        team.teamName = "com.mrsoft";                   // 初始化 teamName
        team.playerNum = 19;                            // 初始化 playerNum
        System.out.println("\n球队名称： " + team.teamName + "\n" + " 球员数量： "
                + team.playerNum + " 名 ");
    }
}
```

在 Eclipse 中编写上述代码后，会直接在编辑器中显示错误。将鼠标移动到显示错误的行上，会显示如图 7.5 所示的异常提示。这里显示的是 ClassNotFoundException 异常，并且自动给出了两种解决方案。

图 7.5　非运行时异常

单击编辑器给出的两种方案，代码会自动更正。例如，单击第二种方案，代码会自动修改如下：

```
public class FootballTeam {
    private int playerNum;                              // 定义“球员数量”
    private String teamName;                            // 定义“球队名称”
    public FootballTeam() {                             // 构造方法 FootballTeam()
        // 寻找“教练”类
        try {
            Class.forName("com.mrsoft.Coach");
        } catch (ClassNotFoundException e) {
            // TODO Auto-generated catch block
            e.printStackTrace();
        }
    }
    public static void main(String[] args) {
        FootballTeam team = new FootballTeam();  // 创建对象 team
        team.teamName = "com.mrsoft";                // 初始化 teamName
        team.playerNum = 19;                          // 初始化 playerNum
        System.out.println("\n 球队名称: " + team.teamName + "\n" + " 球员数量: "
                + team.playerNum + " 名 ");
    }
}
```

从这里可以看出，对于非运行时异常，必须使用 try…catch 代码块进行处理，或者使用关键字 throws 抛出。

7.3　捕捉并处理异常

前文在讲解非运行时异常时，提到了系统会自动为非运行时异常提供两种解决方案：一种是使用关键字 throws；另一种是使用 try…catch 代码块。这两种解决方案都是用来对异常进行处理的。本节将对 try…catch 代码块进行讲解。

try…catch 代码块主要用来对异常进行捕捉并处理，在实际使用时，该代码块还有一个可选的 finally 代码块，其标准语法如下：

```
try{
    //程序代码块
}
catch(Exceptiontype e){
    //对 Exceptiontype 的处理
}
finally{
    //代码块
}
```

其中，try 代码块中是可能发生异常的 Java 代码；catch 代码块在 try 代码块之后，用来激发被捕获的异常；finally 代码块是异常处理结构的最后执行部分。无论程序是否发生异常，finally 代码块中的代码都将被执行。因此，在 finally 代码块中通常可以放置一些释放资源、关闭对象的代码。

由 try…catch 代码块的语法可知，捕捉并处理异常分为 try…catch 代码块和 finally 代码块两部分。

7.3.1　try…catch 代码块

下面将例 7.2 中的代码进行修改。

【例 7.4】　在项目中创建 Take 类，在主方法中使用 try…catch 代码块对可能出现的异常语句进行处理，具体代码如下：

```
public class Take {                                     // 创建类
    public static void main(String[] args) {
        try {                                   // try 代码块中包含可能出现异常的程序代码
            String str = "lili";                        // 定义字符串变量
            System.out.println(str + "年龄是：");        // 输出的信息
            int age = Integer.parseInt("20L");          // 数据类型转换
            System.out.println(age);
        } catch (Exception e) {                         // catch 代码块用于获取异常信息
            e.printStackTrace();                        // 输出异常性质
        }
        System.out.println("program  over");            // 输出信息
    }
}
```

学习笔记

Exception 是 try 代码块传递给 catch 代码块的类型，e 是对象名。

程序运行结果如图 7.6 所示。

```
lili年龄是:
java.lang.NumberFormatException: For input string: "20L"
	at java.lang.NumberFormatException.forInputString(NumberFormatException.java:65)
	at java.lang.Integer.parseInt(Integer.java:580)
	at java.lang.Integer.parseInt(Integer.java:615)
	at Take.main(Take.java:7)
program  over
```

图 7.6　使用 try…catch 代码块对可能出现的异常语句进行处理

从图 7.6 中可以看出，程序仍然输出最后的提示信息，没有因为异常而终止。在例 7.4 中使用 try…catch 代码块对可能出现异常的代码进行处理，当 try 代码块中的语句发生异常时，程序就会跳转到 catch 代码块中执行，在执行完 catch 代码块中的程序代码后，将会继续执行 catch 代码块后的其他代码，而不会执行 try 代码块中发生异常的语句后面的代码。由此可知，Java 的异常处理机制是结构化的，不会因为一个异常而影响整个程序的执行。

在上面的代码中，catch 代码块使用 Exception 对象的 printStackTrace() 方法输出了异常的栈日志。除此之外，Exception 对象提供了其他的方法用于获取异常的相关信息，其中常用的 3 种方法如下。

（1）getMessage() 方法：获取有关异常事件的信息。

（2）toString() 方法：获取异常的类型与性质。

（3）printStackTrace() 方法：获取异常事件发生时执行堆栈的内容。

学习笔记

有时为了编程简单，会忽略 catch 代码块之后的代码。这样 try…catch 语句就成了一种摆设，一旦程序在运行过程中出现了异常，就会导致最终运行结果与期望的不一致，而错误发生的原因很难查找。因此，要养成良好的编程习惯，最好在 catch 代码块中写入处理异常的代码。

在例 7.4 中，try 代码块后面使用了一个 catch 代码块来捕捉异常，但是当遇到需要处理多种异常信息的情况时，则可以在一个 try 代码块后面跟多个 catch 代码块。这里需要注意的是，如果使用了多个 catch 代码块，则 catch 代码块中的异常类的顺序是先子类后父类，因为父类可以引用子类的对象。例如，修改例 7.4，使其能够分别捕捉 NumberFormatException 异常和除 NumberFormatException 外的所有异常，具体代码如下：

```
public class FootballTeam {
    public static void main(String[] args) {
```

```
        try {                              // try 语句中包含可能出现异常的程序代码
            String str = "lili";                          // 定义字符串变量
            System.out.println(str + "年龄是: ");  // 输出的信息
            int age = Integer.parseInt("20L");     // 数据类型转换
            System.out.println(age);
        } catch (NumberFormatException nfx) {          // 捕捉 NumberFormatException 异常
            nfx.printStackTrace();
        } catch (Exception e) {                        // 捕捉 Exception 异常
            e.printStackTrace();
        }
        System.out.println("program over");
    }
}
```

这时，如果将两个 catch 代码块的位置互换，即将捕捉 Exception 异常的 catch 代码块放到捕捉 NumberFormatException 异常的 catch 代码块前面，具体代码如下：

```
public class FootballTeam {
    public static void main(String[] args) {
        try {                              // try 语句中包含可能出现异常的程序代码
            String str = "lili";                          // 定义字符串变量
            System.out.println(str + "年龄是: ");  // 输出的信息
            int age = Integer.parseInt("20L");     // 数据类型转换
            System.out.println(age);
        } catch (Exception e) {                        // 捕捉 Exception 异常
            e.printStackTrace();
        } catch (NumberFormatException nfx) {          // 捕捉 NumberFormatException 异常
            nfx.printStackTrace();
        }
        System.out.println("program over");
    }
}
```

这时，Eclipse 会出现如图 7.7 所示的错误提示。该错误就是在使用多个 catch 代码块时，父异常类放在子异常类前面所引起的。因为 Exception 是所有异常类的父类，如果将 catch (Exception e) 代码块放在 catch (NumberFormatException nfx) 的前面，则后面的代码块将永远得不到执行，也就没有什么意义了，所以 catch 代码块的顺序不可调换。

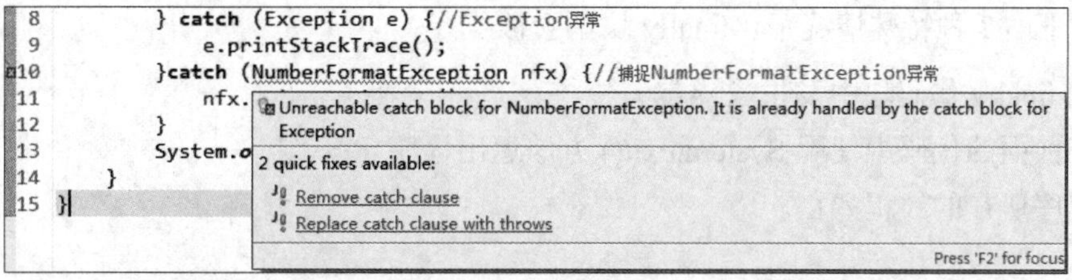

```
        } catch (Exception e) {//Exception异常
            e.printStackTrace();
        }catch (NumberFormatException nfx) {//捕捉NumberFormatException异常
            nfx.
        }
        System.o
    }
}
```

Unreachable catch block for NumberFormatException. It is already handled by the catch block for Exception

2 quick fixes available:

Remove catch clause

Replace catch clause with throws

Press 'F2' for focus

图 7.7　多个 catch 代码块放置顺序不正确的错误提示

7.3.2 finally 代码块

完整的异常处理语句应该包含 finally 代码块。在通常情况下，无论程序中有无异常发生，finally 代码块中的代码都可以正常执行。

【例 7.5】 修改例 7.4，将程序结束的提示信息放到 finally 代码块中，具体代码如下：

```
public class Take {                                   // 创建类
    public static void main(String[] args) {
        try {                               // try 语句中包含可能出现异常的程序代码
            String str = "lili";                      // 定义字符串变量
            System.out.println(str + "年龄是：");      // 输出的信息
            int age = Integer.parseInt("20L");        // 数据类型转换
            System.out.println(age);
        } catch (Exception e) {                       // catch 代码块用于获取异常信息
            e.printStackTrace();                      // 输出异常性质
        } finally {
            System.out.println("program over");       // 输出信息
        }
    }
}
```

程序运行结果如图 7.8 所示。

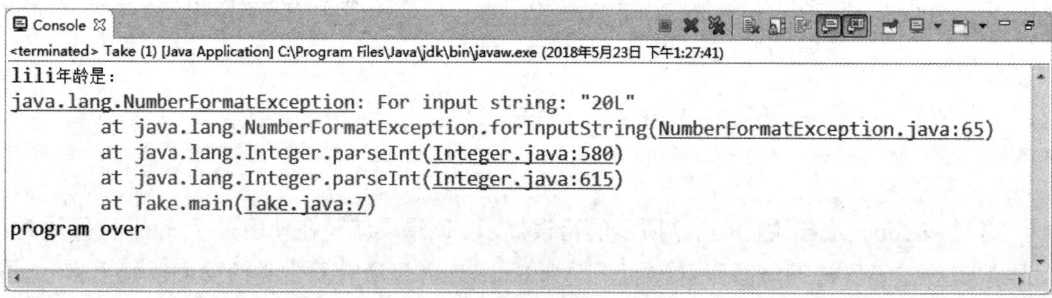

图 7.8 finally 代码块中的代码始终执行

从图 7.8 中可以看出，程序在捕捉完异常信息之后，会继续执行 finally 代码中的代码。另外，在下面 3 种特殊情况下，finally 块不会被执行。

- 在 finally 代码块中发生了异常。
- 在前面的代码中使用 System.exit() 方法退出程序。
- 程序所在的线程死亡。

7.4　在方法中抛出异常

如果某个方法可能会发生异常，但是不想在当前方法中处理这个异常，则可以使用关键字 throws 或 throw 在方法中抛出异常。本节将对如何在方法中抛出异常进行讲解。

7.4.1　使用关键字 throws 抛出异常

关键字 throws 通常在声明方法时使用，用来指定方法可能抛出的异常。多个异常可以使用逗号分隔。使用关键字 throws 抛出异常的语法格式如下：

```
返回值类型名 方法名（参数列表） throws 异常类型名 {
方法体
}
```

【例 7.6】 在项目中创建 Shoot 类，在该类中创建 pop() 方法，在该方法中抛出 NegativeArraySizeException（试图创建长度为负的数组）异常，在主方法中调用该方法，并实现异常处理，具体代码如下：

```
public class Shoot {
    static void pop() throws NegativeArraySizeException {
        // 定义方法并抛出 NegativeArraySizeException 异常
        int[] arr = new int[-3];                          // 创建数组
    }
    public static void main(String[] args) {              // 主方法
        try {                                             // try 语句处理异常信息
            pop();                                        // 调用 pop() 方法
        } catch (NegativeArraySizeException e) {
            System.out.println("pop() 方法抛出的异常 ");     // 输出异常信息
        }
    }
}
```

程序运行结果如图 7.9 所示。

图 7.9　使用关键字 throws 抛出异常

学习笔记

在使用关键字 throws 为方法抛出异常时，如果子类继承父类，则子类重写方法抛出的异常也要和原父类方法抛出的异常相同，或者是其异常的子类，除非抛出的异常是 RuntimeException。

如果方法抛出了异常，则在调用该方法时，必须为该方法处理异常。当然，如果使用关键字 throws 将异常抛给上一级后仍不想处理该异常，则可以继续向上抛出，但最终要有能够处理该异常的代码。例如，在例 7.6 的代码中，如果在调用 pop() 方法时，没有处理 NegativeArraySizeException 异常，而是处理了其他的异常，如 NullPointerException 异常，将代码修改如下：

```
try {                                                 // try 语句处理异常信息
    pop();                                            // 调用 pop() 方法
} catch (NullPointerException e) {
    System.out.println("pop() 方法抛出的异常");       // 输出异常信息
}
```

在程序运行后，将会出现如图 7.10 所示的异常提示。

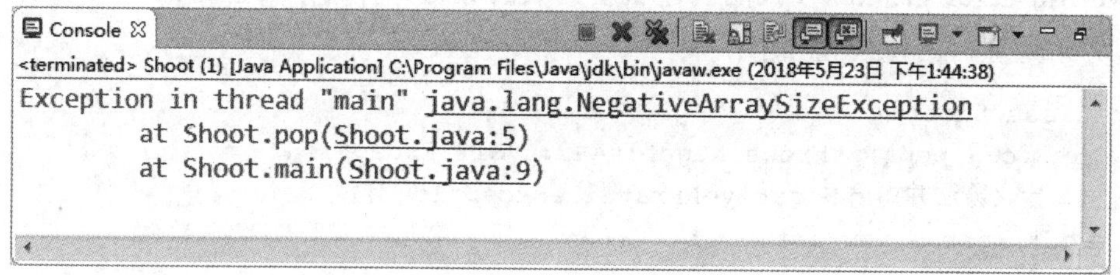

图 7.10　没有为方法抛出相应异常时的提示

如果将代码修改如下，异常提示即可消失（因为 Exception 类是 NegativeArraySizeException 类的父类，这里相当于将异常交给了 Exception 类处理）：

```
try {                                                 // try 语句处理异常信息
    pop();                                            // 调用 pop() 方法
} catch (Exception e) {
    System.out.println("pop() 方法抛出的异常");       // 输出异常信息
}
```

7.4.2　使用关键字 throw 抛出异常

关键字 throw 通常用于在方法体中“制造”一个异常，使程序在执行到 throw 语句时立即终止，即它后面的语句都不再执行。使用关键字 throw 抛出异常的语法格式如下：

```
throw new 异常类型名 ( 异常信息 );
```

关键字 throw 通常用于在程序出现某种逻辑错误时，由开发者主动抛出某种特定类型的异常的情况。下面通过一个实例介绍关键字 throw 的用法。

【例 7.7】　使用关键字 throw 抛出除数为 0 的异常，具体代码如下：

```
public class ThrowTest {
    public static void main(String[] args) {
        int num1 = 25;
        int num2 = 0;
        int result;
        if (num2 == 0) {                    // 判断 num2 是否等于 0，如果等于 0 则抛出异常
            // 抛出 ArithmeticException 异常
            throw new ArithmeticException("这都不会,小学生都知道：除数不能是0！！！");
        }
        result = num1 / num2;               // 计算 int1 除以 int2 的值
        System.out.println("两个数的商为：" + result);
    }
}
```

程序运行结果如图 7.11 所示。

```
Console ☒
<terminated> ThrowTest [Java Application] C:\Program Files\Java\jdk\bin\javaw.exe (2018年5月23日 下午1:51:28)
Exception in thread "main" java.lang.ArithmeticException: 这都不会，小学生都知道：除数不能是0！！！
	at ThrowTest.main(ThrowTest.java:10)
```

图 7.11　使用关键字 throw 抛出异常

学习笔记

关键字 throw 通常用来抛出用户自定义异常。在使用关键字 throw 抛出异常后，如果想要在上一级代码中捕捉并处理异常，最好在抛出异常的方法声明中使用关键字 throws 指明需要抛出的异常；如果想要捕捉关键字 throw 抛出的异常，则需要使用 try…catch 代码块。

关键字 throws 和 throw 的区别可以总结如下。

（1）关键字 throws 用在方法声明后面，表示抛出异常，由方法的调用者处理，而关键字 throw 用在方法体内，用来制造一个异常，由方法体内的语句处理。

（2）关键字 throws 用于声明这个方法会抛出这种类型的异常，以使它的调用者知道要捕捉这个异常，而关键字 throw 用于直接抛出一个异常实例。

（3）关键字 throws 表示出现异常的一种可能性，并不一定会发生某种异常，但如果使用关键字 throw，就一定会发生某种异常。

7.5　自定义异常

使用 Java 内置的异常类可以描述在编程时出现的大部分异常情况，但是有些情况通过内置异常类是无法识别的，例如：

```
int age = -50;
System.out.println("王师傅今年 "+age+" 岁了！");
```

虽然上述代码在运行时没有任何问题，但是人的年龄可能是负数吗？尽管这类问题是编译器无法识别的，但很明显是不符合常理的。对于这类问题，我们需要通过自定义异常对它们进行处理。在 Java 中，可以通过继承 Exception 类来创建自定义异常类。

在程序中使用自定义异常类，大体可以分为以下几个步骤。

（1）创建自定义异常类。

（2）在方法中通过关键字 throw 抛出异常对象。

（3）如果想要在当前抛出异常的方法中处理异常，则可以使用 try…catch 代码块捕捉并处理异常，或者在方法的声明处通过关键字 throws 指明要抛给方法调用者的异常，继续进行下一步操作。

（4）在出现异常方法的调用者中捕捉并处理异常。

有了自定义异常，我们就可以解决年龄为负数的异常问题了。

【例 7.8】　首先在项目中创建一个自定义异常类 MyException，该类继承于 Exception 类，具体代码如下：

```
public class MyException extends Exception {        // 创建自定义异常类，继承 Exception 类
   public MyException(String ErrorMessage) { // 构造方法
      super(ErrorMessage);                          // 父类构造方法
   }
}
```

在项目中创建 Tran 类，并在该类中创建一个带有 int 型参数的 avg() 方法，该方法用来检查年龄是否小于 0。如果年龄小于 0，则使用关键字 throw 抛出一个自定义的 MyException 异常对象，并在 main() 方法中捕捉该异常，具体代码如下：

```
public class Tran {
   // 定义方法，抛出自定义的异常对象
   static void avg(int age) throws MyException {
      if (age < 0) {                                    // 判断方法中的参数是否满足指定条件
         throw new MyException("年龄不可以使用负数");  // 错误信息
      } else {
```

```
            System.out.println("王师傅今年 " + age + " 岁了！");
        }
    }
    public static void main(String[] args) { // 主方法
        try {                                // try 代码块处理可能出现异常的代码
            avg(-50);
        } catch (MyException e) {
            e.printStackTrace();
        }
    }
}
```

在程序运行后，如果年龄小于 0，则显示自定义的异常信息，结果如图 7.12 所示。

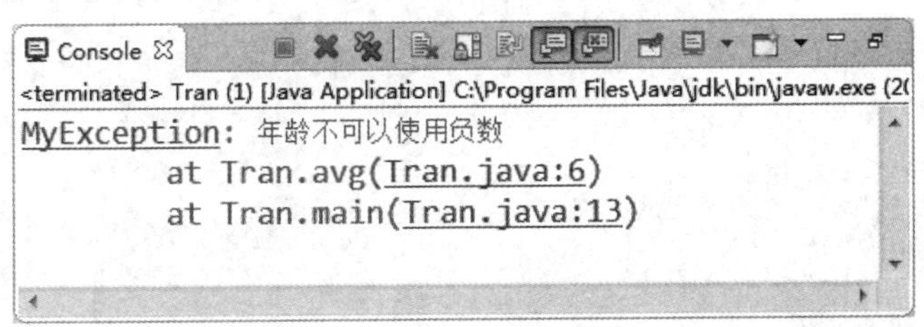

图 7.12　显示自定义异常信息

自定义异常主要用于以下场合。

（1）使异常信息更加具体。例如，在跟别人合作开发时，程序出现了空指针异常，别人可能不清楚这个空指针是如何产生的。这时可以自定义一个显示具体信息的异常，如自定义一个用户信息为空时抛出的异常 NullOfUserInfoException。当这个异常发生时，就代表用户填写的信息不完整。

（2）程序中有些错误符合 Java 语法，但不符合业务逻辑或实际情况，如程序中出现了一个人的年龄是负数、人员个数为小数等情况。

（3）在分层的软件架构中，通常由表现层进行异常捕捉和处理。

7.6　异常处理的使用原则

Java 异常处理强制用户考虑程序的健壮性和安全性。异常处理不应该被用来控制程序的正常流程，其主要作用是捕获程序在运行时发生的异常并进行相应的处理。在编写代码处理某个方法可能出现的异常时，可以遵循以下原则。

（1）不要过度使用异常处理。虽然通过异常处理可以增强程序的健壮性，但是如果使用过多不必要的异常处理，则可能会影响程序的执行效率。

（2）不要使用过于庞大的 try…catch 代码块。在一个 try 代码块中放置大量的代码，这种写法看上去“很简单”，但是由于 try 代码块中的代码过于庞大，业务过于复杂，会导致 try 代码块中出现异常的可能性大大增加，并且分析异常原因的难度大大增加。

（3）避免使用 catch(Exception e)。如果所有异常都采用相同的处理方式，则将导致无法对不同类型的异常进行分情况处理。另外，这种捕获方式可能将程序中的全部错误、异常捕获，这时如果出现一些“关键”异常，则可能会被“悄悄地”忽略。

（4）不要忽略捕捉到的异常，遇到异常一定要及时处理。

（5）如果父类抛出多个异常，则覆盖方法必须抛出相同的异常或其异常的子类，不可以抛出新异常。

第8章　常　用　类

字符串是Java程序中经常处理的对象。如果字符串运用得不好，就会影响程序运行的效率。Java将字符串作为String类的实例来处理。以对象的方式处理字符串，会使字符串更加灵活、方便。在Java中，不能定义基本类型对象。为了将基本类型作为对象进行处理，并使其连接相关的方法，Java为每个基本类型都提供了包装类。需要说明的是，Java是可以直接处理基本类型的，但是在有些情况下需要将其作为对象来处理，这时就需要将其转换为包装类了。

8.1　String类

在Java中，提供了一个专门用来操作字符串的类java.lang.String。本节将介绍该类的使用方法。

8.1.1　创建字符串对象

在使用字符串对象之前，可以先通过下面的方式声明一个字符串：

```
String 字符串标识符；
```

字符串对象需要被初始化后才能使用。声明并初始化字符串的常用方式如下：

```
String 字符串标识符 = 字符串；
```

在初始化字符串对象时，可以将字符串对象初始化为空值，或者初始化为具体的字符串，例如：

```
String aStr = null;                              // 初始化为空值
String bStr = "";                                // 初始化为空字符串
String cStr = "MWQ";                             // 初始化为字符串 MWQ
```

在创建字符串对象时，可以通过双引号初始化字符串对象，也可以通过构造方法创建并初始化字符串对象，其语法格式如下：

```
String varname = new String("theString");
```

- varname：字符串对象的变量名，名称自定。
- theString：自定义的字符串，内容自定。

例如，通过以下代码可以创建一个内容为 MWQ 的字符串对象：

```
String aStr = "MWQ";                          // 创建一个内容为 MWQ 的字符串对象
String bStr = new String("MWQ");              // 创建一个内容为 MWQ 的字符串对象
```

通过以下代码可以创建一个空字符串对象：

```
String aStr = "";                             // 创建一个空字符串对象
String bStr = new String();                   // 创建一个空字符串对象
String cStr = new String("");                 // 创建一个空字符串对象
```

学习笔记

空字符串并不是说它的值等于 null（空值）。空字符串和 null（空值）是两个概念。空字符串是由空的""符号定义的，它是实例化之后的字符串对象，只是不包含任何字符。

8.1.2 连接字符串

连接字符串可以通过运算符“+”实现。运算符“+”用在这里与用在算术运算中的意义是不同的，用在这里的意思是将多个字符串合并到一起，以生成一个新的字符串。

对于运算符“+”而言，如果有一个操作元为 String 类型，则运算符“+”为字符串连接运算符。字符串可以与任意类型的数据进行字符串连接操作：如果该数据为基本数据类型，则会自动转换为字符串；如果该数据为引用数据类型，则会自动调用所引用对象的 toString() 方法获得一个字符串，然后进行字符串连接操作。

【例 8.1】 通过运算符“+”连接字符串，具体代码如下：

```
public class Example {
    public static void main(String[] args) {
        System.out.println("MWQ" + 9412);          // 与 int 型连接
        System.out.println("10" + 7.5F);           // 与 float 型连接
        System.out.println("This is " + true);     // 与 boolean 型连接
        System.out.println("MR" + "MWQ");          // 字符串间连接
        // 与引用类型连接
        System.out.println("路径：" + (new java.io.File("C:/text.txt")));
    }
}
```

程序运行结果如图 8.1 所示。

如果表达式中包含多个运算符“+”，并且存在各种数据类型参与运算，则按照运算符“+”从左到右进行运算，并且 Java 会根据运算符“+”两边的操作元类型来决定是进行算术运算还是字符串连接运算。例如：

```
System.out.println(100 + 6.4 + "MR");
System.out.println("MR" + 100 + 6.4);
```

对于第一行代码，按照运算符“+”的先左后右的结合性，首先计算“100+6.4”，结果为 106.4，然后计算“106.4+"MR"”，结果为 106.4MR。对于第二行代码，首先计算“"MR"+100”，结果为 MR100，然后计算“"MR100"+6.4”，结果为 MR1006.4。程序运算结果如图 8.2 所示。

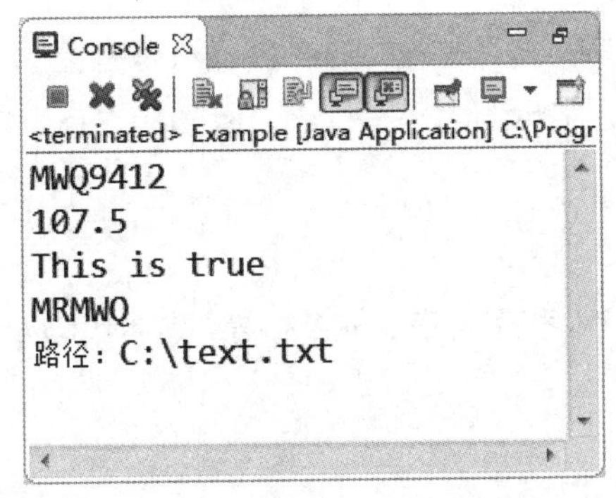

图 8.1　通过运算符“+”连接字符串

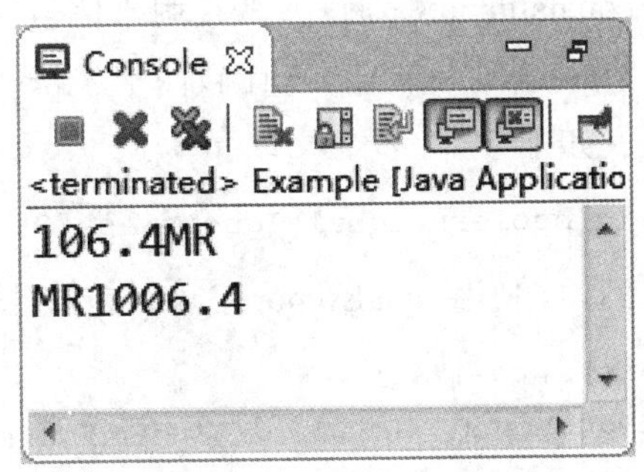

图 8.2　测试运算顺序

8.1.3　字符串操作

在使用字符串时，经常需要对字符串进行处理，以满足一定的要求。例如，从现有字符串中截取新的字符串，替换字符串中的部分字符，以及去掉字符串中的首尾空格等。

1. 比较字符串

String 类中包含几个用于比较字符串的方法，下面分别对它们进行介绍。

（1）equals() 方法。

String 类的 equals() 方法用于比较两个字符串是否相等。由于字符串是对象类型，因此不能简单地使用“==”（双等号）判断两个字符串是否相等。equals() 方法的定义如下：

```
public boolean equals(String str)
```

equals() 方法的入口参数为欲比较的字符串对象。该方法的返回值为 boolean 型，如果两个字符串相等，则返回 true，否则返回 false。

例如，比较字符串 A 和字符串 a 是否相等，具体代码如下：

```
String str = "A";
boolean b = str.equals("a");
```

上述代码的比较结果为 false，即 b 为 false，这是因为 equals() 方法在比较两个字符串时会区分字母的大小写。

学习笔记

equals() 方法比较的是字符串对象的内容，而操作符“==”比较的是两个对象的内存地址（即使内容相同，不同对象的内存地址也不相同），所以在比较两个字符串是否相等时，不能使用操作符“==”。

（2）equalsIgnoreCase() 方法。

equalsIgnoreCase() 方法也用于比较两个字符串，但是它与 equals() 方法是有区别的：equalsIgnoreCase() 方法在比较两个字符串时不区分字母的大小写。equalsIgnoreCase() 方法的定义如下：

```
public boolean equalsIgnoreCase(String str)
```

例如，使用 equalsIgnoreCase() 方法比较字符串 A 和字符串 a 是否相等，具体代码如下：

```
String str = "A";
boolean b = str.equalsIgnoreCase("a");
```

上述代码的比较结果为 true，即 b 为 true。这是因为 equalsIgnoreCase() 方法在比较两个字符串时不区分字母的大小写。

（3）startsWith() 方法和 endsWith() 方法。

startsWith() 方法和 endsWith() 方法分别用于判断字符串是否以指定的字符串开始或结束，它们的定义如下：

```
public boolean startsWith(String prefix)
public boolean endsWith(String suffix)
```

这两个方法的入口参数为欲比较的字符串对象。这两个方法的返回值均为 boolean 型。如果是以指定的字符串开始或结束，则返回 true，否则返回 false。

例如，判断字符串 ABCDE 是否以字符串 a 开始及以字符串 DE 结束，具体代码如下：

```
String str = "ABCDE";
boolean bs = str.startsWith("a");
boolean be = str.endsWith("DE");
```

上述代码的比较结果分别是 bs 为 false，be 为 true，即字符串 ABCDE 不是以字符串 a 开始的，是以字符串 DE 结束的。

startsWith() 方法还有一个重载方法，用于判断字符串从指定索引开始是否为指定的字符串，定义如下：

```
public boolean startsWith(String prefix, int toffset)
```

startsWith(String prefix, int toffset) 方法的第二个入口参数为开始的索引。

例如，判断字符串 ABCDE 从索引 2 开始是否为字符串 CD，具体代码如下：

```
String str = "ABCDE";
boolean b = str.startsWith("CD", 2);
```

上述代码的判断结果为 true，即字符串 ABCDE 从索引 2 开始是字符串 CD。

学习笔记

字符串的索引从 0 开始。例如，字符串 ABCDE，字母 A 的索引为 0，字母 C 的索引为 2，以此类推。

（4）compareTo() 方法。

compareTo() 方法用于判断一个字符串是大于、等于还是小于另一个字符串。判断字符串大小的依据是它们在字典中的顺序。compareTo() 方法的定义如下：

```
public int compareTo(String str)
```

compareTo() 方法的入口参数为被比较的字符串对象，该方法的返回值为 int 型。如果两个字符串相等，则返回 0；如果大于字符串 str，则返回一个正数；如果小于字符串 str，则返回一个负数。

例如，依次比较字符串 A、B 和 D 的大小，具体代码如下：

```
String aStr = "A";
String bStr = "B";
String dStr = "D";
String b2Str = "B";
System.out.println(bStr.compareTo(aStr));        // 字符串 B 与 A 的比较结果为 1
System.out.println(bStr.compareTo(b2Str));       // 字符串 B 与 B 的比较结果为 0
System.out.println(bStr.compareTo(dStr));        // 字符串 B 与 D 的比较结果为 -2
```

2. 获取字符串的长度

字符串是一个对象，这个对象中包含 length 属性。该属性表示该字符串的长度，使用 String 类中的 length() 方法可以获取其值。例如，获取字符串 MingRiSoft 长度的代码如下：

```
String nameStr = "MingRiSoft";
int i = nameStr.length();                        // 获得字符串的长度为 10
```

3. 字符串的大小写转换

String 类提供了两个用于实现字母大小写转换的方法，即 toLowerCase() 和 toUpperCase()。这两个方法的返回值均为转换后的字符串。其中，toLowerCase() 方法用于将字符串中的所有大写字母改为小写字母，toUpperCase() 方法用于将字符串中的所有小写字母改为大写字母。

例如，将字符串 AbCDefGh 中的所有字母分别转换为大写字母和小写字母，具体代码如下：

```
String str = "AbCDefGh";
String lStr = str.toLowerCase();      // 转换为小写后得到的字符串为 abcdefgh
String uStr = str.toUpperCase();      // 转换为大写后得到的字符串为 ABCDEFGH
```

4. 查找字符串

String 类提供了两个用于查找字符串的方法。这两个方法允许在字符串中搜索指定的字符或字符串。其中，indexOf() 方法用于搜索字符或字符串首次出现的位置，lastIndexOf() 方法用于搜索字符或字符串最后一次出现的位置。这两个方法均有多个重载方法，如表 8.1 所示，它们的返回值均为字符或字符串被发现的索引，如果未搜索到，则会返回 -1。

表 8.1 String 类提供的用于查找字符串的方法及功能描述

方　法	功能描述
int indexOf(int ch)	用于获取指定字符在原字符串中第一次出现的索引
int lastIndexOf (int ch)	用于获取指定字符在原字符串中最后一次出现的索引
int indexOf(String str)	用于获取指定字符串在原字符串中第一次出现的索引
int lastIndexOf(String str)	用于获取指定字符在原字符串中最后一次出现的索引
int indexOf(int ch, int startIndex)	用于获取指定字符在原字符串中指定索引开始第一次出现的索引
int lastIndexOf (int ch, int startIndex)	用于获取指定字符在原字符串中指定索引开始最后一次出现的索引
int indexOf(String str, int startIndex)	用于获取指定字符串在原字符串中指定索引开始第一次出现的索引
int lastIndexOf(String str, int startIndex)	用于获取指定字符在原字符串中指定索引开始最后一次出现的索引

【例 8.2】 模拟多种查找字符串的场景，具体代码如下：

```
public class Demo {
    public static void main(String[] args) {
        String str = "mingrikeji";
        int i = str.indexOf('i');
        System.out.println("字符 i 第一次出现在索引：" + i);        // 索引为 1
        i = str.lastIndexOf('i');
        System.out.println("字符 i 最后一次出现在索引：" + i);      // 索引为 9
        i = str.lastIndexOf("ri");
        System.out.println("字符串 ing 第一次出现在索引：" + i);    // 索引为 4
        i = str.lastIndexOf("ri");
        System.out.println("字符串 ing 最后一次出现在索引：" + i); // 索引为 4
        i = str.lastIndexOf('i', 4);
        // 索引为 1
        System.out.println("从第 5 个字符开始，字符 i 第一次出现在索引：" + i);
    }
}
```

程序运行结果如图 8.3 所示。

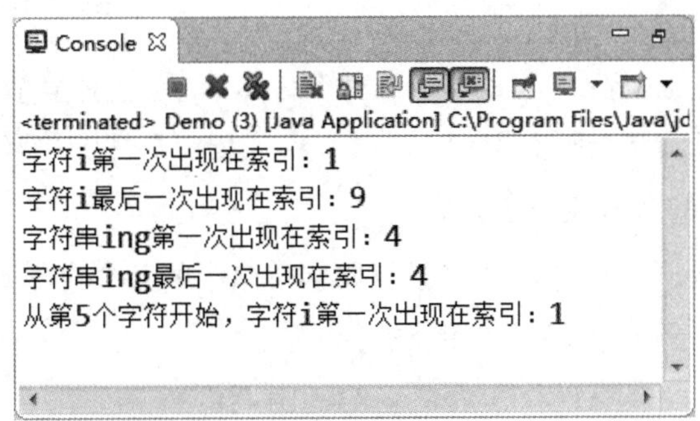

图 8.3　查找字符串

通过 String 类的 substring() 方法，可以从现有字符串中截取子字符串。该方法有两个重载方法，具体定义如下：

```
public String substring(int beginIndex)
public String substring(int beginIndex, int endIndex)
```

substring(int beginIndex) 方法用于截取从指定索引到最后的子字符串，截取的字符串包含指定索引的字符。

例如，截取字符串 ABCDEF 从索引 3 到最后的子字符串为 DEF，在子字符串 DEF 中包含字符串 ABCDEF 中索引为 3 的字符 D，具体代码如下：

```
String str = "ABCDEF";
System.out.println(str.substring(3));              // 截取的子字符串为 DEF
```

substring(int beginIndex, int endIndex) 方法用于截取从起始索引 beginIndex 到终止索引 endIndex 的子字符串，截取的字符串包含起始索引 beginIndex 对应的字符，但是不包含终止索引 endIndex 对应的字符。

例如，截取字符串 ABCDEF 从起始索引 2 到终止索引 4 的子字符串为 CD，在子字符串 CD 中包含字符串 ABCDEF 中索引为 2 的字符 C，但是不包含字符串 ABCDEF 中索引为 4 的字符 E，代码如下：

```
String str = "ABCDEF";
System.out.println(str.substring(2, 4));           // 截取的子字符串为 CD
```

5. 去掉字符串的首尾空格

通过 String 类的 trim() 方法，可以去掉字符串的首尾空格得到一个新的字符串。该方法的定义如下：

```
public String trim()
```

例如，通过去掉字符串 " ABC " 中的首尾空格得到一个新的字符串 ABC，分别输出两个字符串的长度为 5 和 3，具体代码如下：

```
String str = " ABC ";                            // 定义一个字符串，首尾均有空格
System.out.println(str.length());                // 输出字符串的长度为 5
String str2 = str.trim();                        // 去掉字符串的首尾空格
System.out.println(str2.length());               // 输出字符串的长度为 3
```

6. 替换字符串中的字符或子字符串

通过 String 类的 replace() 方法，可以将原字符串中的某个字符替换为指定的字符，并得到一个新的字符串。该方法的定义如下：

```
public String replace(char oldChar, char newChar)
```

例如，将字符串 NBA_NBA_NBA 中的字符 N 替换为字符 M，得到一个新的字符串 MBA_MBA_MBA，具体代码如下：

```
String str = "NBA_NBA_NBA";
System.out.println(str.replace('N', 'M'));// 输出的新字符串为"MBA_MBA_MBA"
```

如果想要替换原字符串中的指定子字符串，可以使用 String 类的 replaceAll() 方法。该方法的定义如下：

```
public String replaceAll(String regex, String replacement)
```

例如，将字符串 NBA_NBA_NBA 中的子字符串 NB 替换为字符串 AA，得到一个新的字符串 AAA_AAA_AAA，具体代码如下：

```
String str = "NBA_NBA_NBA";
System.out.println(str.replaceAll("NB", "AA"));// 输出的新字符串为"AAA_AAA_AAA"
```

从上面的代码可以看出，使用 replaceAll() 方法可以替换原字符串中的所有子字符串。如果只需要替换原字符串中的第一个子字符串，可以使用 String 类的 replaceFirst() 方法。该方法的定义如下：

```
public String replaceFirst(String regex, String replacement)
```

例如，将字符串 NBA_NBA_NBA 中的第一个子字符串 NB 替换为字符串 AA，得到一个新的字符串 AAA_NBA_NBA，具体代码如下：

```
String str = "NBA_NBA_NBA";
System.out.println(str.replaceFirst("NB", "AA"));// 输出的新字符串为AAA_NBA_NBA
```

7. 分割字符串

String 类提供了两个重载的 split() 方法，用于将字符串按照指定的规则分割，并以 String 型数组的方式返回。分割得到的子字符串在数组中的顺序会按照它们在字符串中的顺序排列。重载方法 split(String regex, int limit) 的定义如下：

```
public String[] split(String regex, int limit)
```

split(String regex, int limit) 方法的第一个入口参数 regex 为分割规则；第二个入口参数 limit 用于设置分割规则的使用次数，会影响返回的结果数组的长度。如果 limit 大于 0，

则分割规则最多会被使用（limit-1）次，数组的长度不会大于 limit，并且数组的最后一项将会包含超出最后匹配的所有字符；如果 limit 为非正整数，则分割规则会被使用尽可能多的次数，并且数组可以是任意长度。需要注意的是，如果 limit 为 0，则数组中位于最后位置的所有空字符串元素将会被丢弃。

例如，将字符串 boo:and:foo 分别按照不同的规则和限制进行分割，具体代码如下：

```
String str = "boo:and:foo";
String[] a = str.split(":", 2);
String[] b = str.split(":", 5);
String[] c = str.split(":", -2);
String[] d = str.split("o", 5);
String[] e = str.split("o", -2);
String[] f = str.split("o", 0);
String[] g = str.split("m", 0);
```

上述代码得到的 7 个数组的相关信息如表 8.2 所示。

表 8.2　数组的相关信息

数　组	分 割 符	限 定 数	得到的数组
a	:	2	String[] a = { "boo", "and:foo" };
b	:	5	String[] b = { "boo", "and", "foo" };
c	:	-2	String[] c = { "boo", "and", "foo" };
d	o	5	String[] d = { "b", "", ":and:f", "", "" };
e	o	-2	String[] e = { "b", "", ":and:f", "", "" };
f	o	0	String[] f = { "b", "", ":and:f" };
g	m	0	String[] g = { "boo:and:foo" };

如果将参数 limit 设置为 0，则可以采用重载方法 split(String regex)。该方法将会调用 split(String regex, int limit) 方法，且默认参数 limit 为 0。split(String regex) 方法的定义如下：

```
public String[] split(String regex) {
   return split(regex, 0);
}
```

8.1.4　格式化字符串

通过 String 类的 format() 方法，可以得到经过格式化的字符串对象。format() 方法常用于对日期和时间进行格式化。String 类中的 format() 方法有两种重载形式，它们的定义如下：

```
public static String format(String format, Object obj)
```

```
public static String format(Locale locale, String format, Object obj)
```

参数 format 为要获取字符串的格式；参数 obj 为要进行格式化的对象；参数 locale 为在格式化字符串时依据的语言环境。format(String format, Object obj) 方法会根据本地的语言环境进行格式化。

在定义格式化字符串采用的格式时，需要使用固定转换符。格式化字符串的固定转换符及功能说明如表 8.3 所示。

表 8.3 格式化字符串的固定转换符及功能说明

转换符	功能说明
%s	格式化成字符串表示
%c	格式化成字符类型表示
%b	格式化成布尔类型表示
%d	格式化成十进制整型表示
%x	格式化成十六进制整型表示
%o	格式化成八进制整型表示
%f	格式化成十进制浮点类型表示
%a	格式化成十六进制浮点类型表示
%e	格式化成指数形式表示
%g	格式化成通用浮点类型表示（f 和 e 类型中较短的）
%h	格式化成散列码形式表示
%%	格式化成百分比形式表示
%n	换行符
%tx	格式化成日期和时间形式表示（其中 x 代表不同的日期与时间转换符）

下面是 3 个获取格式化字符串的例子，分别为获取字符 A 的散列码、将 68 格式化为百分比形式和将 16.8 格式化为指数形式，具体代码如下：

```
String code = String.format("%h", 'A');          // 格式化得到的字符串为 41
String percent = String.format("%d%%", 68);      // 格式化得到的字符串为 68%
String exponent = String.format("%e", 16.8);     // 格式化得到的字符串为 1.680000e+01
```

8.1.5 对象的字符串表示

所有的类都默认继承于 Object 类。Object 类位于 java.lang 包中。在 Object 类中有一个 public String toString() 方法，这个方法用于获取对象的字符串表示。

调用 toString() 方法返回的字符串的一般形式为：

包名 . 类名 @ 内存的引用地址

【例 8.3】 创建一个 Object 对象，直接输出该对象的字符串表示，具体代码如下：

```
public class app {
    public static void main(String[] args) {
        Object obj = new Object();
        System.out.print(obj.toString());
    }
}
```

程序运行结果如图 8.4 所示。

图 8.4　对象的字符串表示

8.2　StringBuffer 类

8.2.1　StringBuffer 对象的创建

StringBuffer 类和 String 类都是用于表示字符串的，只是它们的内部实现方式不同。String 类创建的字符串对象是不可以被修改的，也就是说，String 字符串不能被修改、删除或替换字符串中的某个字符；而 StringBuffer 类创建的字符串对象是可以被修改的。

1. StringBuffer 对象的初始化

StringBuffer 对象的初始化与 String 对象的初始化相同，通常使用如下构造方法进行初始化：

```
StringBuffer s = new StringBuffer();// 初始化的 StringBuffer 对象是一个空对象
```

如果想要创建一个带参数的 StringBuffer 对象，则可以使用下面的方法：

```
StringBuffer s = new StringBuffer("123");// 初始化带参数的 StringBuffer 对象
```

学习笔记

String 对象和 StringBuffer 对象属于不同的类型，不能直接进行强制类型转换。

2. StringBuffer 类的构造方法

StringBuffer 类中有 3 个构造方法，用于创建 StringBuffer 对象，分别如下：

```
StringBuffer()
StringBuffer(int size)
StringBuffer(String s)
```

在使用第一个无参数的构造方法创建 StringBuffer 对象后，分配给该对象的初始容量可以容纳 16 个字符。当该对象的实体存放的字符序列的长度大于 16 时，实体的容量会自动增加，以便存放所有增加的字符。StringBuffer 对象可以通过 length() 方法获取实体中存放的字符序列的长度，并通过 capacity() 方法获取当前实体的实际容量。

在使用第二个带有 int 参数的构造方法创建 StringBuffer 对象后，分配给该对象的初始容量是由参数 size 指定的。当该对象的实体存放的字符序列的长度大于 size 时，实体的容量会自动增加，以便存放所有增加的字符。

在使用第三个带有 String 参数的构造方法创建 StringBuffer 对象后，分配给该对象的初始容量为在参数字符串 s 的长度基础上增加 16 个字符。

8.2.2 StringBuffer 类的常用方法

1. append() 方法

使用 append() 方法可以将其他 Java 类型数据转化为字符串，再追加到 StringBuffer 对象的字符内容末尾。append() 方法有很多重载形式。例如，append(String s) 可以将一个字符串对象追加到当前 StringBuffer 对象中；append(int n) 可以将一个 int 型数据转化为字符串对象，再追加到当前 StringBuffer 对象中。与此类似的方法还有 append(Object o)、append(boolean b)、append(char c)、append(long n)、append(float f)、append(double d)。

2. charAt() 方法

charAt(int n) 方法用于获取参数 n 指定位置上的单个字符。字符串序列从 0 开始，即在当前对象实体中，n 的值必须是非负的，并且小于当前对象实体中字符串序列的长度。

setCharAt(int n,char ch) 方法用于将当前 StringBuffer 对象实体中的字符对象位置 n 处的字符替换为参数 ch 指定的字符。在当前对象实体中，n 的值必须是非负的，并且小于当前对象实体中字符串序列的长度。

3. insert() 方法

使用 insert(int index,String str) 方法可以将参数 str 指定的字符串插入当前 StringBuffer 对象实体中参数 index 位置处，并返回当前对象的引用。

4. reverse() 方法

使用 reverse() 方法可以将当前 StringBuffer 对象实体中的字符翻转，并返回当前对象的引用。

5. delete() 方法

delete(int startIndex,int endIndex) 方法用于删除子字符串。参数 startIndex 指定需要删除的第一个字符的下标，而参数 endIndex 指定需要删除的最后一个字符的下一个字符的下标。因此，需要删除的子字符串是从 startIndex 位置开始到 endIndex-1 位置结束。deleteCharAt(int index) 方法用于删除当前 StringBuffer 对象实体的字符串中 index 位置的字符。

6. replace() 方法

replace(int startIndex,int endIndex,String str) 方法用于将当前 StringBuffer 对象实体中的字符串的一个子字符串替换为参数 str 指定的字符串。被替换的子字符串由参数 startIndex 和 endIndex 指定，即从 startIndex 位置到 endIndex-1 位置的字符串会被替换。该方法返回的是当前 StringBuffer 对象的引用。

【例 8.4】 创建一个空的 StringBuffer 对象，并调用 StringBuffer 类的常用方法修改字符串，具体代码如下：

```
public class Example {
    public static void main(String[] args) {
        StringBuffer str = new StringBuffer();
        str.append("随风潜入夜，");
        System.out.println("str=" + str);
        str.setCharAt(0, '润');
        System.out.println(str);
        str.insert(6, "润物细无声。");
        System.out.println(str);
        str.reverse();
        System.out.println(str);
        str.replace(0, 5, "润物细无声。");
        System.out.println(str);
    }
}
```

程序运行结果如图 8.5 所示。

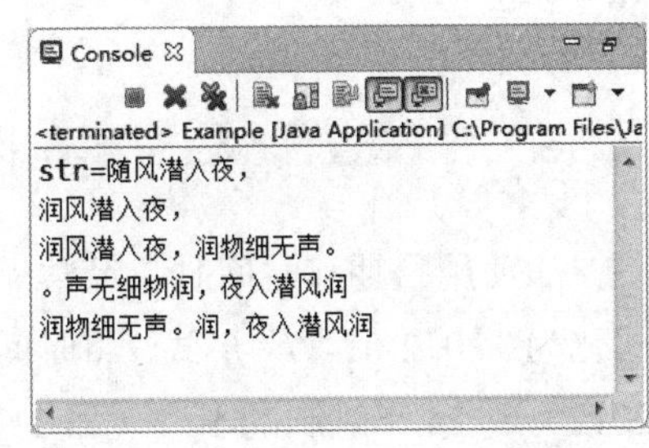

图 8.5　替换字符串的效果

8.3　日期的格式化

在程序设计中，经常会遇到日期、时间等数据，需要以相应的形式显示这些数据。

8.3.1 Date 类

1. 无参数构造方法

Data 类的无参数构造方法所创建的对象可以获取本机当前时间，例如：

```
Date date = new Date();                    // Data 类在位于 java.util 包中
System.out.println(date);                  // 输出当前时间
```

执行上面这两行代码，控制台输出的就是本机创建 Date 对象时的时间，结果如下：

```
Thu May 24 14:40:41 CST 2018
```

Date 对象表示时间的默认格式为：

```
星期 月 日 小时：分：秒 时区 年
```

2. 带参数构造方法

计算机系统的自身时间为 1970 年 1 月 1 日 0 时，即格林尼治时间，可以根据这个时间使用 Date 类的带参数构造方法创建一个 Date 对象。例如：

```
Date date1 = new Date(1000);
Date date2 = new Date(-1000);
```

在上面的两行代码中，参数取正数表示格林尼治时间之后的时间，参数取负数表示格林尼治时间之前的时间。参数 1000 表示 1000 毫秒，即 1 秒。由于本地时区是北京时区，与格林尼治时间相差 8 小时，因此 date1 输出的结果为：

```
Thu Jan 01 08:00:01 CST 1970
```

date2 输出的结果为：

```
Thu Jan 01 07:59:59 CST 1970
```

8.3.2 格式化日期和时间

在使用日期和时间时，经常需要对其进行处理，以满足一定的要求。例如，将日期格式化为“2012-01-27”形式，将时间格式化为“03:06:52 下午”形式，或者获取 4 位的年（如 2012）或 24 小时制的小时（如 21）。下面将介绍格式化日期和时间的方式。

1. 常用日期和时间的格式化转换符

日期和时间的格式化转换符定义了各种格式化日期字符串的方式。其中，常用日期和时间的格式化转换符及说明如表 8.4 所示。

表 8.4　常用日期和时间的格式化转换符及说明

转　换　符	格式说明	格式示例
F	格式化为形如“YYYY-MM-DD”的格式	2012-01-26
D	格式化为形如“MM/DD/YY”的格式	01/26/12
r	格式化为形如“HH:MM:SS AM”的格式（12 小时制）	03:06:52 下午
T	格式化为形如“HH:MM:SS”的格式（24 小时制）	15:06:52
R	格式化为形如“HH:MM”的格式（24 小时制）	15:06

【例 8.5】　使用常用日期和时间的格式化转换符对当前日期和时间进行格式化，具体代码如下：

```
import java.util.Date;
public class DateFormatTest {
    public static void main(String[] args) {
        Date today = new Date();
        System.out.println(String.format("%tF", today));
        System.out.println(String.format("%tD", today));
        System.out.println(String.format("%tr", today));
        System.out.println(String.format("%tT", today));
        System.out.println(String.format("%tR", today));
    }
}
```

程序运行结果如图 8.6 所示。

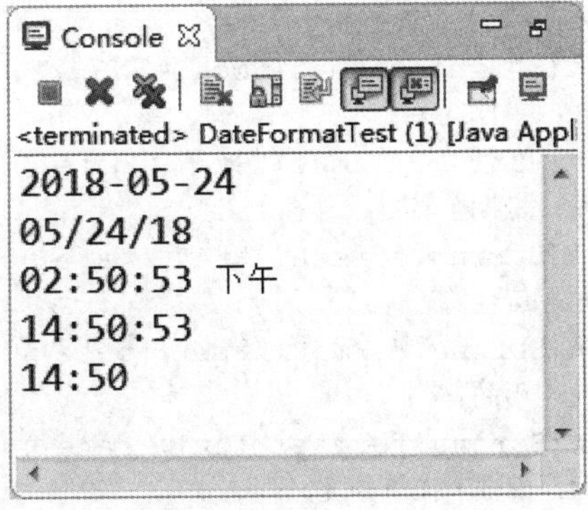

图 8.6　常用日期和时间的格式化转换符的使用效果

2. 日期的格式化转换符

日期的格式化转换符可以使日期通过指定的转换符生成新的字符串。日期的格式化转换符及说明如表 8.5 所示。

表 8.5 日期的格式化转换符及说明

转换符	格式说明	格式示例
b 或 h	获取月份的简称	中：一月 英：Jan
B	获取月份的全称	中：一月 英：January
a	获取星期的简称	中：星期六 英：Sat
A	获取星期的全称	中：星期六 英：Saturday
Y	获取年（不足 4 位前面补 0）	2008
y	获取年的后两位（不足 2 位前面补 0）	08
C	获取年的前两位（不足 2 位前面补 0）	20
m	获取月（不足 2 位前面补 0）	01
d	获取日（不足 2 位前面补 0）	06
e	获取日	6
j	获取一年的第多少天	006

【例 8.6】 使用日期的格式化转换符对指定日期进行格式化，具体代码如下：

```
import java.util.Date;
import java.util.Locale;
public class DateFormatTest2 {
    public static void main(String[] args) {
        // 创建日期为 2010 年 2 月 21 日的 Date 对象
        Date date = new Date(1266681600000L);
        System.out.println("date 日期为" + date);
        // 格式化后的字符串为：英文月份简称
        System.out.println(String.format(Locale.US, "%tb", date));
        // 格式化后的字符串为：英文月份全称
        System.out.println(String.format(Locale.US, "%tB", date));
        // 格式化后的字符串为：星期简称
        System.out.println(String.format("%ta", date));
        // 格式化后的字符串为：星期全称
        System.out.println(String.format("%tA", date));
        // 格式化后的字符串为：年全称
        System.out.println(String.format("%tY", date));
        // 格式化后的字符串为：年简称
        System.out.println(String.format("%ty", date));
        // 格式化后的字符串为：前面补 0 的月份
        System.out.println(String.format("%tm", date));
        // 格式化后的字符串为：前面补 0 的日期
        System.out.println(String.format("%td", date));
        // 格式化后的字符串为：前面不补 0 的日期
        System.out.println(String.format("%te", date));
        // 格式化后的字符串为：一年中的第多少天
        System.out.println(String.format("%tj", date));
    }
}
```

程序运行结果如图 8.7 所示。

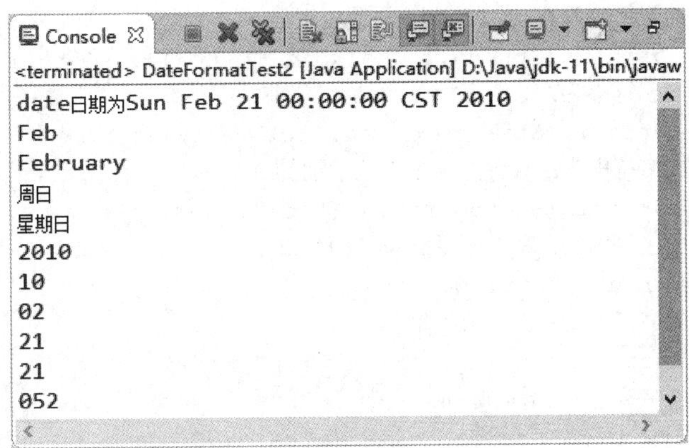

图 8.7　日期的格式化转换符的使用效果

3. 时间的格式化转换符

与日期的格式化转换符相比，时间的格式化转换符更精确，可以将时间格式化为时、分、秒甚至毫秒等单位。时间的格式化转换符及说明如表 8.6 所示。

表 8.6　时间的格式化转换符及说明

转 换 符	格 式 说 明	格 式 示 例
H	获取 24 小时制的小时（不足 2 位前面补 0）	15
k	获取 24 小时制的小时（不足 2 位前面不补 0）	15
I	获取 12 小时制的小时（不足 2 位前面补 0）	03
l	获取 12 小时制的小时（不足 2 位前面不补 0）	3
M	获取分钟（不足 2 位前面补 0）	06
S	获取秒（不足 2 位前面补 0）	09
L	获取 3 位的毫秒（不足 3 位前面补 0）	015
N	获取 9 位的毫秒（不足 9 位前面补 0）	056200000
p	显示上、下午标记	中：下午　　英：pm

【例 8.7】　使用时间的格式化转换符对指定时间进行格式化，具体代码如下：

```
import java.util.Date;
import java.util.Locale;
public class DateFormatTest3 {
    public static void main(String[] args) {
        Date now = new Date();
        System.out.println(" 当前时间 :" + now);
        // 格式化后的字符串为：24 小时制，不足 2 位前面补 0
        System.out.println(String.format("%tH", now));
```

```
        // 格式化后的字符串为：24 小时制，不足 2 位前面不补 0
        System.out.println(String.format("%tk", now));
        // 格式化后的字符串为：12 小时制，不足 2 位前面补 0
        System.out.println(String.format("%tI", now));
        // 格式化后的字符串为：12 小时制，不足 2 位前面不补 0
        System.out.println(String.format("%tl", now));
        // 格式化后的字符串为：分钟，不足 2 位前面补 0
        System.out.println(String.format("%tM", now));
        // 格式化后的字符串为：秒，不足 2 位前面补 0
        System.out.println(String.format("%tS", now));
        // 格式化后的字符串为：上午或下午
        System.out.println(String.format("%tp", now));
        // 格式化后的字符串为：am 或 pm
        System.out.println(String.format(Locale.US, "%tp", now));
    }
}
```

程序运行结果如图 8.8 所示。

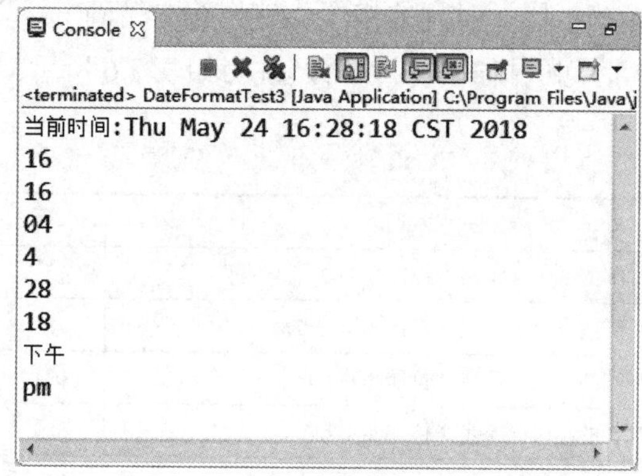

图 8.8 时间的格式化转换符的使用效果

8.4 Math 类和 Random 类

1. Math 类

Math 类位于 java.lang 包中，包含很多用于进行科学计算的类方法，这些方法可以直接通过类名调用。在 Math 类中，存在两个静态的常量：一个是常量 E，它的值是 2.7182828284590452354；另一个是常量 PI，它的值是 3.14159265358979323846。

Math 类的常用方法及功能描述如表 8.7 所示。

表 8.7　Math 类的常用方法及功能描述

方　法	功 能 描 述
static long abs (double a)	返回 a 的绝对值
static double max (double a,double b)	返回 a、b 的最大值
static double min (double a,double b)	返回 a、b 的最小值
static double pow (double a,double b)	返回 a 的 b 次幂
static double sqrt (double a)	返回 a 的平方根
static double log (double a)	返回 a 的对数
static double sin (double a)	返回 a 的正弦值
static double asin (double a)	返回 a 的反正弦值
static double random()	产生一个大于或等于 0 且小于 1 的随机浮点数

2. Random 类

虽然在 Math 类的方法中包含用于获取随机数的 random() 方法，但是 Java 提供了更为灵活的能够获取随机数的 Random 类。Random 类位于 java.util 包中，其构造方法如下：

```
public Random ();
public Random (long seed);
```

对于带参数的构造方法而言，可以使用参数 seed 创建一个 Random 对象，例如：

```
Random rd = new Random ();
rd.nextInt ();
```

如果想要获取指定范围的随机数，则可以使用 nextInt(int m) 方法。该方法会返回一个 0 ～ m 且包括 0、不包括 m 的随机数。需要注意的是，参数 m 必须取正整数值。

如果想要获取一个随机的 boolean 值，则可以使用 nextBoolean() 方法，例如：

```
Random rd = new Random ();
rd.nextBoolean ();
```

8.5　包装类

8.5.1　Integer 类

java.lang 包中的 Integer 类、Long 类和 Short 类，分别将基本类型 int、long 和 short 封装成一个类。这些类都是 Number 的子类，区别在于封装了不同的数据类型，但是它们包含的方法基本相同，因此本节以 Integer 类为例介绍整型包装类。

Integer 类将基本类型为 int 的值包装在一个对象中。一个 Integer 类的对象只包含一个类型为 int 的字段。此外，该类提供了很多方法，能够在 int 型变量和 String 型变量之间互相转换，还提供了在处理 int 型变量时非常有用的一些常量和方法。

1. 构造方法

Integer 类提供了以下两种构造方法。

（1）Integer（int number）方法。

该方法以一个 int 型变量为参数来创建 Integer 对象。

以 int 型变量为参数创建 Integer 对象，实例代码如下：

```
Integer number = new Integer(7);
```

（2）Integer（String str）方法。

该方法以一个 String 型变量为参数来创建 Integer 对象。

以 String 型变量为参数创建 Integer 对象，实例代码如下：

```
Integer number = new Integer("45");
```

学习笔记

需要使用数值型 String 变量作为参数，如 123，否则会抛出 NumberFormatException 异常。

2. 常用方法

Integer 类的常用方法及功能描述如表 8.8 所示。

表 8.8 Integer 类的常用方法及功能描述

方 法	功 能 描 述
byteValue()	以 byte 型返回此 Integer 对象的值
Int compareTo(Integer anotherInteger)	在数值上比较两个 Integer 对象。如果这两个值相等，则返回 0；如果调用对象的值小于 anotherInteger 的值，则返回负值；如果调用对象的值大于 anotherInteger 的值，则返回正值
boolean equals(Object IntegerObj)	比较此对象与指定的对象是否相等
int intValue()	以 int 型返回此 Integer 对象
short shortValue()	以 short 型返回此 Integer 对象
String toString()	返回一个表示此 Integer 对象的值的 String 对象
Integer valueOf(String str)	返回保存指定 String 对象的值的 Integer 对象
int parseInt(String str)	返回包含在由 str 指定的字符串中的数字的等价整型值

Integer 类中的 parseInt() 方法用于返回与调用该方法的数值字符串相应的整型（int）值。下面通过一个实例来说明 parseInt() 方法的使用。

【例 8.8】　在项目中创建 Summation 类，在主方法中定义 String 数组，实现将 String 型数组中的元素转换成 int 型，并将各元素相加，输出计算后的结果，具体代码如下：

```
public class Summation {                                      // 创建 Summation 类
    public static void main(String args[]) {                 // 主方法
        String str[] = {"89", "12", "10", "18", "35"};       // 定义 String 数组
        int sum = 0;                                          // 定义 int 型变量 sum
        for (int i = 0; i < str.length; i++) {                // 循环遍历数组
            // 将数组中的每个元素都转换为 int 型
            int myint = Integer.parseInt(str[i]);
            sum = sum + myint;                                // 将数组中的各元素相加
        }
        System.out.println(" 数组中的各元素之和是：" + sum); // 将计算后的结果输出
    }
}
```

程序运行结果如图 8.9 所示。

使用 Integer 类的 toString() 方法可以将 Integer 对象转换为十进制字符串表示。toBinaryString()、toHexString() 和 toOctalString() 方法分别用于将值转换为二进制、十六进制和八进制字符串表示。例 8.9 介绍了这 3 种方法的用法。

【例 8.9】　在项目中创建 Charac 类，在主方法中创建 String 变量，实现将字符变量以二进制、十六进制和八进制形式输出，具体代码如下：

```
public class Charac {
    public static void main(String args[]) {
        String str = Integer.toString(456);          // 获取数字的十进制表示
        String str2 = Integer.toBinaryString(456);   // 获取数字的二进制表示
        String str3 = Integer.toHexString(456);      // 获取数字的十六进制表示
        String str4 = Integer.toOctalString(456);    // 获取数字的八进制表示
        System.out.println("'456' 的十进制表示为：" + str);
        System.out.println("'456' 的二进制表示为：" + str2);
        System.out.println("'456' 的十六进制表示为：" + str3);
        System.out.println("'456' 的八进制表示为：" + str4);
    }
}
```

程序运行结果如图 8.10 所示。

图 8.9　将字符串转换为整型数

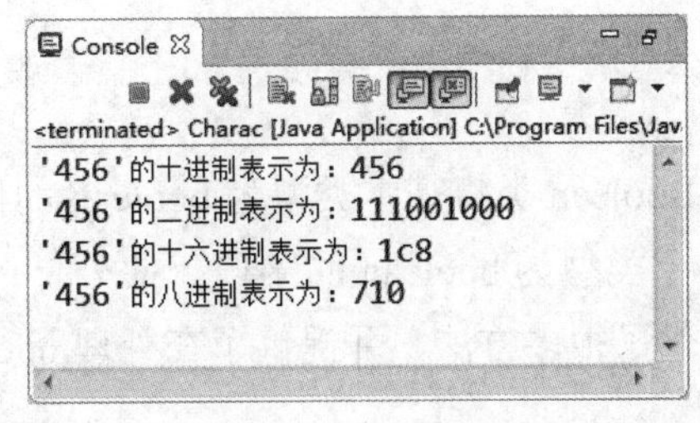

图 8.10　将十进制数转换为其他进制数

3. 常量

Integer 类提供了以下 4 个常量。

（1）MAX_VALUE：表示 int 型可取的最大值，即 231-1。

（2）MIN_VALUE：表示 int 型可取的最小值，即 -231。

（3）SIZE：用于以二进制补码形式表示 int 值的位数。

（4）TYPE：表示基本类型 int 的 Class 实例。

可以通过程序来验证 Integer 类的常量。

【例 8.10】 在项目中创建 GetCon 类，在主方法中实现将 Integer 类的常量值输出，具体代码如下：

```
public class GetCon {
    public static void main(String args[]) {
        int maxint = Integer.MAX_VALUE;          // 获取 Integer 类的常量值
        int minint = Integer.MIN_VALUE;
        int intsize = Integer.SIZE;
        // 将常量值输出
        System.out.println("int 型可取的最大值是：" + maxint);
        System.out.println("int 型可取的最小值是：" + minint);
        System.out.println("int 型的二进制位数是：" + intsize);
    }
}
```

程序运行结果如图 8.11 所示。

图 8.11 输出 int 型的常量值

8.5.2 Boolean 类

Boolean 类将基本类型为 boolean 的值包装在一个对象中。一个 Boolean 类的对象只包含一个类型为 boolean 的字段。此外，此类还为 boolean 型变量和 String 型变量的相互转换提供了很多方法，并提供了在处理 boolean 型变量时非常有用的一些常量和方法。

1. 构造方法

（1）Boolean(boolean value) 方法。

该方法以一个 boolean 型变量为参数来创建 Boolean 对象。

以 boolean 型变量为参数创建 Boolean 对象，实例代码如下：

```
Boolean b = new Boolean(true);
```

（2）Boolean(String str) 方法。

该方法以一个 String 型变量为参数来创建 Boolean 对象。如果参数 str 不为 null 且在忽略大小写时等于 true，则分配一个表示 true 值的 Boolean 对象；否则会获得一个表示 false 值的 Boolean 对象。

以 String 型变量为参数创建 Boolean 对象，实例代码如下：

```
Boolean bool = new Boolean("ok");
```

2. 常用方法

Boolean 类的常用方法及功能描述如表 8.9 所示。

表 8.9　Boolean 类的常用方法及功能描述

方　法	功能描述
boolean booleanValue()	将 Boolean 对象的值以对应的 boolean 值返回
boolean equals(Object obj)	判断调用该方法的对象与 obj 是否相等。当且仅当参数不是 null 且与调用该方法的对象一样，都表示同一个 boolean 值的 Boolean 对象时，才会返回 true
boolean parseBoolean(String s)	将字符串参数解析为 boolean 值
String toString()	返回表示该布尔值的 String 对象
Boolean valueOf(String s)	返回一个用指定的字符串表示值的 boolean 值

【例 8.11】 在项目中创建 GetBoolean 类，在主方法中以不同的构造方法创建 Boolean 对象，并调用 booleanValue() 方法将所创建的对象重新转换为 boolean 值输出，具体代码如下：

```
public class GetBoolean {
    public static void main(String args[]) {
        Boolean b1 = new Boolean(true);
        Boolean b2 = new Boolean("ok");
        System.out.println("b1: " + b1.booleanValue());
        System.out.println("b2: " + b2.booleanValue());
    }
}
```

程序运行结果如图 8.12 所示。

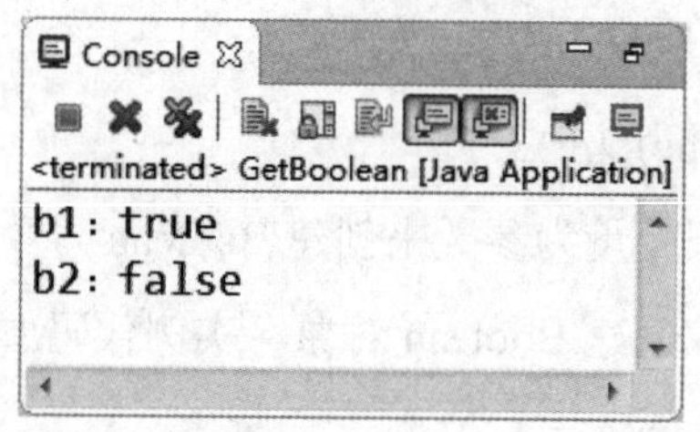

图 8.12　Boolean 对象的输出结果

3. 常量

Boolean 类提供了以下 3 个常量。

（1）TRUE：对应基值 true 的 Boolean 对象。

（2）FALSE：对应基值 false 的 Boolean 对象。

（3）TYPE：表示基本类型 boolean 的 Class 实例。

8.5.3　Byte 类

Byte 类将基本类型为 byte 的值包装在一个对象中。一个 Byte 类的对象只包含一个类型为 byte 的字段。此外，该类还为 byte 型变量和 String 型变量的相互转换提供了方法，并提供了在处理 byte 型变量时非常有用的一些常量和方法。

1. 构造方法

Byte 类提供了以下两种构造方法的重载形式来创建 Byte 对象。

（1）Byte(byte value) 方法。

该方法以一个 byte 型变量为参数来创建 Byte 对象。以 byte 型变量为参数创建 Byte 对象，实例代码如下：

```
byte mybyte = 45;
Byte b = new Byte(mybyte);
```

（2）Byte(String str) 方法。

该方法以一个 String 型变量为参数来创建 Byte 对象。以 String 型变量为参数创建 Byte 对象，实例代码如下：

```
Byte mybyte = new Byte("12");
```

学习笔记

需要使用数值型 String 变量作为参数，如 123，否则会抛出 NumberFormatException 异常。

2. 常用方法

Byte 类的常用方法及功能描述如表 8.10 所示。

表 8.10　Byte 类的常用方法及功能描述

方　　法	功 能 描 述
byte byteValue()	以一个 byte 值返回 Byte 对象
int compareTo(Byte anotherByte)	在数值上比较两个 Byte 对象
double doubleValue()	以一个 double 值返回此 Byte 对象的值
Int intValue()	以一个 int 值返回此 Byte 对象的值
byte parseByte(String s)	将 String 型参数解析成等价的字节（byte）形式
String toString()	返回表示此 Byte 对象的值的 String 对象
Byte valueOf(String str)	返回一个保持指定 String 对象的值的 Byte 对象
boolean equals(Object obj)	将此对象与指定对象比较，如果调用该方法的对象与 obj 相等，则返回 true，否则返回 false

3. 常量

Byte 类提供了以下 4 个常量。

（1）MIN_VALUE：byte 型可取的最小值。

（2）MAX_VALUE：byte 型可取的最大值。

（3）SIZE：用于以二进制补码形式表示 byte 值的位数。

（4）TYPE：表示基本类型 byte 的 Class 实例。

8.5.4　Character 类

Character 类将基本类型为 char 的值包装在一个对象中。一个 Character 类的对象只包含一个类型为 char 的字段。该类提供了几种方法来确定字符的类别（小写字母、数字等），并将字符从大写转换为小写，反之亦然。

1. 构造方法

Character 类的构造方法的语法格式如下：

```
Character(char value)
```

该类的构造方法必须返回一个类型为 char 的数据。该方法以一个 char 型变量为参数来创建 Character 对象。一旦 Character 类被创建，它包含的数值就不能改变了。

以 char 型变量为参数创建 Character 对象，具体代码如下：

```
Character mychar = new Character('s');
```

2. 常用方法

Character类提供了很多方法来完成对字符的操作，常用方法及功能描述如表8.11所示。

表 8.11 Character 类的常用方法及功能描述

方 法	功能描述
char charValue()	返回此 Character 对象的值
int compareTo(Character anotherCharacter)	根据数值比较两个 Character 对象，若这两个对象相等，则返回 0
Boolean equals(Object obj)	将调用该方法的对象与指定的对象相比较
char toUpperCase(char ch)	将字符参数转换为大写
char toLowerCase(char ch)	将字符参数转换为小写
String toString()	返回一个表示指定 char 值的 String 对象
char charValue()	返回此 Character 对象的值
boolean isUpperCase(char ch)	判断指定字符是否是大写字符
boolean isLowerCase(char ch)	判断指定字符是否是小写字符

下面通过实例来介绍 Character 对象的某些方法的使用。

【例 8.12】 在项目中创建 UpperOrLower 类，在主方法中创建 Character 类的对象，并判断字符的大小写状态，具体代码如下：

```
public class UpperOrLower {
    public static void main(String args[]) {
        Character mychar1 = new Character('A');
        Character mychar2 = new Character('a');
        System.out.println(mychar1 + "是大写字母吗？"
                                + Character.isUpperCase(mychar1));
        System.out.println(mychar2 + "是小写字母吗？"
                                + Character.isLowerCase(mychar2));
    }
}
```

程序运行结果如图 8.13 所示。

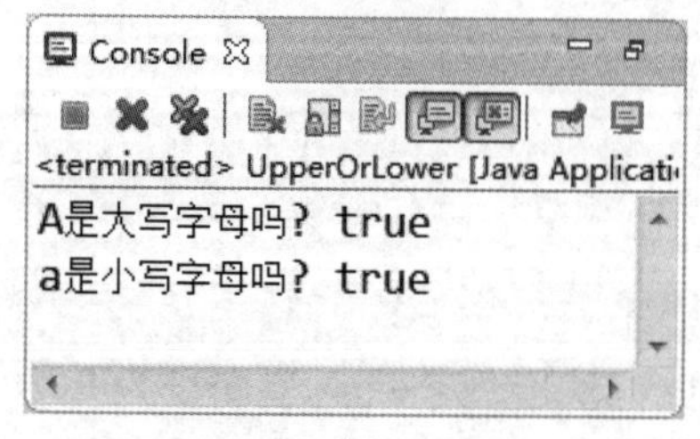

图 8.13 例 8.12 的运行结果

3. 常量

Character 类提供了很多表示特定字符的常量。

（1）CONNECTOR_PUNCTUATION：返回 byte 型值，表示 Unicode 规范中的常规类别 Pc。

（2）UNASSIGNED：返回 byte 型值，表示 Unicode 规范中的常规类别 Cn。

（3）TITLECASE_LETTER：返回 byte 型值，表示 Unicode 规范中的常规类别 Lt。

8.5.5 Double 类

Double 类和 Float 类是对 double、float 基本类型的封装。因为它们都是 Number 类的子类，并且都对小数进行操作，所以常用方法基本相同。本节将以 Double 类为例进行介绍。对于 Float 类，可以参考本节的相关介绍。

Double 类将基本类型为 double 的值封装在一个对象中。一个 Double 类的对象只包含一个类型为 double 的字段。此外，该类为 double 型变量和 String 型变量的相互转换提供了方法，并提供了在处理 double 型变量时有用的一些常量和方法。

1. 构造方法

Double 类提供了以下两种构造方法来创建 Double 对象。

（1）Double(double value) 方法：以一个 double 型变量为参数来创建 Double 对象。

（2）Double(String str) 方法：构造一个新分配的 Double 对象，即用字符串表示的 double 型的浮点值。

学习笔记

如果不是以数值类型的字符串为参数，则会抛出 NumberFormatException 异常。

2. 常用方法

Double 类的常用方法及功能描述如表 8.12 所示。

表 8.12　Double 类的常用方法及功能描述

方　法	功 能 描 述
byte byteValue()	以 byte 形式返回 Double 对象的值（通过强制转换）
int compareTo(Double d)	对两个 Double 对象进行数值比较。如果两个数值相等，则返回 0；如果调用对象的数值小于 d 的数值，则返回负值；如果调用对象的数值大于 d 的数值，则返回正值
boolean equals(Object obj)	将此对象与指定的对象相比较
int intValue()	以 int 形式返回 double 值
boolean isNaN()	如果此 double 值是非数字（NaN）值，则返回 true；否则返回 false
String toString()	返回此 Double 对象的字符串表示形式
Double valueOf(String str)	返回用参数字符串 str 表示的 double 值的 Double 对象
double doubleValue()	以 double 形式返回此 Double 对象
long longValue()	以 long 形式返回此 double 的值（通过强制转换为 long 类型）

3. 常量

Double 类提供了一些常量。

（1）MAX_EXPONENT：返回 int 值，表示有限 double 型变量可能具有的最大指数。

（2）MIN_EXPONENT：返回 int 值，表示标准化 double 型变量可能具有的最小指数。

（3）NEGATIVE_INFINITY：返回 double 值，表示保存 double 型的负无穷大值的常量。

（4）POSITIVE_INFINITY：返回 double 值，表示保存 double 型的正无穷大值的常量。

8.5.6 Number 类

Number 类是抽象类，是 BigDecimal、BigInteger、Byte、Double、Float、Integer、Long 和 Short 类的父类。Number 类的子类必须提供将表示的数值转换为 byte、double、float、int、long 和 short 型数值的方法。例如，doubleValue() 方法返回双精度值，floatValue() 方法返回浮点值。Number 类的方法及功能描述如表 8.13 所示。

表 8.13　Number 类的方法及功能描述

方　法	功 能 描 述
byte byteValue()	以 byte 形式返回指定的数值
int intValue()	以 int 形式返回指定的数值
float floatValue()	以 float 形式返回指定的数值
short shortValue()	以 short 形式返回指定的数值
long longValue()	以 long 形式返回指定的数值
double doubleValue()	以 double 形式返回指定的数值

Number 类的方法分别被 Number 的各个子类实现，也就是说，在 Number 类的所有子类中都包含上面这几种方法。

第二篇　Java Web

第 9 章　JSP 基本语法

在进行 Java Web 应用开发时，JSP 是必不可少的。因此，我们在进行 Java Web 应用开发前，必须掌握 JSP 的语法。本章将会详细介绍 JSP 语法中的 JSP 页面基本构成、指令标识、脚本标识、注释和动作标识等内容。

9.1　了解 JSP 页面

JSP 页面是指扩展名为 .jsp 的文件。下面将会详细介绍 JSP 页面的基本构成。

在一个 JSP 页面中，可以包括指令标识、HTML 代码、JavaScript 代码、嵌入的 Java 代码、脚本标识、注释和动作标识等内容。但这些内容并不是一个 JSP 页面所必需的。下面将会通过一个简单的 JSP 页面说明 JSP 页面的基本构成。

【例 9.1】　编写一个名称为 index.jsp 的 JSP 页面，并在该页面中显示当前时间，具体代码如下：

```
<%@ page language="java" contentType="text/html; charset=UTF-8"
   pageEncoding="UTF-8"%>
<%@ page import="java.util.Date"%>
<%@ page import="java.text.SimpleDateFormat"%>
<html>
<head>
<meta http-equiv="Content-Type" content="text/html; charset=UTF-8">
<title>一个简单的 JSP 页面——显示系统时间</title>
</head>
<body>
   <%
      Date date = new Date();                         //获取日期对象
      //设置日期时间格式
      SimpleDateFormat df = new SimpleDateFormat("yyyy-MM-dd HH:mm:ss");
      String today = df.format(date);                 //获取当前系统日期
   %>

   当前时间：<%=today%>     <!-- 输出系统时间 -->
```

```
</body>
</html>
```

程序运行结果如图 9.1 所示。

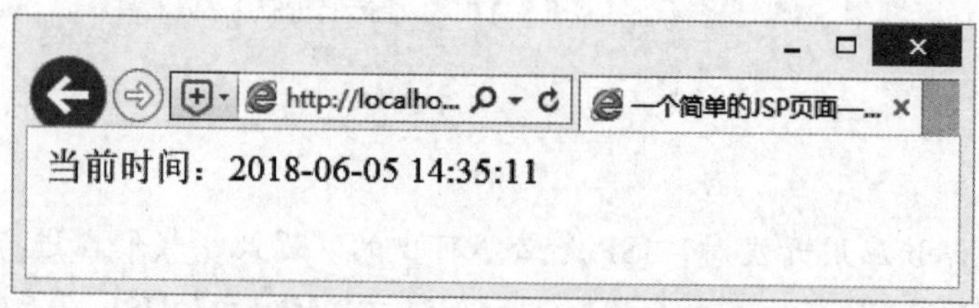

图 9.1　在页面中显示当前时间

下面我们来分析例 9.1 中的 JSP 页面。在该页面中包括指令标识、HTML 代码、嵌入的 Java 代码和 HTML 注释等内容，如图 9.2 所示。

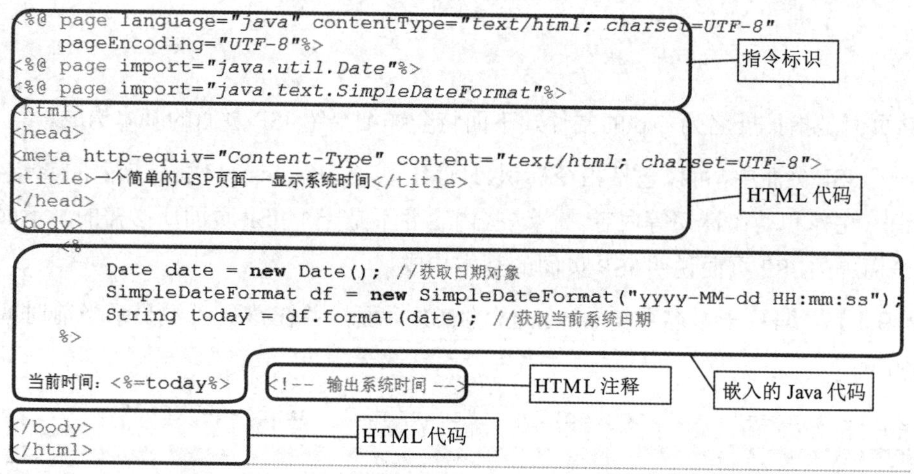

图 9.2　一个简单的 JSP 页面

9.2　指令标识

指令标识主要用于设定在整个 JSP 页面范围内都有效的相关信息，它是被服务器解释并执行的，不会产生任何输出到网页中的内容。也就是说，指令标识对于客户端浏览器是不可见的。JSP 页面的指令标识与我们的居民身份证类似，虽然居民身份证可以标识公民的身份，但是它并没有向所有见到过我们的人公开。

JSP 指令标识的语法格式如下：

```
%@ 指令名 属性 1="属性值 1" 属性 2="属性值 2"…%>
```

参数说明如下：

- 指令名：用于指定指令名称，在 JSP 中包含 page、include 和 taglib3 条指令。
- 属性：用于指定属性名称，不同的指令包含不同的属性。在一个指令中，可以设置多个属性，各属性之间使用逗号或空格分隔。
- 属性值：用于指定属性值。

例如，在使用 Eclipse 创建 JSP 文件时，在文件的底端会默认添加一条指令，用于指定 JSP 所使用的语言、编码方式等。这条指令的具体代码如下：

```
<%@ page language="java" contentType="text/html; charset=UTF-8"
pageEncoding="UTF-8"%>
```

学习笔记

指令标识的“<%@”和“%>”是完整的标记，不能添加空格，但是在标签中定义的属性与指令名之间是有空格的。

9.2.1　page 指令

page 指令是 JSP 页面最常用的指令，用于定义整个 JSP 页面的相关属性。这些属性在 JSP 被服务器解析为 Servlet 时会转换为相应的 Java 程序代码。

page 指令的语法格式如下：

```
<%@ page attr1="value1" attr2="value2" …%>
```

page 指令包含的属性有 15 个，下面对一些常用的属性进行介绍。

1. language 属性

language 属性用于设置 JSP 页面使用的语言，目前只支持 Java，以后可能会支持其他语言，如 C++、C# 等。该属性的默认值是 Java。

设置 JSP 页面的语言属性，代码如下：

```
<%@ page language="java" %>
```

2. extends 属性

extends 属性用于设置 JSP 页面继承的 Java 类。所有 JSP 页面在执行前都会被服务器解析为 Servlet，而 Servlet 是由 Java 类定义的，因此 JSP 和 Servlet 都可以继承指定的父类。该属性并不常用，而且可能会影响服务器的性能优化。

3. import 属性

import 属性用于设置 JSP 导入的类包。JSP 页面可以嵌入 Java 代码片段，这些 Java

代码片段在调用 API 时需要导入相应的类包。

在 JSP 页面中导入类包，代码如下：

```
<%@ page import="java.util.*" %>
```

4. pageEncoding 属性

pageEncoding 属性用于定义 JSP 页面的编码格式，即指定文件编码。JSP 页面中的所有代码都使用该属性指定的字符集，如果该属性的值被设置为 ISO-8859-1，则这个 JSP 页面不支持中文字符。通常我们设置的编码格式为 GBK 或 UTF-8，这是因为它可以显示简体中文和繁体中文。

设置 JSP 页面的编码格式，代码如下：

```
<%@ page pageEncoding="UTF-8"%>
```

5. contentType 属性

contentType 属性用于设置 JSP 页面的 MIME 类型和字符编码，浏览器会据此显示网页内容。

设置 JSP 页面的 MIME 类型和字符编码，代码如下：

```
<%@ page contentType="text/html; charset=UTF-8"%>
```

学习笔记

JSP 页面的默认编码格式为 ISO-8859-1。该编码格式是不支持中文的，若要使页面支持中文，则需要将页面的编码格式设置为 UTF-8 或 GBK。

6. session 属性

session 属性用于指定 JSP 页面是否使用 HTTP 的 session 会话对象。该属性值为 boolean 型，可选值为 true 和 false。该属性的默认值为 true，可以使用 session 会话对象；如果将其设置为 false，则当前 JSP 页面将无法使用 session 会话对象。

设置 JSP 页面是否使用 HTTP 的 session 会话对象，代码如下：

```
<%@ page session="false"%>
```

上述代码用于设置 JSP 页面无法使用 session 会话对象，任何对 session 会话对象的引用都会引发错误。

学习笔记

session 会话对象是 JSP 的内置对象之一，在后面的章节将会详细介绍。

7. buffer 属性

buffer 属性用于设置 JSP 的 out 输出对象使用的缓冲区大小，默认大小为 8KB，并且单位只能使用 KB。建议开发人员使用 8 的倍数，如 16、32、64、128 等作为该属性的属性值。

设置 JSP 的 out 输出对象使用的缓冲区大小，代码如下：

```
<%@ page buffer="128kb"%>
```

学习笔记

out 输出对象是 JSP 的内置对象之一，在后面的章节将会详细介绍。

8. autoFlush 属性

autoFlush 属性用于设置当 JSP 页面缓存被填满时是否自动刷新缓存。该属性的默认值为 true；如果将其设置为 false，则在缓存被填满时会抛出异常。

设置 JSP 页面缓存被填满时是否自动刷新缓存，代码如下：

```
<%@ page autoFlush="false"%>
```

上述代码取消了页面缓存被填满时的自动刷新。

9. isErrorPage 属性

isErrorPage 属性可以用于将当前 JSP 页面设置为错误处理页面，以处理另一个 JSP 页面的错误，即异常处理。这意味着当前 JSP 页面业务的改变。

将当前 JSP 页面设置为错误处理页面，代码如下：

```
<%@ page isErrorPage = "true"%>
```

10. errorPage 属性

errorPage 属性用于指定处理当前 JSP 页面异常错误的另一个 JSP 页面，指定的 JSP 错误处理页面必须设置 isErrorPage 属性为 true。errorPage 属性值为一个 URL 字符串。

设置处理当前 JSP 页面异常错误的另一个 JSP 页面，代码如下：

```
<%@ page errorPage="error/loginErrorPage.jsp"%>
```

学习笔记

如果设置该属性，则在 web.xml 文件中定义的任何错误页面都将被忽略，从而优先使用该属性定义的错误处理页面。

9.2.2 include 指令

文件包含指令 include 是 JSP 的另一条指令。使用该指令可以在一个 JSP 页面中包含另一个 JSP 页面。但是该指令是静态包含指令，也就是说，被包含文件中的所有内容会被原样包含到该 JSP 页面中，即使被包含文件中有 JSP 代码，在包含时也不会被编译执行。使用 include 指令，最终将会生成一个文件，所以在被包含文件和包含文件中，不能有名称相同的变量。include 指令包含文件的过程如图 9.3 所示。

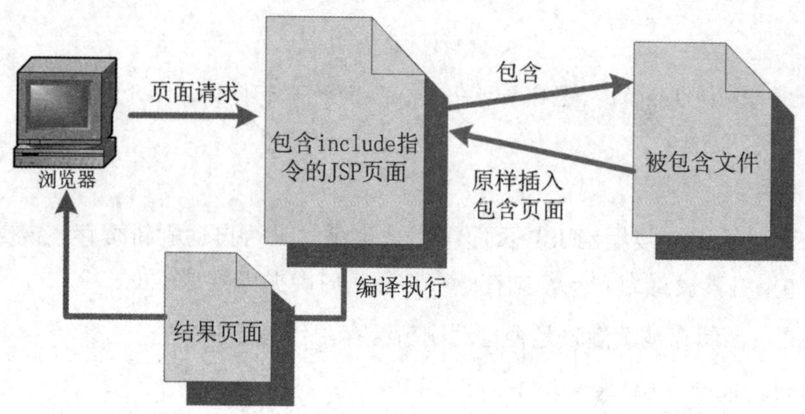

图 9.3　include 指令包含文件的过程

include 指令的语法格式如下：

```
<%@ include file="path"%>
```

该指令只有一个 file 属性，用于指定要包含文件的路径。该路径可以是相对路径，也可以是绝对路径，但不可以是由 <%=%> 表达式代表的文件。

学习笔记

使用 include 指令包含文件不但可以大大提高代码的重用性，而且便于以后的维护和升级。

【例 9.2】 使用 include 指令包含网站的 Banner 信息、导航栏和版权信息栏。

（1）编写一个名称为 top.jsp 的文件，用于放置网站的 Banner 信息和导航栏。这里将 Banner 信息和导航栏设计为一张图片。这样就只需要在该页面通过 <img> 标签引入图片即可完成 top.jsp 文件。top.jsp 文件的具体代码如下：

```
<%@ page pageEncoding="UTF-8"%>
<img src="images/banner.JPG">
```

（2）编写一个名称为 copyright.jsp 的文件，用于放置网站的版权信息栏。copyright.jsp 文件的具体代码如下：

```
<%@ page pageEncoding="UTF-8"%>
<%
    String copyright = " All Copyright &copy; 2009 吉林省明日科技有限公司";
```

```
%>
<!-- div的样式分别为：宽；高 ；文字垂直居中；背景图片 -->
<div style="width: 780px; height: 61px; line-height: 61px;
        background: url(images/copyright.JPG)">
   <%=copyright%>
</div>
```

（3）创建一个名称为 index.jsp 的文件，在该页面中包含 top.jsp 和 copyright.jsp 文件，从而实现一个完整的页面。index.jsp 文件的具体代码如下：

```
<%@ page language="java" contentType="text/html; charset=UTF-8"
pageEncoding="UTF-8"%>
<html>
<head>
<meta http-equiv="Content-Type" content="text/html; charset=UTF-8">
<title>使用文件包含include指令</title>
</head>
<body style="margin: 0px;">
   <%@ include file="top.jsp"%>
   <div style="width: 780px; height: 279px; background: url(images/center.
JPG)">
   </div>
   <%@ include file="copyright.jsp"%>
</body>
</html>
```

程序运行结果如图 9.4 所示。

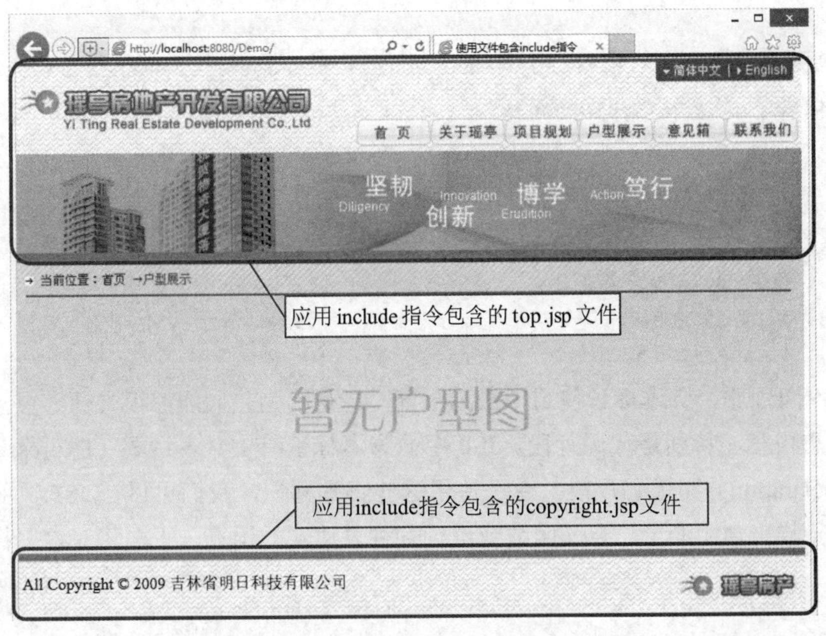

图 9.4　使用文件包含 include 指令的效果

学习笔记

在使用 include 指令进行文件包含时，为了使整个页面的层次结构不发生冲突，建议在被包含页面中，将 <html>、<body> 等标签删除，这是因为在包含该页面的文件中，已经指定这些标签了。

9.2.3 taglib 指令

在 JSP 文件中，可以通过 taglib 指令声明该页面中所使用的标签库，同时引用标签库，并指定标签的前缀。在页面中引用标签库后，就可以通过前缀来引用标签库中的标签了。

taglib 指令的语法格式如下：

```
<%@ taglib prefix="tagPrefix" uri="tagURI" %>
```

参数说明如下：

- prefix 属性：用于指定标签的前缀。该前缀不能被命名为 jsp、jspx、java、javax、sun、servlet 和 sunw。
- uri 属性：用于指定标签库文件的存放位置。

例如，在页面中引用 JSTL 中的核心标签库，代码如下：

```
<%@ taglib prefix="c" uri="http://java.sun.com/jsp/jstl/core" %>
```

学习笔记

关于引用 JSTL 中的核心标签库及使用 JSTL 核心标签库中的标签的相关内容，请参见第 14 章，这里不进行详细介绍。

9.3 脚本标识

在 JSP 页面中，脚本标识使用得最为频繁，这是因为它们能够很方便、灵活地生成页面中的动态内容，特别是代码片段。JSP 中的脚本标识有 JSP 表达式（Expression）、声明标识（Declaration）和代码片段。通过使用这些脚本标识，我们可以在 JSP 页面中像编写 Java 程序一样来声明变量、定义函数或进行各种表达式的运算。下面将对这些标识进行详细介绍。

9.3.1　JSP 表达式（Expression）

JSP 表达式用于向页面中输出信息，其语法格式如下：

```
<%= 表达式 %>
```

- 表达式：可以是任何 Java 的完整表达式。该表达式的最终运算结果将会被转换为字符串。

学习笔记

> “<%”与“=”之间不可以有空格，但是“=”与其后面的表达式之间可以有空格。

例如，使用 JSP 表达式在页面中输出信息，代码如下：

```
<% String manager = "mr";%>                              <!-- 定义保存管理员名的变量 -->
管理员：<%=manager%>                                      <!-- 输出结果为：管理员：mr -->
<%=" 管理员：" + manager%>                                <!-- 输出结果为：管理员：mr -->
<%=5 + 6%>                                               <!-- 输出结果为：11 -->
<% String url = "126875.jpg";%>                          <!-- 定义保存文件名称的变量 -->
<img src="images/<%=url%>"><!-- 输出结果为：<img src="images/126875.jpg"> -->
```

学习笔记

> JSP 表达式不仅可以插入网页的文本中，用于输出文本内容，也可以插入 HTML 标签中，用于动态设置属性值。

9.3.2　声明标识（Declaration）

声明标识用于在 JSP 页面中定义全局的变量或方法。使用声明标识定义的变量和方法可以被整个 JSP 页面访问，因此通常使用该标识来定义整个 JSP 页面都需要引用的变量或方法。

学习笔记

> 服务器在执行 JSP 页面时，会将 JSP 页面转换为 Servlet 类，在该类中会把使用 JSP 声明标识定义的变量和方法转换为类的成员变量和方法。

声明标识的语法格式如下：

```
<%! 声明变量或方法的代码 %>
```

学习笔记

“<%”与“!”之间不可以有空格，但是 ! 与其后面的代码之间可以有空格。另外，“<%!”与“%>”可以不在同一行。

例如，使用声明标识声明一个全局变量和全局方法，代码如下：

```
<%!
   int number = 0;                                   // 声明全局变量
   int count() {                                     // 声明全局方法
      number++;                                      // 累加 number
      return number;                                 // 返回 number 的值
   }
%>
```

在使用上述代码声明全局变量和全局方法后，如果在后面通过 <%=count()%> 调用全局方法，则在每次刷新页面时都会输出前一次值 +1 的值。

9.3.3 代码片段

所谓代码片段，就是在 JSP 页面中嵌入的 Java 代码或脚本代码。代码片段将会在页面请求的处理期间被执行，通过 Java 代码可以定义变量或流程控制语句等；而通过脚本代码可以使用 JSP 的内置对象在页面输出内容、处理请求和响应、访问 session 会话等。代码片段的语法格式如下：

```
<% Java 代码或是脚本代码 %>
```

代码片段的使用较为灵活。它所实现的功能是 JSP 表达式无法实现的。

学习笔记

代码片段与声明标识的区别：使用声明标识创建的变量和方法在当前 JSP 页面中有效，它们的生命周期是从创建开始到服务器关闭结束；使用代码片段创建的变量和方法也在当前 JSP 页面中有效，但它们的生命周期较短，在页面关闭后，就会被销毁。

【例 9.3】 使用代码片段和 JSP 表达式在 JSP 页面中输出九九乘法表。创建 index.jsp 文件，在该页面中，首先使用代码片段将输出九九乘法表的文本连接成一个字符串，然后使用 JSP 表达式输出该字符串，具体代码如下：

```
<%@ page language="java" contentType="text/html; charset=utf-8"
   pageEncoding="utf-8"%>
<html>
<head>
<style type="text/css">
```

```
div {                                                        /* 所有 div*/
    width: 500px;                                            /* 宽 */
    border: 1px solid black;                                 /* 边框 */
}
</style>
</head>
<body>
    <%
        String str = "";                                     // 声明保存九九乘法表的字符串变量
        // 连接生成九九乘法表的字符串
        for (int i = 1; i <= 9; i++) {                       // 外循环
            for (int j = 1; j <= i; j++) {                   // 内循环
                str += j + "*" + i + "=" + j * i;
                str += " ";                             // 加入空格符
            }
            str += "<br>";                                   // 加入换行符
        }
    %>
    <div style="text-align: center;">九九乘法表</div>
    <div><%=str%></div>
</body>
</html>
```

程序运行结果如图 9.5 所示。

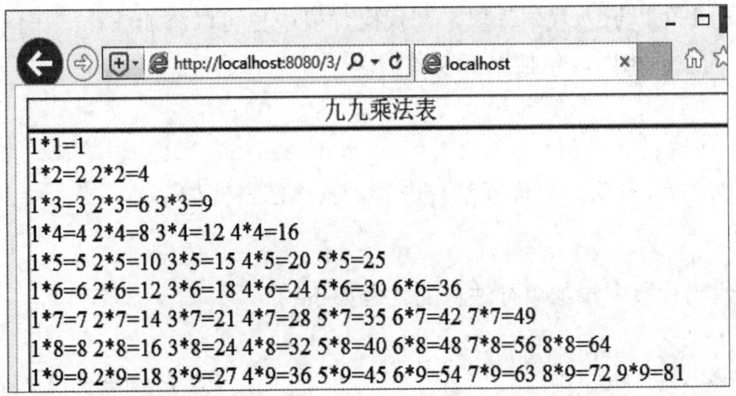

图 9.5　在 JSP 页面中输出九九乘法表

9.4　注释

由于 JSP 页面由 HTML、JSP、Java 脚本等组成，因此在其中可以使用多种注释格式，本节将对这些注释的语法进行讲解。

9.4.1 HTML 中的注释

HTML 中的注释不会被显示在网页中，但是在浏览器中选择查看网页源码时，就能够看到注释信息。

其语法格式如下：

```
<!-- 注释文本 -->
```

例如，在 HTML 中添加注释的代码如下：

```
<!-- 显示数据报表的表格 -->
<table>
  …
</table>
```

上述代码为 HTML 的一个表格添加了注释信息，其他程序开发人员可以直接从注释中了解表格的用途，无须重新分析代码。在浏览器中查看网页源码时，上述代码将会被完整地显示，包括注释信息。

9.4.2 带有 JSP 表达式的注释

在 JSP 页面中可以嵌入代码片段，在代码片段中也可以添加注释。在代码片段中添加的注释与 Java 的注释相同，包括以下 3 种情况。

1. 单行注释

单行注释以“//”开头，后面接注释内容，其语法格式如下：

```
// 注释内容
```

例如，在代码片段中添加单行注释的代码如下：

```
<%
   String username = "";                              // 定义一个保存用户名的变量
   // 根据用户名是否为空输出不同的信息
   if ("".equals(username)) {
      System.out.println(" 用户名为空 ");
   } else {
      //System.out.println(" 您好！ " + username);
   }
%>
```

在上述代码中，通过单行注释可以使语句“System.out.println(" 您好！ " + username);”不被执行。

2. 多行注释

多行注释以“/*”开头，以“*/”结束。在这个标识中间的内容为注释内容，并且注释内容可以换行，其语法格式如下：

```
/*
注释内容 1
注释内容 2
…
*/
```

为了程序代码的美观性，习惯上在每行注释内容的前面添加一个符号“*”，构成如下注释格式：

```
/*
*    注释内容 1
*    注释内容 2
*    …
*/
```

例如，在代码片段中添加多行注释的代码如下：

```
<%
/*
* function：显示用户信息
* author:wgh
* time:2009-10-21
*/
%>
用户名：无语 <br>
部    门：Java Web 部门 <br>
权    限：系统管理员
```

学习笔记

服务器不会对“/*”与“*/”之间的内容进行任何处理，包括 JSP 表达式或其他的脚本程序，并且多行注释的开始标记和结束标记可以不在同一个脚本程序中同时出现。

9.4.3 隐藏注释

虽然在文档中添加的 HTML 注释在浏览器中不显示，但是可以通过查看源码看到这些注释信息，因此严格来说，这种注释是不安全的。JSP 还提供了一种隐藏注释，这种注释不但在浏览器中看不到，而且在查看 HTML 源码时也看不到，因此这种注释的安全性比较高。

隐藏注释的语法格式如下：

```
<%-- 注释内容 --%>
```

【例 9.4】 在 JSP 页面中添加隐藏注释。创建 index.jsp 文件，在该页面中，首先定义一个 HTML 注释，内容为“显示用户信息”，然后定义由注释文本和 JSP 表达式组成的 HTML 注释语句，最后添加文本，用于显示用户信息，具体代码如下：

```
<%@ page language="java" contentType="text/html; charset=UTF-8"
pageEncoding="UTF-8"%>
<html>
<head>
<meta http-equiv="Content-Type" content="text/html; charset=utf-8">
<title>隐藏注释的应用</title>
</head>
<body>
   <%-- 显示用户信息开始 --%>
          用户名：小王
   <br> 部  门：Java Web部门
   <br> 权  限：系统管理员
   <%-- 显示用户信息结束 --%>
</body>
</html>
```

程序运行结果如图 9.6 所示。

图 9.6 程序运行结果

在该页面空白处单击鼠标右键，选择“查看源”或“查看网页源代码”命令，将会打开如图 9.7 所示的 HTML 源码文件。在该文件中，无法看到添加的注释内容。

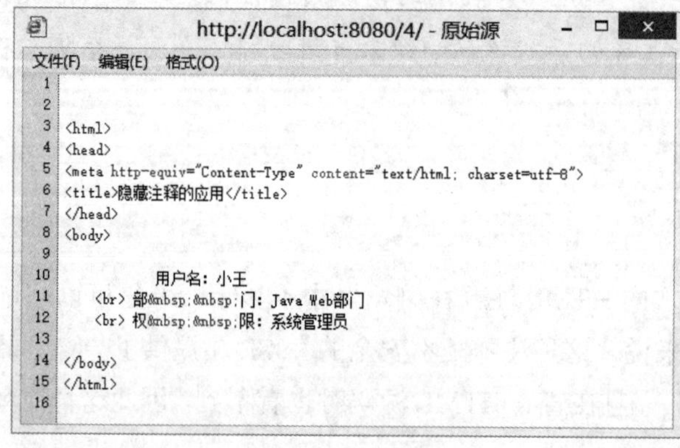

图 9.7 HTML 源码文件

学习笔记

JSP 编译时会忽略隐藏注释，所以即使隐藏注释中存在语法错误，也不会影响程序的运行。

9.4.4　动态注释

由于 HTML 注释对 JSP 嵌入的代码不起作用，因此可以利用它们的组合构成动态的 HTML 注释文本。

例如，在 HTML 中添加当前日期的注释代码如下：

```
<!-- <%=new Date()%> -->
```

9.5　动作标识

9.5.1　包含文件标识 <jsp:include>

使用包含文件标识 <jsp:include> 可以向当前页面中包含其他的文件。被包含的文件可以是动态文件，也可以是静态文件。<jsp:include> 标识包含文件的过程如图 9.8 所示。

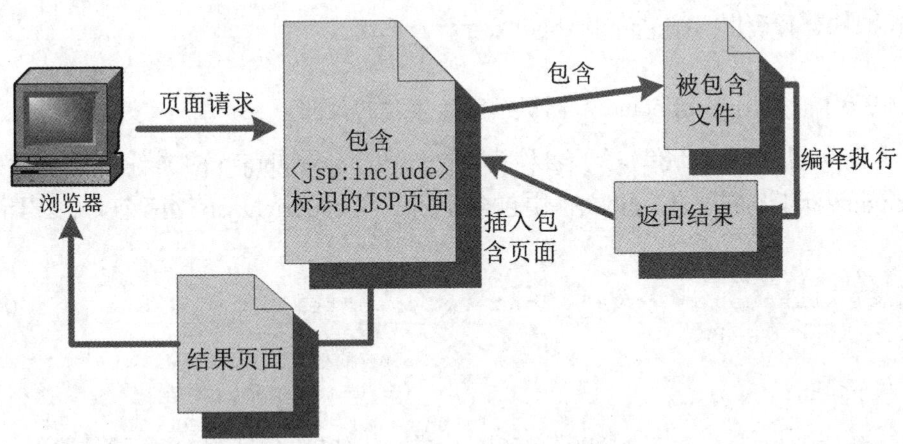

图 9.8　<jsp:include> 标识包含文件的过程

<jsp:include> 标识的语法格式如下：

```
<jsp:include page="url" flush="false|true" />
```

或者

```
<jsp:include page="url" flush="false|true" >
    子动作标识 <jsp:param>
</jsp:include>
```

参数说明如下：

- page 属性：用于指定被包含文件的相对路径。例如，指定属性值为 top.jsp，则表示包含的是与当前 JSP 文件相同文件夹中的 top.jsp 文件。
- flush 属性：可选属性，用于设置是否刷新缓冲区。该属性的默认值为 false，如果将其设置为 true，则在当前页面使用缓冲区的情况下，首先刷新缓冲区，然后执行包含工作。
- 子动作标识 <jsp:param>：用于向被包含的动态页面中传递参数。

学习笔记

<jsp:include> 标识对包含的动态文件和静态文件的处理方式是不同的：如果 <jsp:include> 标识包含的是静态文件，则在页面执行后使用了该标识的位置将会输出这个文件的内容；如果 <jsp:include> 标识包含的是动态文件，则 JSP 编译器将会编译并执行这个文件。<jsp:include> 标识会识别出文件的类型，但并不是通过文件的名称来判断该文件是静态的还是动态的。

学习笔记

在使用 <jsp:include> 标识进行文件包含时，为了使整个页面的层次结构不发生冲突，建议在被包含页面中，将 <html><body> 等标签删除。

【例 9.5】 应用 <jsp:include> 标识指定被包含的页面。

在【例 9.2】中，已经编写了名称为 top.jsp 和 copyright.jsp 的文件。下面分别应用 <jsp:include> 标识指定 text.html 文件中包含 top.jsp 和 copyright.jsp 这两个文件。具体代码如下：

```
<%@ page language="java" contentType="text/html; charset=UTF-8"
pageEncoding="UTF-8"%>
<html>
<head>
<meta http-equiv="Content-Type" content="text/html; charset=UTF-8">
<title>使用文件包含 include 指令 </title>
</head>
<body style="margin: 0px;">
    <jsp:include page="top.jsp" />
    <div
        style="width: 780px; height: 279px; background: url(images/center.
```

```
JPG)">
    </div>
    <jsp:include page="copyright.jsp" />
</body>
</html>
```

程序运行结果如图 9.9 所示。

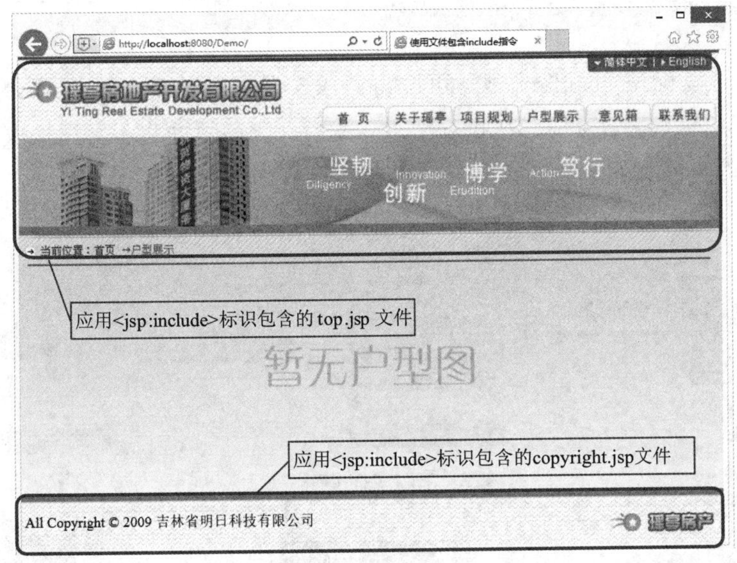

图 9.9 使用 <jsp:include> 标识的效果

学习笔记

如果需要在 JSP 页面中显示大量的纯文本，则可以将这些文本文字写入静态文件中（如记事本），然后通过 include 指令或动作标识包含到该 JSP 页面中。这样可以让 JSP 页面更简洁。

在前面的章节中介绍了 include 指令，该指令与 <jsp:include> 标识都可以用于包含文件，但是它们之间存在很大的差别。下面将对 include 指令与 <jsp:include> 标识的区别进行详细介绍。

（1）include 指令通过 file 属性指定被包含的文件，并且 file 属性不支持任何表达式；<jsp:include> 标识通过 page 属性指定被包含的文件，并且 page 属性支持 JSP 表达式。

（2）在使用 include 指令包含文件时，被包含的文件内容会被原封不动地插入包含页中，并由 JSP 编译器将合成后的文件最终编译成一个 Java 文件；在使用 <jsp:include> 标识包含文件时，当该标识被执行时，程序会将请求转发（注意是转发，而不是请求重定向）到被包含的页面中，并将执行结果输出到浏览器中，然后返回包含页，并继续执行后面的代码。因为服务器执行的是多个文件，所以 JSP 编译器会分别对这些文件进行编译。

（3）在使用 include 指令包含文件时，由于被包含的文件最终会生成一个文件，因此在被包含文件和包含文件中不能有重名的变量和方法；而在使用 <jsp:include> 标识包含文件时，由于每个文件是单独编译的，因此在被包含文件和包含文件中重名的变量和方法是不冲突的。

9.5.2 请求转发标识 <jsp:forward>

使用请求转发标识 <jsp:forward> 可以将请求转发给其他的 Web 资源，如另一个 JSP 页面、HTML 页面、Servlet 等。在执行请求转发后，当前页面将不会再被执行，而是会执行该标识指定的目标页面。执行请求转发的基本流程如图 9.10 所示。

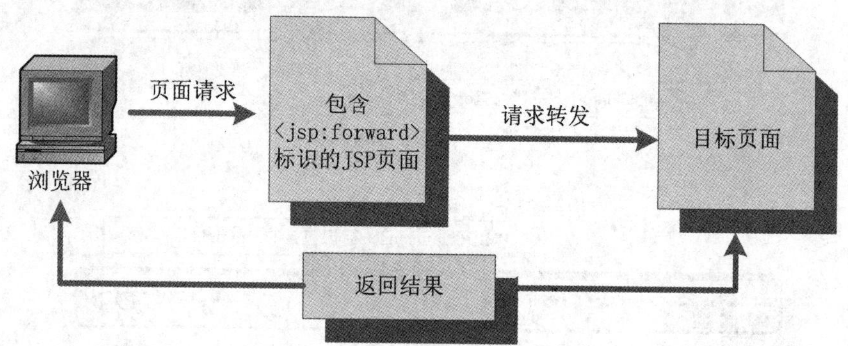

图 9.10 执行请求转发的基本流程

<jsp:forward> 标识的语法格式如下：

```
<jsp:forward page="url"/>
```

或者

```
<jsp:forward page="url">
   子动作标识 <jsp:param>
</jsp:forward>
```

参数说明如下：

- page 属性：用于指定请求转发的目标页面。该属性的值既可以是一个指定文件路径的字符串，也可以是表示文件路径的 JSP 表达式。但是请求被转向的目标文件必须是内部的资源，即当前应用中的资源。
- 子动作标识 <jsp:param>：用于向转向的目标文件中传递参数。

【例 9.6】 使用 <jsp:forward> 标识将请求转发到用户登录页面。

（1）创建一个名称为 index.jsp 的文件，该文件为中转页，用于通过 <jsp:forward> 标识将请求转发到用户登录页面（login.jsp）。index.jsp 文件的具体代码如下：

```
<%@ page language="java" contentType="text/html; charset=UTF-8"
```

```
pageEncoding="UTF-8"%>
<html>
<head>
<meta http-equiv="Content-Type" content="text/html; charset=UTF-8">
<title>中转页</title>
</head>
<body>
   <jsp:forward page="login.jsp" />
</body>
</html>
```

（2）编写 login.jsp 文件，在该文件中添加用于收集用户登录信息的表单及表单元素，具体代码如下：

```
<%@ page language="java" contentType="text/html; charset=UTF-8"
pageEncoding="UTF-8"%>
<html>
<head>
<meta http-equiv="Content-Type" content="text/html; charset=UTF-8">
<title>用户登录</title>
</head>
<body>
   <form name="form1" method="post" action="">
      <div>
         用户名:
         <input name="name" type="text" id="name" style="width: 120px">
      </div>
      <div>
         密    码:
         <input name="pwd" type="password" id="pwd" style="width: 120px">
      </div>
      <div>
         <input type="submit" name="Submit" value="提交">
      </div>
   </form>
</body>
</html>
```

程序运行结果如图 9.11 所示。

图 9.11　将请求转发到用户登录页面

9.5.3 传递参数标识 <jsp:param>

传递参数标识 <jsp:param> 可以作为其他标识的子标识，为其他标识传递参数。

<jsp:param> 标识的语法格式如下：

```
<jsp:param name=" 参数名 " value=" 参数值 " />
```

参数说明如下：

- name 属性：用于指定参数名称。
- value 属性：用于设置对应的参数值。

例如，使用 <jsp:param> 标识为 <jsp:forward> 标识指定参数，代码如下：

```
<jsp:forward page="modify.jsp">
   <jsp:param name="userId" value="7"/>
</jsp:forward>
```

在上述代码中，实现了在请求转发到 modify.jsp 页面的同时，传递了参数 userId，其参数值为 7。

学习笔记

通过 <jsp:param> 标识指定的参数，将会以“参数名 = 值”的形式添加到请求中。它的功能与在文件名后面直接添加“? 参数名 = 参数值”是相同的。

第 10 章　JSP 内置对象

JSP 提供了由容器实现和管理的内置对象，也可以称之为隐含对象。这些内置对象不需要通过 JSP 页面编写来进行实例化，在所有的 JSP 页面中都可以直接使用，具有简化页面的作用。JSP 的内置对象被广泛应用于 JSP 的各种操作中。本章将对 JSP 提供的 9 个内置对象进行详细介绍。

10.1　JSP 内置对象的概述

由于 JSP 使用 Java 作为脚本语言，因此 JSP 具有强大的对象处理能力，并且可以动态创建 Web 页面内容。但是 Java 在使用一个对象前，需要先实例化这个对象，这其实是一件比较烦琐的事情，因此 JSP 为了简化开发，提供了一些内置对象，用来实现很多 JSP 应用。在使用 JSP 内置对象时，不需要先定义这些对象，直接使用即可。

在 JSP 中，预先定义了 9 个这样的对象，分别为 request、response、session、application、out、pageContext、config、page 和 exception。本章将分别介绍这些内置对象及其常用方法。

10.2　request 对象

request 对象封装了由客户端生成的 HTTP 请求的所有细节，主要包括 HTTP 头信息、系统信息、请求方式和请求参数等。使用 request 对象提供的相应方法可以处理客户端浏览器提交的 HTTP 请求中的各项参数。

10.2.1　访问请求参数

request 对象用于处理 HTTP 请求中的各项参数。在这些参数中，最常用的就是获取访问请求参数。当我们通过超链接的形式发送请求时，可以为该请求传递参数，这可以通过在超链接的后面添加问号“?”来实现。注意这个问号为英文半角的符号。例如，发送一个请求到 delete.jsp 页面，并传递一个名称为 id 的参数，在页面中定义超链接的代码如下：

```
<a href="delete.jsp?id=1">删除</a>
```

学习笔记

在上述示例中，设置了一个请求参数。如果需要同时指定多个参数，则在各参数之间使用与符号“&”分隔即可。

【例 10.1】 在 delete.jsp 页面中，可以通过 request 对象的 getParameter() 方法获取传递的参数值，具体代码如下：

```
<%
   request.getParameter("id");
%>
```

学习笔记

在使用 request 对象的 getParameter() 方法获取传递的参数值时，如果指定的参数不存在，则会返回 null；如果指定了参数名，但未指定参数值，则会返回空的字符串 ""。

【例 10.2】 使用 request 对象获取请求参数值。

（1）创建 index.jsp 文件。在该文件中，添加一个用于连接 deal.jsp 页面的超链接，并传递两个参数。index.jsp 文件的具体代码如下：

```
<%@ page language="java" contentType="text/html; charset=UTF-8"
   pageEncoding="UTF-8"%>
<html>
<head>
<meta http-equiv="Content-Type" content="text/html; charset= utf-8">
<title>使用 request 对象获取请求参数值</title>
</head>
<body>
   <a href="deal.jsp?id=1&user=">处理页</a>
</body>
</html>
```

（2）创建 deal.jsp 文件。在该文件中，通过 request 对象的 getParameter() 方法获取请求参数 id、user 和 pwd 的值并输出。deal.jsp 文件的具体代码如下：

```
<%@ page language="java" contentType="text/html; charset=UTF-8"
   pageEncoding="UTF-8"%>
<%
   String id = request.getParameter("id");      //获取 id 参数的值
```

```
    String user = request.getParameter("user"); // 获取 user 参数的值
    String pwd = request.getParameter("pwd");   // 获取 pwd 参数的值
%>
<html>
<head>
<meta http-equiv="Content-Type" content="text/html; charset= UTF-8">
<title>处理页</title>
</head>
<body>
   id参数的值为：<%=id%><br> user参数的值为：<%=user%><br> pwd参数的值为：<%=pwd%>
</body>
</html>
```

运行程序，首先会进入 index.jsp 页面，单击“处理页”超链接，将会进入处理页获取请求参数值并输出，如图 10.1 所示。

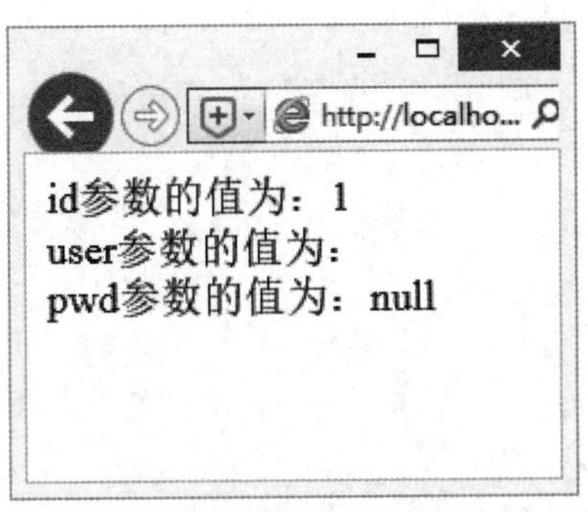

图 10.1　在页面中获取请求参数值

10.2.2　在作用域中管理属性

在进行请求转发时，需要将一些数据传递到转发后的页面进行处理。这时就需要使用 request 对象的 setAttribute() 方法将数据保存到 request 范围内的变量中。

request 对象的 setAttribute() 方法的语法格式如下：

```
request.setAttribute(String name,Object object);
```

参数说明如下：

- name：表示变量名，为 String 型。在转发后的页面获取数据时，就会使用此变量名。
- object：用于指定需要在 request 范围内传递的数据，为 Object 型。

在将数据保存到 request 范围内的变量中后，可以使用 request 对象的 getAttribute() 方法获取该变量的值。

request 对象的 getAttribute() 方法的语法格式如下：

```
request.getAttribute(String name);
```

参数说明如下：

- name：表示变量名，该变量名在 request 范围内有效。

【例 10.3】 使用 request 对象的 setAttribute() 方法保存 request 范围内的变量，并使用 request 对象的 getAttribute() 方法获取 request 范围内的变量。

（1）创建 index.jsp 文件。在该文件中，首先使用 Java 的 try…catch 语句块获取页面中的异常信息，如果没有异常，则将运行结果保存到 request 范围内的变量中；如果出现异常，则将错误提示信息保存到 request 范围内的变量中，然后使用 <jsp:forward> 标识将请求转发到 deal.jsp 页面。index.jsp 文件的具体代码如下：

```
<%@ page language="java" contentType="text/html; charset=UTF-8" pageEncoding
="UTF-8"%>
<html>
<head>
<meta http-equiv="Content-Type" content="text/html; charset=utf-8">
<title>Insert title here</title>
</head>
<body>
    <%
        try {                                                   // 捕获异常信息
            int money = 100;
            int number = 0;
            request.setAttribute("result", money / number);     // 保存执行结果
        } catch (Exception e) {
            // 保存错误提示信息
            request.setAttribute("result", "很抱歉，页面产生错误！ ");
        }
    %>
    <jsp:forward page="deal.jsp" />
</body>
</html>
```

（2）创建 deal.jsp 文件。在该文件中，使用 request 对象的 getAttribute() 方法获取保存在 request 范围内的变量 result 并输出。需要注意的是，由于 getAttribute() 方法的返回值为 Object 型，因此需要调用 toString() 方法，将其转换为字符串类型。deal.jsp 文件的具体代码如下：

```
<%@ page language="java" contentType="text/html; charset=UTF-8"
pageEncoding="UTF-8"%>
<html>
<head>
<meta http-equiv="Content-Type" content="text/html; charset= utf-8">
<title>结果页</title>
```

```
</head>
<body>
    <%
        String message = request.getAttribute("result").toString();
    %>
    <%=message%>
</body>
</html>
```

程序运行结果如图 10.2 所示。

图 10.2　获取保存在 request 对象中的信息

10.2.3　获取 cookie

cookie 的中文意思是小甜饼，但是在互联网上的意思与这就完全不同了。在互联网中，cookie 表示小段的文本信息，是在网络服务器上生成并发送给浏览器的。使用 cookie 可以标识用户身份，记录用户名和密码，跟踪重复用户等。浏览器将 cookie 以 key/value 的形式保存到客户机的某个指定目录中。

使用 cookie 的 getCookies() 方法可以获取所有 cookie 对象的集合；使用 cookie 对象的 getName() 方法可以获取指定名称的 cookie；使用 getValue() 方法可以获取 cookie 对象的值。另外，将一个 cookie 对象发送到客户端使用了 response 对象的 addCookie() 方法。

学习笔记

在使用 cookie 时，应保证客户机允许使用 cookie。这可以在 IE 浏览器中选择“工具”→“Internet 选项”命令，在打开的对话框中选择“隐私”选项卡，并在该选项卡中设置。

【例 10.4】　使用 cookie 保存并读取用户登录信息。

（1）创建 index.jsp 文件。在该文件中，首先获取 cookie 对象的集合，如果集合不为空，则通过 for 循环遍历 cookie 集合，从中找出我们设置的 cookie（这里设置为 mrCookie），并从该 cookie 中提取出用户名和注册时间，然后根据获取的结果显示不同的提示信息。index.jsp 文件的具体代码如下：

```
<%@ page language="java" contentType="text/html; charset=UTF-8"
pageEncoding="UTF-8"%>
<%@ page import="java.net.URLDecoder"%>
<html>
<head>
<meta http-equiv="Content-Type" content="text/html; charset= utf-8">
<title>通过 cookie 保存并读取用户登录信息 </title>
</head>
<body>
   <%
       //从 request 中获得 cookie 对象的集合
       cookie[] cookies = request.getCookies();
       String user = "";                                           //登录用户
       String date = "";                                           //注册的时间
       if (cookies != null) {
           //遍历 cookie 对象的集合
           for (int i = 0; i < cookies.length; i++) {
               //如果 cookie 对象的名称为 mrCookie
               if (cookies[i].getName().equals("mrCookie")) {
                   String cookieValue = cookies[i].getValue();     //获取 cookie 值
                   String userinfo[] = cookieValue.split("#"); //分割
                   //将用户名解码
                   user = URLDecoder.decode(userinfo[0], "UTF-8");
                   date = userinfo[1];                             //获取注册时间
               }
           }
       }
       if ("".equals(user) && "".equals(date)) {                  //如果没有注册
   %>
   游客您好，欢迎您初次光临！
   <form action="deal.jsp" method="post">
       请输入姓名：<input name="user" type="text" value="">
       <input type="submit" value=" 确定 ">
   </form>
   <%
       } else {                                                    //已经注册
   %>
   欢迎 [<b><%=user%></b>] 再次光临
   <br> 您注册的时间是：<%=date%>
   <%
       }
   %>
</body>
</html>
```

（2）编写 deal.jsp 文件，用于向 cookie 中写入注册信息。deal.jsp 文件的具体代码如下：

```
<%@ page import="java.util.Date"%>
<%@ page import="java.text.SimpleDateFormat"%>
<%@ page import="java.net.URLEncoder"%>
<%@ page language="java" contentType="text/html; charset=UTF-8"
pageEncoding="UTF-8"%>
<%
   String user = request.getParameter("user");
   //如果读取的中文参数是乱码，则需要将其转码
   user = new String(user.getBytes("ISO-8859-1"), "UTF-8");
   user = URLEncoder.encode(user, "UTF-8");       //将用户名转为URL code码
   SimpleDateFormat sdf = new SimpleDateFormat("yyyy年MM月dd日");
   //创建并实例化cookie对象
   cookie cookie = new cookie("mrCookie", user + "#" + sdf.format(new Date()));
   cookie.setMaxAge(60 * 60 * 24 * 30);           //设置cookie有效期为30天
   response.addCookie(cookie);                    //保存cookie
%>
<html>
<head>
<meta http-equiv="Content-Type" content="text/html; charset= UTF-8">
<title>写入cookie</title>
<script type="text/javascript">
   window.location.href = "index.jsp"
</script>
</head>
<body>
</body>
</html>
```

学习笔记

在向 cookie 中保存的信息中，如果包括中文，则需要调用 java.net.URLEncoder 类的 encode() 方法将需要保存到 cookie 中的信息进行编码；在读取 cookie 的内容时，则需要使用 java.net.URLDecoder 类的 decode() 方法进行解码。这样，就可以成功地向 cookie 中写入中文信息了。

运行程序，第一次显示的页面如图 10.3 所示，在“请输入姓名”文本框中输入“小张”，并单击“确定”按钮后，将会显示如图 10.4 所示的页面。

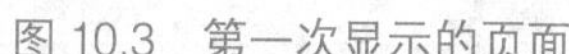
图 10.3　第一次显示的页面

图 10.4　第二次显示的页面

10.2.4　解决中文乱码

在网页之间传递中文参数值经常会出现乱码，这是因为请求参数的文字编码方式与页面中的不一致。Tomcat 默认的 request 请求采用的是 ISO-8859-1 的编码方式，而此页面采用的是 UTF-8 的编码方式。通过以下两种方式可以解决中文乱码的问题。

（1）使用 String(byte[] 字节数组，字符编码) 构造方法重新构造一个与页面字符编码相同的字符串。

（2）先使用 java.net.URLEncoder 类将字符串编码为 URL 支持的字符，再使用 java.net.URLDecoder 类将编码后的字符串解码。

【例 10.5】　解决中文乱码。

首先创建 index.jsp 页面，在其中添加一个超链接，并在该超链接中传递 3 个参数，分别为 name、age 与 sex，其值全部为中文。name 使用 java.net.URLEncoder 类进行编码，并直接通过 Get 方法发送；age 和 sex 通过 Post 方法发送。index.jsp 页面的具体代码如下：

```
<%@ page language="java" contentType="text/html; charset=UTF-8"
pageEncoding="UTF-8"%>
<%
    String name = " 李四 ";
    name = java.net.URLEncoder.encode(name, "UTF-8");
%>
<html>
<head>
<meta http-equiv="Content-Type" content="text/html; charset=UTF-8">
<title> 使用 request 对象获取请求参数值 </title>
</head>
<body>
    <form action="show.jsp?name=<%=name%>" method="post">
        <input type="hidden" name="age" value=" 二十岁 " />
        <input type="hidden" name="sex" value=" 男 " />
        <input type="submit" value=" 解决中文乱码 " />
    </form>
</body>
</html>
```

然后创建 show.jsp 页面，在其中将第一个参数 name 的值进行转码，将第二个参数 age 的字符编码更换，将第三个参数 sex 直接显示在页面中。show.jsp 页面的具体代码如下：

```
<%@ page language="java" contentType="text/html; charset=UTF-8"
pageEncoding="UTF-8"%>
<%
    String name = request.getParameter("name");        // 获取 name 参数
    name = java.net.URLDecoder.decode(name, "UTF-8"); // 解码
    String age = request.getParameter("age");          // 获取 age 参数
    // 从 ISO-8859-1 编码转为 UTF-8 编码
    age = new String(age.getBytes("ISO-8859-1"), "UTF-8");
    String sex = request.getParameter("sex");          // 获取 sex 参数
%>
<html>
<head>
<meta http-equiv="Content-Type" content="text/html; charset=UTF-8">
<title>Insert title here</title>
</head>
<body>
    name 参数的值为：<%=name%><br>
    age 参数的值为：<%=age%><br>
    sex 参数的值为：<%=sex%>
</body>
</html>
```

运行程序后，单击“解决中文乱码”按钮，跳转到 show.jsp 页面，可以发现 name 和 age 的值都被正常地显示出来，而 sex 的值则被显示成了乱码，运行结果如图 10.5 所示。

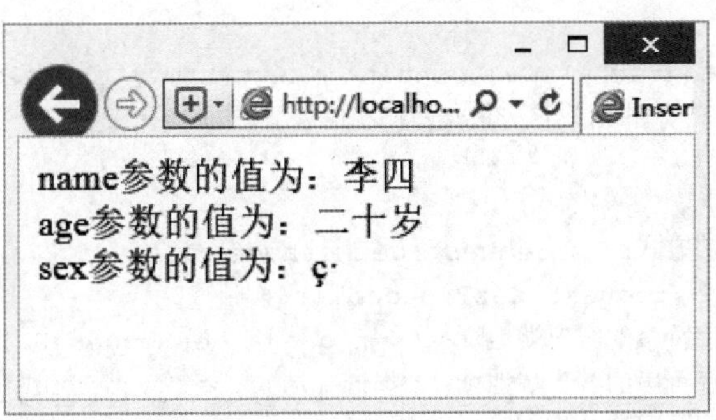

图 10.5　解决中文乱码

10.2.5　获取客户端信息

使用 request 对象的相关方法可以获取客户端的相关信息，如 HTTP 报头信息、客户信息提交方式、客户端主机 IP 地址、端口号等。request 对象的常用方法及说明如表 10.1 所示。

表 10.1　request 对象的常用方法及说明

方　法	说　明
getHeader(String name)	获取 HTTP 协议定义的文件头信息
getHeaders(String name)	返回指定名称的 request Header 的所有值，其结果是一个枚举型的实例
getHeadersNames()	返回所有 request Header 的名称，其结果是一个枚举型的实例
getMethod()	获取客户端向服务器端传送数据的方法，如 Get、Post、Header、Trace 等
getProtocol()	获取客户端向服务器端传送数据所依据的协议名称
getRequestURI()	获取发出请求字符串的客户端地址，不包括请求的参数
getRequestURL()	获取发出请求字符串的客户端地址
getRealPath()	返回当前请求文件的绝对路径
getRemoteAddr()	获取客户端的 IP 地址
getRemoteHost()	获取客户端的主机名
getServerName()	获取服务器的名称
getServerPath()	获取客户端所请求的脚本文件的文件路径
getServerPort()	获取服务器的端口号

【例 10.6】　使用 request 对象的相关方法获取客户端信息。创建 index.jsp 文件，并在该文件中，调用 request 对象的相关方法获取客户端信息。index.jsp 文件的具体代码如下：

```
<%@ page language="java" contentType="text/html; charset=UTF-8"
pageEncoding="UTF-8"%>
<html>
<head>
<meta http-equiv="Content-Type" content="text/html; charset=UTF-8">
<title>使用 request 对象的相关方法获取客户端信息</title>
</head>
<body>
    <br>客户提交信息的方式：<%=request.getMethod()%>
    <br>使用的协议：<%=request.getProtocol()%>
    <br>获取发出请求字符串的客户端地址：<%=request.getRequestURI()%>
    <br>获取发出请求字符串的客户端地址：<%=request.getRequestURL()%>
    <br>获取提交数据的客户端 IP 地址：<%=request.getRemoteAddr()%>
    <br>获取服务器端口号：<%=request.getServerPort()%>
    <br>获取服务器的名称：<%=request.getServerName()%>
    <br>获取客户端的主机名：<%=request.getRemoteHost()%>
    <br>获取客户端所请求的脚本文件的文件路径 :<%=request.getServletPath()%>
    <br>获取 HTTP 协议定义的文件头信息 Host 的值 :<%=request.getHeader("host")%>
    <br>获取 HTTP 协议定义的文件头信息 User-Agent 的值 :<%=request.getHeader("user-agent")%>
    <br>获取 HTTP 协议定义的文件头信息 accept-language 的值 :<%=request.getHeader ("accept-
language")%>
```

```
    <br> 获取请求文件的绝对路径 :<%=request.getRealPath("index.jsp")%>
</body>
</html>
```

程序运行结果如图 10.6 所示。

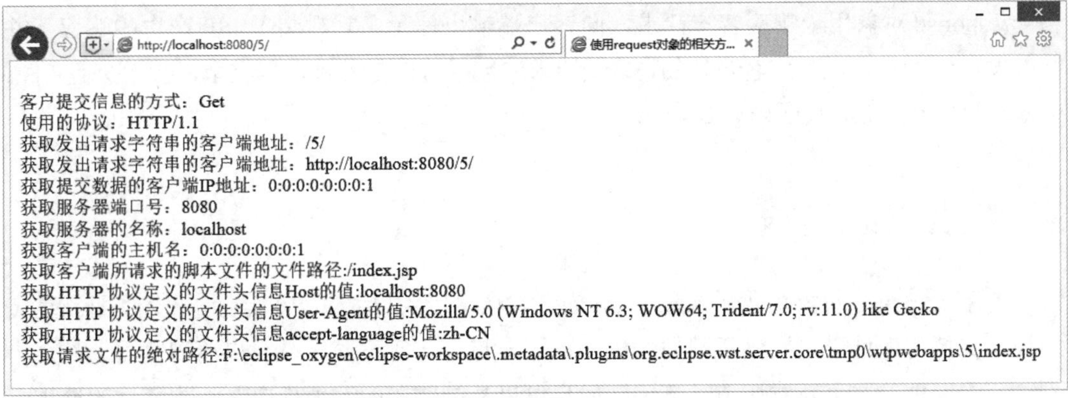

图 10.6 获取客户端信息

10.2.6 显示国际化信息

浏览器可以通过 accept-language 的 HTTP 报头向 Web 服务器指明它所使用的本地语言。request 对象中的 getLocale() 和 getLocales() 方法允许 JSP 开发人员获取这一信息，获取的信息属于 java.util.Locale 类型。java.util.Locale 类型的对象封装了一个国家和一种该国家所使用的语言。使用这一信息，JSP 开发人员就可以使用语言所特有的信息做出响应。

例如，在页面中判断用户所在国家，然后用该国家语言打招呼的代码如下：

```
<%
    java.util.Locale locale = request.getLocale();
    String str = "";
    if (locale.equals(java.util.Locale.US)) {
        str = "Hello, welcome to access our company's web!";
    }
    if (locale.equals(java.util.Locale.CHINA)) {
        str = " 您好，欢迎访问我们公司网站！ ";
    }
%>
<%=str%>
```

从上述代码可以看出，如果用户所在区域为中国，则会显示“您好，欢迎访问我们公司网站！”；如果用户所在区域为美国，则会显示“Hello, welcome to access our company's web!”。

10.3 response 对象

response 对象用于响应客户请求，向客户端输出信息。它封装了 JSP 产生的响应，并将其发送到客户端以响应客户端的请求。请求的数据可以是各种数据类型，也可以是文件。response 对象在 JSP 页面内有效。

10.3.1 重定向网页

使用 response 对象提供的 sendRedirect() 方法可以将网页重定向到另一个页面。重定向操作支持将地址重定向到不同的主机上，这一点与转发不同。在客户端浏览器上将会得到跳转的地址，并重新发送请求链接。用户可以从浏览器的地址栏中看到跳转后的地址。在进行重定向操作后，request 中的属性会全部失效，并且开始一个新的 request 对象。

sendRedirect() 方法的语法格式如下：

```
response.sendRedirect(String path);
```

参数说明如下：

- path：用于指定目标路径，既可以是相对路径，也可以是不同主机的其他 URL 地址。

例如，使用 sendRedirect() 方法将网页重定向到 login.jsp 页面（与当前网页同级）和明日学院（与当前网页不在同一主机）的代码如下：

```
response.sendRedirect("login.jsp");                //重定向到 login.jsp 页面
response.sendRedirect("www.mingrisoft.com");       //重定向到明日学院
```

学习笔记

在 JSP 页面中使用 sendRedirect() 方法时，不需要有 JSP 脚本代码（包括 return 语句），这是因为重定向之后的代码已经没有意义了，并且可能会产生错误。

10.3.2 处理 HTTP 文件头

使用 response 对象可以设置 HTTP 响应报头，其中，常用的是禁用缓存、设置页面自动刷新和定时跳转网页。

1. 禁用缓存

在默认的情况下，浏览器会对显示的网页内容进行缓存。这样，当用户再次访问相关网页时，浏览器会判断网页是否有变化，如果没有变化，则会直接显示缓存中的内容，从而提高网页的显示速度。对于一些安全性要求较高的网站，通常需要禁用缓存，代码如下：

```
<%
   response.setHeader("Cache-Control", "no-store");
   response.setDateHeader("Expires", 0);
%>
```

2. 设置页面自动刷新

通过设置 HTTP 响应报头可以实现页面的自动刷新。

例如，网页每隔 10 秒自动刷新一次，代码如下：

```
<%
   response.setHeader("refresh", "10");
%>
```

3. 定时跳转网页

通过设置 HTTP 响应报头可以实现定时跳转网页的功能。

例如，让网页 5 秒钟后自动跳转到指定的页面，代码如下：

```
<%
   response.setHeader("refresh", "5;URL=login.jsp");
%>
```

10.3.3　设置输出缓冲

在通常情况下，服务器需要输出到客户端的内容不会被直接写到客户端，而是会先被写到一个输出缓冲区。在计算机术语中，缓冲区被定义为暂时放置输入或输出资料的内存。实际上，缓冲区也可以被这样理解：在一个粮库中，由于装卸车队的卸货速度比传送带的传输速度快，因此，为了不造成装卸车队的浪费，粮库管理人员设计了一个站台，使装卸车队可以先将运送的粮食卸到这个站台上，然后使用传送带慢慢传送。此时，这个站台就起到了缓冲的作用。当满足以下 3 种情况之一时，就会把缓冲区的内容写到客户端。

- JSP 页面的输出信息已经被全部写到缓冲区。
- 缓冲区已满。
- 在 JSP 页面中，调用了 response 对象的 flushBuffer() 方法或 out 对象的 flush() 方法。

response 对象提供了对缓冲区进行配置的方法，如表 10.2 所示。

表 10.2　对缓冲区进行配置的方法及说明

方　法	说　明
flushBuffer()	强制将缓冲区的内容输出到客户端
getBufferSize()	获取响应所使用的缓冲区的实际大小，如果没有使用缓冲区，则返回 0
setBufferSize(int size)	设置缓冲区的大小
reset()	清除缓冲区的内容，同时清除状态码和报头
isCommitted()	检测服务器端是否已经把数据写到客户端

例如，设置缓冲区的大小为 32KB，代码如下：

```
response.setBufferSize(32);
```

如果将缓冲区的大小设置为 0KB，则表示不缓冲。

10.4　session 对象

session 在网络中被称为会话。由于 HTTP 协议是一种无状态协议，也就是说，当一个客户向服务器发出请求时，服务器接收请求并返回响应后，该连接就结束了，而服务器并不会保存相关的信息。为了弥补这一缺点，HTTP 协议提供了 session 对象。当用户在应用程序的 Web 页间进行跳转时，session 对象可以用于保存用户的状态，使整个用户会话一直存在直到关闭浏览器；但是，如果在一个会话中，客户端长时间不向服务器发出请求，则 session 对象会自动消失。这个时间取决于服务器，例如，Tomcat 服务器默认该时间为 30 分钟，该时间可以通过编写程序进行修改。

实际上，一次会话的过程可以被理解为一个打电话的过程。通话从拿起电话或手机拨号开始，一直到挂断电话结束，在这个过程中，用户可以与对方聊很多话题，甚至是重复的话题。一个会话也是这样，用户可以重复访问相同的 Web 页面。

10.4.1　创建及获取客户的会话

使用 session 对象可以存储或读取客户相关的信息，如用户名或购物信息等。这可以使用 session 对象的 setAttribute() 方法和 getAttribute() 方法实现。

1. setAttribute()方法

setAttribute()方法用于将信息保存在session范围内，其语法格式如下：

```
session.setAttribute(String name,Object obj)
```

参数说明如下：

- name：用于指定作用域在session范围内的变量名。
- obj：保存在session范围内的对象。

例如，将用户名“绿草”保存到session范围内的username变量中，代码如下：

```
session.setAttribute("username","绿草");
```

2. getAttribute()方法

getAttribute()方法用于获取保存在session范围内的信息，其语法格式如下：

```
getAttribute(String name)
```

参数说明如下：

- name：用于指定保存在session范围内的关键字。

例如，读取保存到session范围内的username变量的值，代码如下：

```
session.getAttribute("username");
```

学习笔记

getAttribute()方法的返回值是Object型。如果需要将获取的信息赋给String型的变量，则需要进行强制类型转换或调用toString()方法。例如，下面的两行代码都是正确的：

```
String user = (String) session.getAttribute("username"); //强制类型转换
String user1 = session.getAttribute("username").toString(); //调用toString()方法
```

10.4.2 从会话中移动指定的绑定对象

对于存储在会话中的对象，如果想要将其从会话中移除，则可以使用session对象的removeAttribute()方法。该方法的语法格式如下：

```
removeAttribute(String name)
```

参数说明如下：

- name：用于指定作用域在session范围内的变量名。一定要保证该变量在session范围内有效，否则将会抛出异常。

例如，将保存在会话中的username对象移除的代码如下：

```
session.removeAttribute("username");
```

10.4.3　销毁 session 对象

虽然当客户端长时间不向服务器发送请求时，session 对象会自动消失，但是对于某些实时统计在线人数的网站（如聊天室）而言，每次都需要等 session 过期后才能统计出准确的人数，这是远远不够的，因此还需要手动销毁 session 对象。通过 session 对象的 invalidate() 方法可以销毁 session 对象，其语法格式如下：

```
session.invalidate();
```

在 session 对象被销毁后，就不可以再使用该 session 对象了。如果在 session 对象被销毁后再调用该 session 对象的任何方法，都将抛出“session already invalidated”异常。

10.4.4　会话超时的管理

在使用 session 对象时应该注意会话的生命周期。一般来说，会话的生命周期为 20 ～ 30 分钟。当用户首次访问时，会产生一个新的会话，之后服务器就会记住这个会话状态，当会话的生命周期超时时，或者服务器端强制会话失效时，这个会话就不能被使用了。在开发程序时，我们应该考虑到用户访问网站时可能发生的各种情况，比如，用户登录网站后在会话的有效期外进行相应操作，就会看到一个错误页面。这样的情况是不允许发生的。为了避免这种情况的发生，在开发系统时应该对会话的有效期进行判断。

在 session 对象中提供了设置会话生命周期的方法，分别介绍如下。

（1）getLastAccessedTime()：返回客户端最后一次与会话相关联的请求时间。

（2）getMaxInactiveInterval()：以秒为单位返回一个会话内两个请求最大时间间隔。

（3）setMaxInactiveInterval()：以秒为单位设置会话的有效期。

例如，通过 setMaxInactiveInterval() 方法设置会话的有效期为 10000 秒，超出这个范围的会话将会失效，代码如下：

```
session.setMaxInactiveInterval(10000);
```

10.4.5　session 对象的应用

session 对象是较为常用的内置对象之一，与 request 对象相比，其作用范围更大。下面通过实例介绍 session 对象的应用。

【例 10.7】　在 index.jsp 页面中，为用户提供用于输入用户名的文本框；在 session.jsp 页面中，将用户输入的用户名保存在 session 对象中，使用户可以在该页面中添加最喜欢去的地方；在 result.jsp 页面中，将用户输入的用户名与最喜欢去的地方在页面中显示。

（1）index.jsp 页面的具体代码如下：

```
<%@ page language="java" contentType="text/html; charset=UTF-8"
pageEncoding="UTF-8"%>
<html>
<head>
</head>
<body>
    <form method="post" action="session.jsp">
        您的名字是： <input type="text" name="name" /> <br>
        <input type="submit" name="Submit" value=" 提交 " />
    </form>
</body>
</html>
```

index.jsp 页面的运行结果如图 10.7 所示。

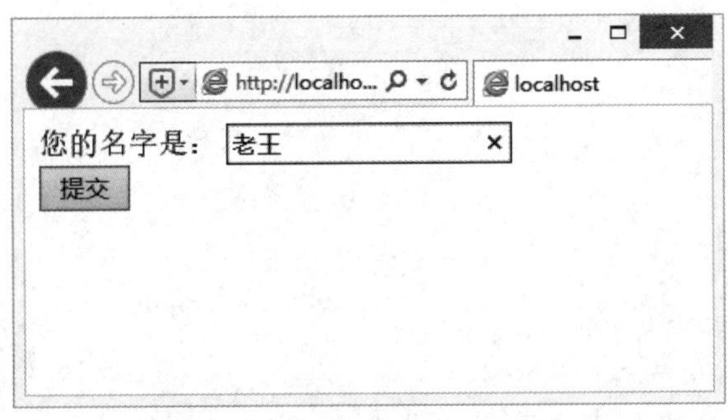

图 10.7　index.jsp 页面的运行结果

（2）在 session.jsp 页面中，将用户在 index.jsp 页面中输入的用户名保存在 session 对象中，并为用户提供用于添加最喜欢去的地方的文本框。session.jsp 页面的具体代码如下：

```
<%@ page language="java" contentType="text/html; charset=UTF-8" pageEncoding
="UTF-8"%>
<%
    String name = request.getParameter("name"); //获取用户填写的用户名
    name = new String(name.getBytes("ISO-8859-1"), "UTF-8");
    session.setAttribute("name", name);            //将用户名保存在 session 对象中
%>
<html>
<head>
</head>
<body>
    <form method="post" action="result.jsp">
        您的名字是：<%=name%><br> 您最喜欢去的地方是：
```

```
        <input type="text" name="address" /> <br>
        <input type="submit" name="Submit" value=" 提交 " />
    </form>
</body>
</html>
```

session.jsp 页面的运行结果如图 10.8 所示。

（3）在 result.jsp 页面中，将用户输入的用户名、最喜欢去的地方在页面中显示。result.jsp 页面的具体代码如下：

```
<%@ page language="java" contentType="text/html; charset=UTF-8"
pageEncoding="UTF-8"%>
<%
    // 获取保存在 session 范围内的对象
    String name = (String) session.getAttribute("name");
    // 获取用户输入的最喜欢去的地方
    String address = request.getParameter("address");
    address = new String(address.getBytes("ISO-8859-1"), "UTF-8");
%>
<html>
<head>
</head>
<body>
    <h2> 显示结果 </h2>
    <hr> <!-- 分割线 -->
    <!-- 将用户输入的用户名在页面中显示 -->
    <a> 您的名字是：<%=name%><br></a>
    <!-- 将用户输入的最想去的地方在页面中显示 -->
    <a> 您最喜欢去的地方是：<%=address%><br></a>
</body>
</html>
```

result.jsp 页面的运行结果如图 10.9 所示。

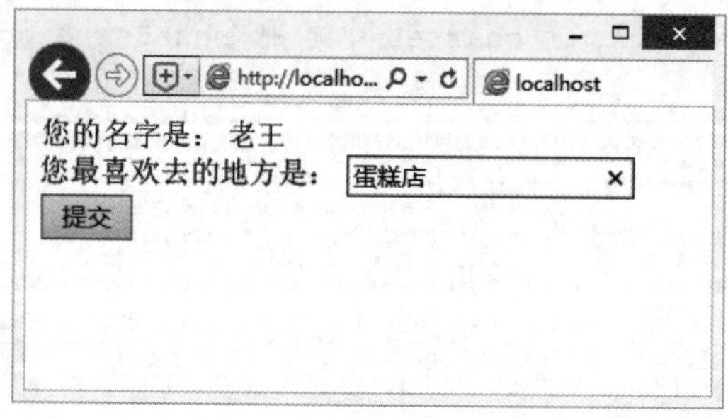

图 10.8　session.jsp 页面的运行结果

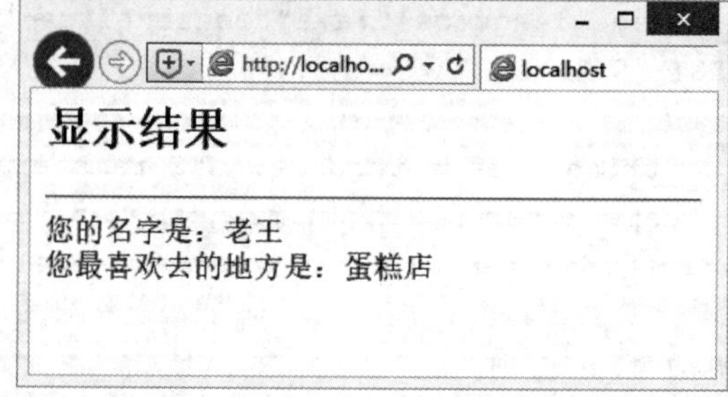

图 10.9　result.jsp 页面的运行结果

10.5 application 对象

application 对象用于保存所有应用程序中的公有数据。它在服务器启动时自动创建，在服务器停止时自动销毁。当 application 对象没有被销毁时，所有用户都可以共享该 application 对象。与 session 对象相比，application 对象的生命周期更长，类似于系统的全局变量。

10.5.1 访问应用程序初始化参数

application 对象提供了访问应用程序初始化参数的方法。应用程序初始化参数在 web.xml 文件中进行设置，web.xml 文件位于 Web 应用所在目录下的 WEB-INF 子目录中。在 web.xml 文件中通过 <context-param> 标记配置应用程序初始化参数。

例如，在 web.xml 文件中配置连接 MySQL 数据库所需的 url 参数，代码如下：

```
<context-param>
    <param-name>url</param-name>
    <param-value>jdbc:mysql://127.0.0.1:3306/db_database</param-value>
</context-param>
```

application 对象提供了以下两种访问应用程序初始化参数的方法。

1. getInitParameter() 方法

getInitParameter() 方法用于返回已命名的参数值，其语法格式如下：

```
application.getInitParameter(String name);
```

参数说明如下：

- name：用于指定参数名。

想要获取 web.xml 文件中配置的 url 参数的值，可以使用如下代码：

```
application.getInitParameter("url");
```

2. getAttributeNames() 方法

getAttributeNames() 方法用于返回所有已定义的应用程序初始化参数名的枚举，其语法格式如下：

```
application.getAttributeNames();
```

例如，使用 getAttributeNames() 方法获取本节在 web.xml 文件中定义的 url 参数，并通过循环输出，代码如下：

```
<%@ page import="java.util.*"%>
<%
    //获取全部初始化参数
    Enumeration enema = application.getInitParameterNames();
    while (enema.hasMoreElements()) {
        String name = (String) enema.nextElement();          //获取参数名
        String value = application.getInitParameter(name);   //获取参数值
        out.println(name + ": ");                            //输出参数名
        out.println(value);                                  //输出参数值
    }
%>
```

程序运行结果如图 10.10 所示。

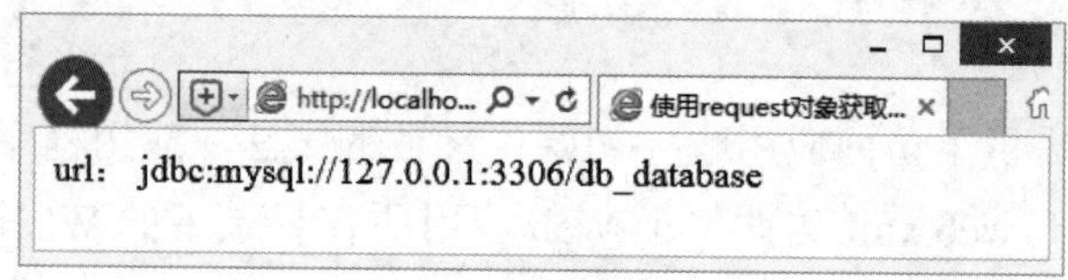

图 10.10　读出 web.xml 文件中定义的 url 参数值

10.5.2　管理应用程序环境属性

与 session 对象相同的是，在 application 对象中可以设置属性。与 session 对象不同的是：session 对象只是在当前客户的会话范围内有效，当超过保存时间时，session 对象就会被收回；而 application 对象在整个应用区域中都有效。application 对象管理应用程序环境属性的方法如下：

（1）getAttributeNames() 方法：获取所有 application 对象使用的属性名。

（2）getAttribute(String name) 方法：从 application 对象中获取指定对象名。

（3）setAttribute(String key,Object obj) 方法：使用指定名称和指定对象在 application 对象中进行关联。

（4）removeAttribute(String name) 方法：从 application 对象中去掉指定名称的属性。

10.6　out 对象

out 对象用于在 Web 浏览器内输出信息，并且管理应用服务器中的输出缓冲区。在使用 out 对象输出信息时，可以对缓冲区进行操作，并及时清除缓冲区中的残余信息，为其他的输出让出缓冲空间。待信息输出完毕后，需要及时关闭输出流。

10.6.1　向客户端浏览器输出信息

out 对象的一个基本应用就是向客户端浏览器输出信息。out 对象可以输出各种数据类型的数据，在输出非字符串类型的数据时，会自动转换为字符串进行输出。out 对象提供了 print() 和 println() 两种向页面中输出信息的方法，下面分别进行介绍。

1. print() 方法

print() 方法用于向客户端浏览器输出信息。通过该方法向客户端浏览器输出信息与使用 JSP 表达式输出信息相同。

例如，通过两种方式实现向客户端浏览器输出文字“明日科技”，代码如下：

```
<%
   out.print("明日科技");
%>
<%="明日科技"%>
```

2. println() 方法

println() 方法也用于向客户端浏览器输出信息，与 print() 方法不同的是，该方法在输出内容后，还会输出一个换行符。

例如，通过 println() 方法向页面中输出数字 3.14159，代码如下：

```
<%
   out.println(3.14159);
   out.println("无语");
%>
```

学习笔记

在使用 print() 方法和 println() 方法向客户端浏览器输出信息时，并不能很好地判断出二者的区别。这是因为在使用 println() 方法向客户端浏览器输出的换行符显示在页面中时，并不能看到其后面的文字是否真的换行了。例如，上面的两行代码在运行后，将会显示如图 10.11 所示的运行结果。如果想要让其显示，则需要将输出的文本使用 HTML 的 <pre> 标签括起来。修改后的代码如下：

```
<pre>
<%
   out.println(3.14159);
   out.println("无语");
%>
</pre>
```

上述代码在运行后的结果如图 10.12 所示。

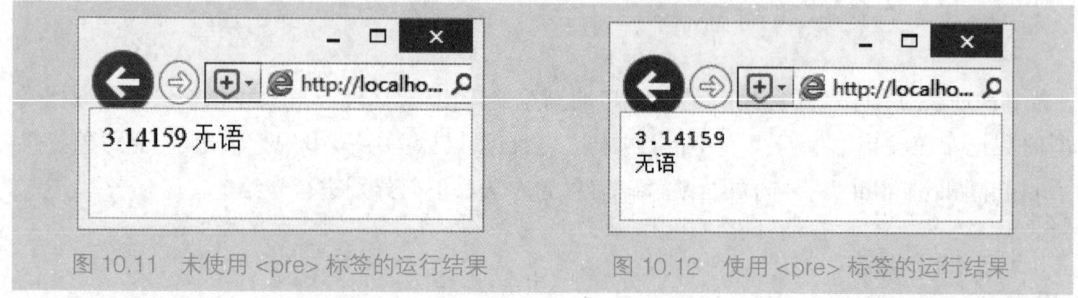

图 10.11　未使用 <pre> 标签的运行结果　　图 10.12　使用 <pre> 标签的运行结果

10.6.2　管理响应缓冲

out 对象的类的一个比较重要的功能是对缓冲区进行管理。使用 out 对象的 clear() 方法可以清除缓冲区的内容。这类似于重置响应流，以便重新开始操作。如果响应已经提交，则会有产生 IOException 异常的副作用。out 对象提供了另一种清除缓冲区内容的方法，即 clearBuffer() 方法，使用该方法可以清除缓冲区的“当前”内容，而且即使内容已经提交给客户端，也能够访问该方法。除了这两个方法，out 对象还提供了其他用于管理缓冲区的方法。out 对象用于管理缓冲区的方法及说明如表 10.3 所示。

表 10.3　管理缓冲区的方法及说明

方　法	说　明
clear()	清除缓冲区中的内容
clearBuffer()	清除当前缓冲区中的内容
flush()	刷新流
isAutoFlush()	检测当前缓冲区已满时是自动清空，还是抛出异常
getBufferSize()	获取缓冲区的大小

10.7　其他内置对象

除了上面介绍的内置对象，JSP 还提供了 pageContext、config、page 和 exception 对象。下面对这些对象分别进行介绍。

10.7.1　获取页面上下文的 pageContext 对象

获取页面上下文的 pageContext 对象是一个比较特殊的对象，通过它可以获取 JSP 页面的 request、response、session、application、exception 等对象。pageContext 对象的创建

和初始化都是由容器完成的，在 JSP 页面中可以直接使用 pageContext 对象。pageContext 对象的常用方法及说明如表 10.4 所示。

表 10.4 pageContext 对象的常用方法及说明

方 法	说 明
forward(java.lang.String relativeUtlpath)	将页面转发到另一个页面
getAttribute(String name)	获取参数值
getAttributeNamesInScope(int scope)	获取某范围的参数名称的集合，返回值为 java.util.Enumeration 对象
getException()	返回 exception 对象
getRequest()	返回 request 对象
getResponse()	返回 response 对象
getSession()	返回 session 对象
getOut()	返回 out 对象
getApplication	返回 application 对象
setAttribute()	为指定范围内的属性设置属性值
removeAttribute()	删除指定范围内的指定属性

学习笔记

pageContext 对象在实际 JSP 开发过程中很少使用，这是因为 request 和 response 等对象均为内置对象，都可以直接调用其相关方法实现具体的功能，如果通过 pageContext 对象来调用这些对象会比较麻烦。

10.7.2 读取 web.xml 文件配置信息的 config 对象

config 对象主要用于获取服务器的配置信息。通过 pageContext 对象的 getServletConfig() 方法可以获取一个 config 对象。当初始化一个 Servlet 时，容器会把某些信息通过 config 对象传递给这个 Servlet。开发人员可以在 web.xml 文件中为应用程序环境中的 Servlet 和 JSP 页面提供初始化参数。config 对象的常用方法及说明如表 10.5 所示。

表 10.5 config 对象的常用方法及说明

方 法	说 明
getServletContext()	获取 Servlet 的上下文
getServletName()	获取 Servlet 的服务器名
getInitParameter()	获取服务器所有初始参数名称
getInitParameterNames()	获取服务器中 name 参数的初始值

10.7.3 应答或请求的 page 对象

page 对象表示 JSP 本身，只有在 JSP 页面内才是合法的。page 对象本质上是包含当前 Servlet 接口引用的变量，可以被看作关键字 this 的别名。page 对象的常用方法及说明如表 10.6 所示。

表 10.6 page 对象的常用方法及说明

方 法	说 明
getClass()	返回当前 Object 的类
hashCode()	返回该 Object 的哈希代码
toString()	将该 Object 类转换为字符串
equals(Object o)	比较该对象和指定的对象是否相等

【例 10.8】 创建 index.jsp 文件。在该文件中调用 page 对象的各方法，并显示返回结果。index.jsp 文件的具体代码如下：

```
<%@ page language="java" contentType="text/html; charset=UTF-8"
pageEncoding="UTF-8"%>
<html>
<head>
<title>page 对象各方法的应用 </title>
</head>
<body>
    <%!Object object;                                    // 声明一个 Object 型的变量 %>
    <ul>
        <li>getClass() 方法的返回值 :<%=page.getClass()%></li>
        <li>hashCode() 方法的返回值 :<%=page.hashCode()%></li>
        <li>toString() 方法的返回值 :<%=page.toString()%></li>
        <li> 与 Object 对象比较的返回值 :<%=page.equals(object)%></li>
        <li> 与 this 对象比较的返回值 :<%=page.equals(this)%></li>
    </ul>
</body>
</html>
</html>
```

程序运行结果如图 10.13 所示。

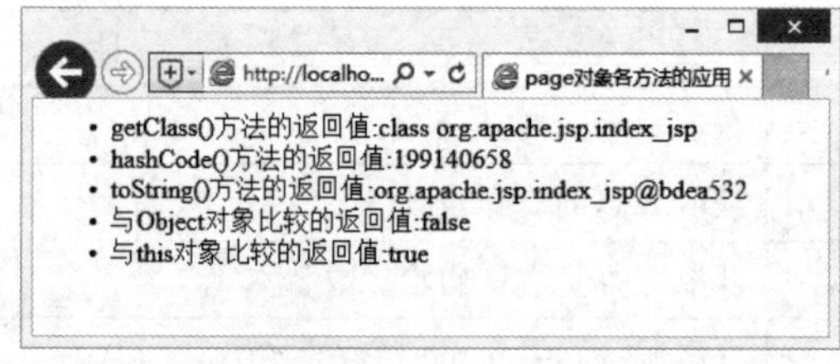

图 10.13 在页面中显示 page 对象各方法的返回值

10.7.4　获取异常信息的 exception 对象

exception 对象用于处理 JSP 文件执行时发生的所有错误和异常，并且只有在 page 指令中设置 isErrorPage 属性值为 true 的页面中才可以被使用。在一般的 JSP 页面中，使用该对象无法编译 JSP 文件。exception 对象几乎定义了所有异常情况，在 Java 应用程序中，可以使用 try…catch 代码块来处理异常情况。如果在 JSP 页面中出现没有被捕捉到的异常，则会生成 exception 对象，并将 exception 对象传送到在 page 指令中设定的错误页面中，然后在错误页面中处理相应的 exception 对象。exception 对象的常用方法及说明如表 10.7 所示。

表 10.7　exception 对象的常用方法及说明

方　法	说　明
getMessage()	返回 exception 对象的异常信息字符串
getLocalizedmessage()	返回本地化的异常错误
toString()	返回关于异常错误的简单信息描述
fillInStackTrace()	重写异常错误的栈执行轨迹

【例 10.9】　使用 exception 对象获取异常信息。

（1）创建 index.jsp 文件。在该文件中，首先在 page 指令中指定 errorPage 属性值为 error.jsp，即指定显示异常信息的页面，然后定义用于保存单价的在 request 范围内的变量，并赋值为非数值型，最后获取该变量并转换为 float 型。index.jsp 文件的具体代码如下：

```
<%@ page language="java" contentType="text/html; charset=UTF-8"
   pageEncoding="UTF-8" errorPage="error.jsp"%>
<html>
<head>
<meta http-equiv="Content-Type" content="text/html; charset= UTF-8">
<title>使用 exception 对象获取异常信息 </title>
</head>
<body>
   <%
       // 保存单价到 request 范围内的变量 price 中
       request.setAttribute("price", "12.5 元");
       // 获取单价，并转换为 float 型，此处会发生数字转化异常
        float price = Float.parseFloat(request.getAttribute("price").
toString());
   %>
</body>
</html>
```

学习笔记

当页面运行时，上述代码将抛出异常，这是因为非数值型的字符串不能被转换为float 型。

（2）编写 error.jsp 文件，将该页面的 page 指令的 isErrorPage 属性值设置为 true，并且输出异常信息。error.jsp 文件的具体代码如下：

```
<%@ page language="java" contentType="text/html; charset=UTF-8"
   pageEncoding="UTF-8" isErrorPage="true"%>
<html>
<head>
<meta http-equiv="Content-Type" content="text/html; charset= UTF-8">
<title>错误提示页</title>
</head>
<body>
   错误提示为：<%=exception.getMessage()%>
</body>
</html>
```

程序运行结果如图 10.14 所示。

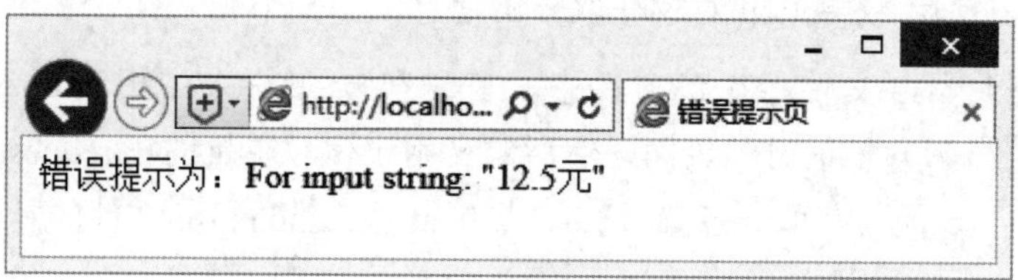

图 10.14　显示错误提示信息

第 11 章　Servlet 技术

Servlet 是使用 Java 编写并应用到 Web 服务器端的扩展技术，它先于 JSP 产生，可以方便地对 Web 应用中的 HTTP 请求进行处理。在 Java Web 应用程序开发中，Servlet 主要用于处理各种业务逻辑，比 JSP 更具有业务逻辑层的意义，并且 Servlet 的安全性、扩展性及性能都十分优秀，在 Java Web 应用程序开发及 MVC 模式的应用方面具有极其重要的作用。

11.1　Servlet 基础

Servlet 是运行在 Web 服务器端的 Java 应用程序，它使用 Java 编写，具有 Java 的优点。与 Java 其他应用程序的区别是，Servlet 对象主要封装了对 HTTP 请求的处理，并且它的运行需要 Servlet 容器的支持。在 Java Web 应用方面，Servlet 的应用具有十分重要的地位，它对 Web 请求的处理功能是非常强大的。

11.1.1　Servlet 结构体系

Servlet 的实质是按照 Servlet 规范编写的 Java 类，可以处理 Web 应用中的相关请求。Servlet 是一个标准，由 Sun 定义，其具体细节由 Servlet 容器进行实现，如 Tomcat、JBoss 等。在 J2EE 架构中，Servlet 结构体系的 UML 图如图 11.1 所示。

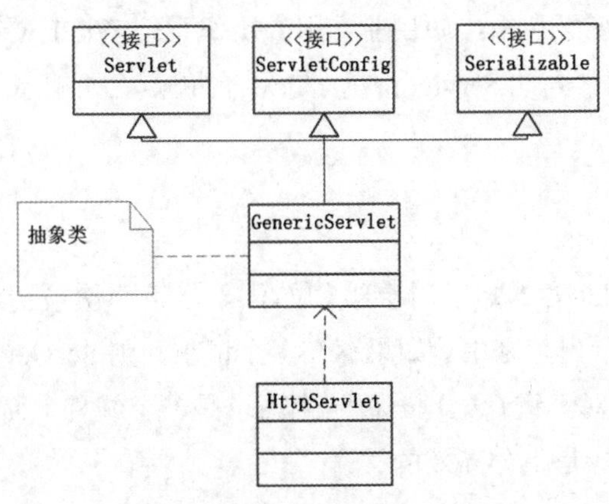

图 11.1　Servlet 结构体系的 UML 图

在图 11.1 中，Servlet 对象、ServletConfig 对象与 Serializable 对象是接口对象，其中，Serializable 对象是 java.io 包中的序列化接口，Servlet 对象、ServletConfig 对象是 javax.servlet 包中定义的对象，这两个对象定义了 Servlet 的基本方法及封装了 Servlet 的相关配置信息。GenericServlet 对象是一个抽象类，它分别实现了上述的 3 个接口，为 Servlet 接口及 ServletConfig 接口提供了部分实现，但是它并没有对 HTTP 请求处理进行实现，这一操作由它的子类 HttpServlet 实现。HttpServlet 类为 HTTP 请求中 Post、Get 等类型提供了具体的操作方法，因此，在通常情况下，我们所编写的 Servlet 对象都继承于 HttpServlet 类，在开发的过程中，所使用的具体的 Servlet 对象就是 HttpServlet 对象，原因是 HttpServlet 类针对 Servlet 做出了实现，并提供了 HTTP 请求的处理方法。

11.1.2 Servlet 技术特点

Servlet 使用 Java 编写，不仅继承了 Java 的优点，还对 Web 的相关应用进行了封装。另外，Servlet 容器还提供了对应用的相关扩展，在功能、性能、安全等方面都十分优秀，其技术特点表现在以下 5 个方面。

1. 功能强大

Servlet 使用 Java 编写，可以调用 Java API 中的对象及方法。此外，Servlet 对象对 Web 应用进行了封装，提供了 Servlet 对 Web 应用的编程接口，还可以对 HTTP 请求进行相应的处理，如处理提交数据、会话跟踪、读取和设置 HTTP 头信息等。由于 Servlet 不仅拥有 Java 提供的 API，还可以调用 Servlet 封装的 Servlet API 编程接口，因此，它在业务功能方面是十分强大的。

2. 可移植

Java 是跨越平台的编程语言。所谓跨越平台，是指程序的运行不依赖于操作系统平台。Java 可以运行于多个系统平台中，如目前常用的操作系统 Windows、Linux、UNIX 等，由于 Servlet 使用 Java 编写，因此 Servlet 继承了 Java 的优点，如程序一次编码、多平台运行、拥有超强的可移植性。

3. 性能高效

Servlet 对象在 Servlet 容器启动时会被初始化。当第一次被请求时，Servlet 容器会将其实例化，此时它存储于内存之中。如果存在多个请求，则 Servlet 对象不会再被实例化，但仍然由此 Servlet 容器对其进行处理。每一个请求是一个线程，而不是一个进程，因此，Servlet 对请求处理的性能是十分高效的。

4. 安全性高

Servlet 使用了 Java 的安全框架，同时 Servlet 容器还会对 Servlet 提供额外的功能，它的安全性非常高。

5. 可扩展

Java 是面向对象的程序设计语言，而 Servlet 由 Java 编写，所以它继承了 Java 的面向对象的优点。在处理业务逻辑中，可以通过封装、继承等方式来扩展实际的业务需要，其扩展性非常强。

11.1.3 Servlet 与 JSP 的区别

Servlet 是使用 Java Servlet 接口（API）运行在 Web 服务器端的 Java 应用程序，其功能十分强大，它不但可以处理 HTTP 请求中的业务逻辑，而且可以输出 HTML 代码来显示指定页面。而 JSP 是一种在 Servlet 规范之上的动态网页技术，在 JSP 页面中，同样可以编写业务逻辑来处理 HTTP 请求，也可以使用 HTML 代码来编辑页面。在实现功能上，Servlet 与 JSP 貌似相同，但在实质上存在一定的区别，表现在以下 4 个方面。

1. 角色不同

JSP 页面允许 HTML 代码与 Java 代码并存，而 Servlet 需要承担客户请求与业务处理的中间角色，只有调用固定的方法才能将动态内容输出为静态的 HTML，因此，JSP 具有显示层的角色特征。

2. 编程方法不同

Servlet 与 JSP 在编程方法上存在很大的区别，使用 Servlet 开发 Web 应用程序需要遵循 Java 的标准，而使用 JSP 开发 Web 应用程序需要遵循一定的脚本语言规范。在 Servlet 代码中，需要调用 Servlet 提供的相关 API 接口方法，才可以对 HTTP 请求及业务进行处理，其在业务逻辑方面的处理功能更加强大。然而在 JSP 页面中，需要通过 HTML 代码与 JSP 内置对象实现对 HTTP 请求及页面的处理，其在界面显示方面的功能更加强大。

3. Servlet 需要在编译后运行

Servlet 需要经 Java 编译器编译后才可以运行，如果 Servlet 在编写完成或修改后没有被重新编译，则不能在 Web 容器中运行。而 JSP 与之相反，JSP 是由 JSP 容器进行管理的，其编辑过程也是由 JSP 容器进行自动编辑的。因此，无论 JSP 文件是被创建还是被修改后，都不需要对其编译就可以执行。

4. 速度不同

由于 JSP 页面是由 JSP 容器进行管理的，在每次执行不同内容的动态 JSP 页面时，都需要由 JSP 容器进行自动编译，因此，它的执行效率低于 Servlet 的执行效率。而 Servlet 在编译完成后，不需要被再次编译就可以直接获取及输出动态内容。如果 JSP 页面中的内容没有变化，在 JSP 页面的编译完成后，JSP 容器就不会再次对 JSP 进行编译了。

学习笔记

在 JSP 出现之前，无论是页面设计还是业务逻辑代码都需要在 Servlet 中编写。虽然 Servlet 在功能方面很强大，完全可以满足对 Web 应用的开发需求，但如果每一条 HTML 代码都需要由 Servlet 的固定方法来输出，则操作会过于复杂。而且在页面中，往往需要用到 CSS 样式代码、JavaScript 脚本代码等，对于程序开发人员而言，其编写的代码量将不断增加，所以操作十分烦琐。针对这一问题，Sun 提出了 JSP（Java Server Page）技术，可以将 HTML 代码、CSS、JavaScript 等相关代码直接写入 JSP 页面中，从而简化了程序开发人员对 Web 程序的开发过程。

11.1.4 Servlet 代码结构

在 Java 中，通常所说的 Servlet 对象是指 HttpServlet 对象。在声明一个对象为 Servlet 时，需要继承 HttpServlet 类。HttpServlet 类是 Servlet 接口的一个实现类，在继承此类后，可以重写 HttpServlet 类中的方法以处理 HTTP 请求。

【例 11.1】 创建一个名称为 TestServlet 的 Servlet 对象，并重写 Servlet 处理请求的方法，具体代码如下：

```
import java.io.IOException;
import javax.servlet.ServletException;
import javax.servlet.http.HttpServlet;
import javax.servlet.http.HttpServletRequest;
import javax.servlet.http.HttpServletResponse;

public class TestServlet extends HttpServlet {
    // 初始化方法
    public void init() throws ServletException {
    }

    // 处理 HTTP Get 请求
    public void doGet(HttpServletRequest request, HttpServletResponse
response)
            throws ServletException, IOException {
    }
```

```
    // 处理 HTTP Post 请求
    public void doPost(HttpServletRequest request, HttpServletResponse
response)
            throws ServletException, IOException {
    }

    // 处理 HTTP Put 请求
    public void doPut(HttpServletRequest request, HttpServletResponse
response)
            throws ServletException, IOException {
    }

    // 处理 HTTP Delete 请求
    public void doDelete(HttpServletRequest request, HttpServletResponse
response)
            throws ServletException, IOException {
    }

    // 销毁方法
    public void destroy() {
        super.destroy();
    }
}
```

上述代码显示了一个 Servlet 对象的代码结构，TestServlet 类通过继承 HttpServlet 类被声明为一个 Servlet 对象。此类中包含 6 个方法，其中 init() 方法与 destroy() 方法为 Servlet 初始化与生命周期结束时所调用的方法，另外的 4 个方法为 Servlet 针对不同的 HTTP 请求类型所提供的方法，其作用如注释中所示。

在一个 Servlet 对象中，最常用的方法是 doGet() 与 doPost()，这两个方法分别用于处理 HTTP 的 Get 与 Post 请求。例如，<form> 表单对象声明的 method 属性为“post”，在提交到 Servlet 对象进行处理时，Servlet 将会调用 doPost() 方法进行处理。

11.2　Servlet API 编程常用接口和类

Servlet 是运行在 Web 服务器端的 Java 应用程序，由 Servlet 容器进行管理。当用户对容器发送 HTTP 请求时，容器将通知相应的 Servlet 对象进行处理，完成用户与程序之间的交互。在 Servlet 的编程中，Servlet API 提供了标准的接口与类，这些对象对 Servlet 的编程非常重要，它们为 HTTP 请求与程序回应提供了丰富的方法。

11.2.1 Servlet 接口

Servlet 的运行需要 Servlet 容器的支持，Servlet 容器通过调用 Servlet 对象提供了标准的 API 接口，用于对请求进行处理。在 Servlet 开发过程中，任何一个 Servlet 对象都需要直接或间接地实现 Servlet 接口。在此接口中包含 5 个方法，如表 11.1 所示。

表 11.1 Servlet 接口中的方法及说明

方 法	说 明
public void init(ServletConfig config)	在 Servlet 实例化后，Servlet 容器调用此方法来完成初始化工作
public void service(ServletRequest request, ServletResponse response)	用于处理客户端的请求
public void destroy()	当 Servlet 对象应该从 Servlet 容器中移除时，Servlet 容器调用此方法，以便释放资源
public ServletConfig getServletConfig()	用于获取 Servlet 对象的配置信息，返回 ServletConfig 对象
public String getServletInfo()	用于返回有关 Servlet 的信息，它是纯文本格式的字符串，如作者、版本等

【例 11.2】 创建一个实现 Servlet 接口的 WordServlet 类，实现向客户端输出一个字符串的功能，具体代码如下：

```
import java.io.IOException;
import java.io.PrintWriter;
import javax.servlet.Servlet;
import javax.servlet.ServletConfig;
import javax.servlet.ServletException;
import javax.servlet.ServletRequest;
import javax.servlet.ServletResponse;

public class WordServlet implements Servlet {
   public void destroy() {
   }

   public ServletConfig getServletConfig() {
      return null;
   }

   public String getServletInfo() {
      return null;
   }

   public void init(ServletConfig arg0) throws ServletException {
   }

   public void service(ServletRequest request, ServletResponse response)
```

```
        throws ServletException, IOException {
    PrintWriter pwt = response.getWriter();  // 获取请求的输出流
    pwt.println("mingrisoft");               // 向客户端发送字符串
    pwt.close();
  }
}
```

在 Servlet 接口中，主要的方法是 service()。当客户端请求到来时，Servlet 容器将调用 Servlet 实例的 service() 方法对请求进行处理。本实例在 service() 方法中，首先通过调用 ServletResponse 类中的 getWriter() 方法得到一个 PrintWriter 类型的输出流对象 out，然后调用 out 对象的 println() 方法向客户端发送字符串 mingrisoft，最后关闭 out 对象。

11.2.2　ServletConfig 接口

ServletConfig 接口位于 javax.servlet 包中。它封装了 Servlet 的配置信息，在 Servlet 初始化期间被传递。每一个 Servlet 都有且只有一个 ServletConfig 接口。此接口定义了 4 个方法，如表 11.2 所示。

表 11.2　ServletConfig 接口中的方法及说明

方　法	说　明
public String getInitParameter(String name)	用于返回 String 类型名称为 name 的初始化参数值
public Enumeration getInitParameterNames()	用于获取所有初始化参数名的枚举集合
public ServletContext getServletContext()	用于获取 Servlet 上下文对象
public String getServletName()	用于返回 Servlet 对象的实例名

11.2.3　HttpServletRequest 接口

HttpServletRequest 接口位于 javax.servlet.http 包中。它继承了 javax.servlet.ServletRequest 接口，是 Servlet 中的重要对象，在开发过程中较为常用，其常用方法及说明如表 11.3 所示。

表 11.3　HttpServletRequest 接口的常用方法及说明

方　法	说　明
public String getContextPath()	用于返回请求的上下文路径，此路径以“/”开头
public cookie[] getCookies()	用于返回请求中发送的所有 cookie 对象，返回值为 cookie 数组
public String getMethod()	用于返回请求所使用的 HTTP 类型，如 Get、Post 等
public String getQueryString()	用于返回请求中参数的字符串形式，如请求为 MyServlet?username=mr，则返回 username=mr
public String getRequestURI()	用于返回主机名到请求参数之间部分的字符串

续表

方　法	说　明
public StringBuffer getRequestURL()	用于返回请求的 URL。此 URL 中不包含请求的参数。注意此方法返回的数据类型为 StringBuffer
public String getServletPath()	用于返回请求 URI 中的 Servlet 路径的字符串，不包含请求中的参数信息
public HttpSession getSession()	用于返回与请求关联的 HttpSession 对象

11.2.4 HttpServletResponse 接口

HttpServletResponse 接口位于 javax.servlet.http 包中。它继承了 javax.servlet.ServletResponse 接口，也是一个非常重要的对象，其常用方法与说明如表 11.4 所示。

表 11.4　HttpServletResponse 接口的常用方法及说明

方　法	说　明
public void addCookie(cookie cookie)	向客户端写入 cookie 信息
public void sendError(int sc)	发送一个错误状态码为 sc 的错误响应到客户端
public void sendError(int sc, String msg)	发送一个包含错误状态码及错误信息的响应到客户端，参数 sc 为错误状态码，参数 msg 为错误信息
public void sendRedirect(String location)	使用客户端重定向到新的 URL，参数 location 为新的地址

11.2.5 GenericServlet 类

在编写一个 Servlet 对象时，必须实现 Servlet 接口，但是在 Servlet 接口中包含 5 个方法，也就是说，创建一个 Servlet 对象需要实现这 5 个方法，这种操作非常不方便。GenericServlet 类简化了此操作，实现了 Servlet 接口，代码如下：

```
public abstract class GenericServlet
extends Object
implements Servlet, ServletConfig, Serializable { }
```

GenericServlet 类是一个抽象类，分别实现了 Servlet 接口与 ServletConfig 接口。GenericServlet 类实现了除 service() 方法之外的其他方法。在创建 Servlet 对象时，可以通过继承 GenericServlet 类来简化程序中的代码，但需要实现 service() 方法。

11.2.6 HttpServlet 类

GenericServlet 类实现了 Servlet 接口，为程序的开发提供了方便。但是在实际开发过程中，大多数的应用都使用 Servlet 处理 HTTP 请求，并对请求做出响应，因此通过继承

GenericServlet 类来简化程序中的代码仍然不是很方便。而 HttpServlet 类对 GenericServlet 类进行了扩展，为 HTTP 请求的处理提供了灵活的方法，代码如下：

```
public abstract class HttpServlet
extends GenericServlet
implements Serializable {  }
```

HttpServlet 类是一个抽象类，实现了 service() 方法，并针对 HTTP 1.1 中定义的 7 种请求类型提供了相应的方法——doGet() 方法、doPost() 方法、doPut() 方法、doDelete() 方法、doHead() 方法、doTrace() 方法、doOptions() 方法。在这 7 个方法中，除对 doTrace() 方法与 doOptions() 方法进行了简单实现以外，HttpServlet 类并没有对其他方法进行实现，需要开发人员在使用过程中根据实际需要对其进行重写。

HttpServlet 类继承了 GenericServlet 类，通过其对 GenericServlet 类的扩展，可以很方便地对 HTTP 请求进行处理及响应。该类与 GenericServlet 类、Servlet 接口的关系如图 11.2 所示。

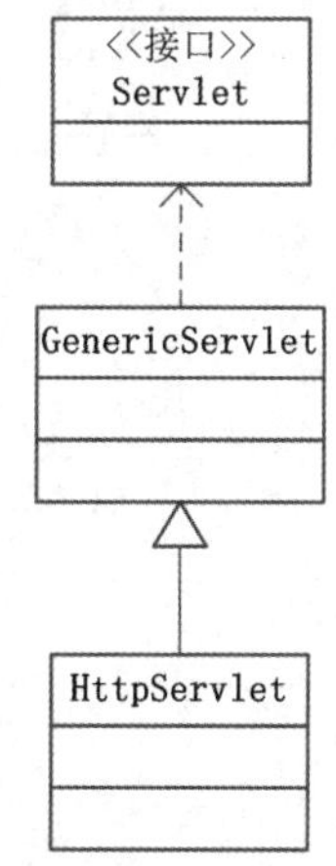

图 11.2　HttpServlet 类与 GenericServlet 类、Servlet 接口的关系

11.3　Servlet 开发

在 Java 的 Web 应用程序开发中，Servlet 具有重要的地位。Servlet 可以对程序中的业务逻辑进行处理，也可以通过 HttpServletResponse 对象对请求做出响应，功能十分强大。本节将对 Servlet 的创建及配置进行详细的讲解。

11.3.1　Servlet 创建

Servlet 的创建方法主要有两种。第一种方法为先创建一个普通的 Java 类，并使这个类继承 HttpServlet 类，再注册 Servlet 对象，可以通过 @WebServlet 注解声明的方式实现，也可以通过配置 web.xml 文件的方式实现。此方法操作比较烦琐，在快速开发中通常不会被采纳。第二种方法为直接通过 IDE 集成开发工具进行创建。

使用 IDE 集成开发工具创建 Servlet 非常方便，下面以 Eclipse 为例介绍 Servlet 的创建过程。

（1）在项目中包的位置上单击鼠标右键，选择 new → Other 命令，在打开的 New 窗口中选择 Web → Servlet 选项，并单击 Next 按钮，如图 11.3 所示。

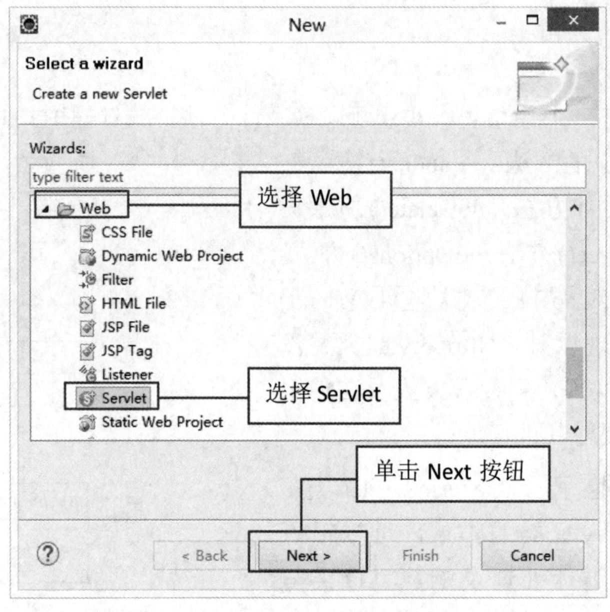

图 11.3　创建 Servlet 文件

（2）在打开的 Create Servlet 窗口中输入新建的 Servlet 名称，并单击 Next 按钮，如图 11.4 所示。

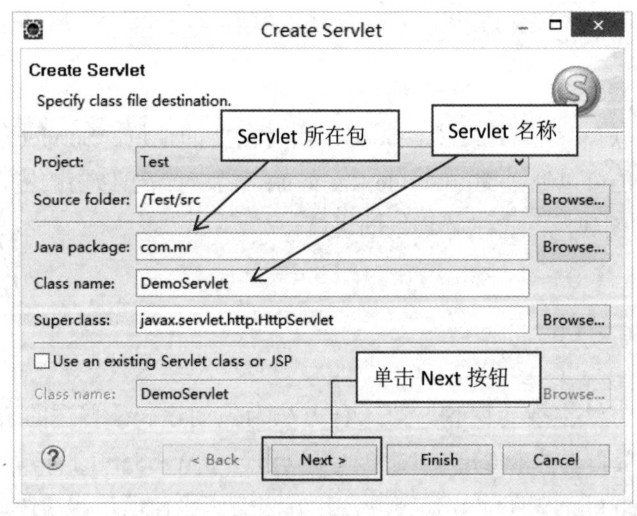

图 11.4　输入 Servlet 名称

（3）在设置 Servlet 映射路径的面板中，保持默认设置，直接单击 Next 按钮，如图 11.5 所示。

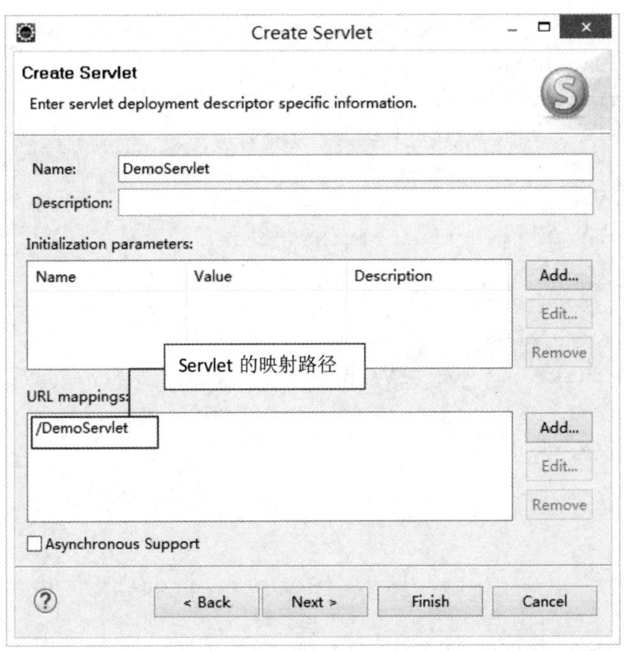

图 11.5　设置 Servlet 映射路径

（4）选择生成 Servlet 文件时自动创建的方法，读者可以根据自己的需求进行选择，或者保持默认设置不变。单击 Finish 按钮，完成 Servlet 的创建，如图 11.6 所示。

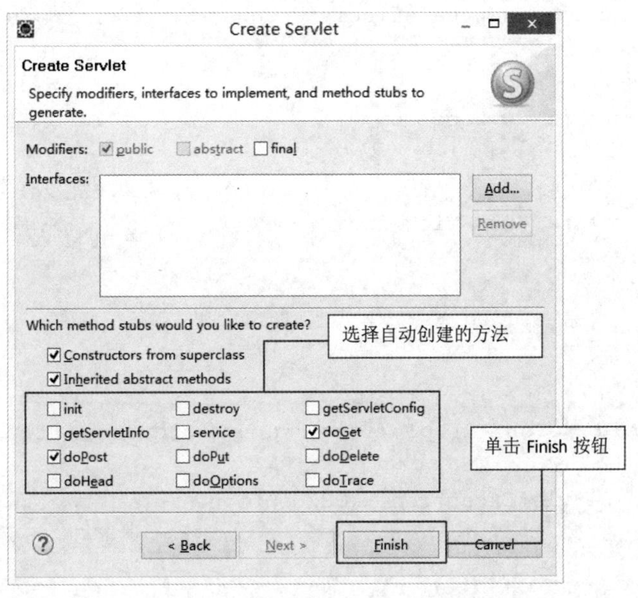

图 11.6　选择自动创建的内容

【例 11.3】　创建 DemoServlet，在处理 Get 请求的方法中，获取 to 参数值，并根据 to 参数值跳转到其他网址，具体代码如下：

```
package com.mr;                                        // Servlet 所在的包
import java.io.IOException;
import javax.servlet.ServletException;
import javax.servlet.annotation.WebServlet;
import javax.servlet.http.HttpServlet;
import javax.servlet.http.HttpServletRequest;
import javax.servlet.http.HttpServletResponse;

@WebServlet("/DemoServlet")                            // Servlet 的映射路径
public class DemoServlet extends HttpServlet {
    private static final long serialVersionUID = 1L;   // 自动生成的序列化编号

    public Demo2Servlet() {
        super();
    }

    protected void doGet(HttpServletRequest request, HttpServletResponse 
response)
            throws ServletException, IOException {
        String address = request.getParameter("to");   // 获取 to 参数值
        address = (address == null) ? "" : address;  // 对 to 参数值进行非 null 处理
        String url = null;                             // 跳转地址
        switch (address) {                             // 判断传入的参数值
        case "baidu":                                  // 如果是 baidu
            url = "http://www.baidu.com";              // 跳转到百度
            break;
        case "qq":                                     // 如果是 qq
            url = "http://www.qq.com/";                // 跳转到腾讯
            break;
        default:                                       // 没有匹配的值
            url = "http://www.mingrisoft.com/";        // 跳转到明日学院
            break;
        }
        response.sendRedirect(url);
    }

    protected void doPost(HttpServletRequest request, HttpServletResponse 
response)
            throws ServletException, IOException {
        doGet(request, response);            // Post 请求与 Get 请求使用相同的逻辑
    }
}
```

在程序运行后，访问的 URL 地址如下：

```
http://127.0.0.1:8080/[项目名]/DemoServlet?to=[参数值]
```

项目名表示 DemoServlet 所属的项目名称，参数值表示由 switch 语句判断的跳转目

标。在浏览器中输入已补充完整的 URL 地址后，就可以看到网页跳转的结果。补充完整的 URL 路径如下：

```
http://127.0.0.1:8080/MyWebProject/DemoServlet?to=baidu
http://127.0.0.1:8080/Test/DemoServlet?to=mingrisoft
```

11.3.2 Servlet 2.0 配置方式

在上一节中，创建 Servlet 采用的是 Servlet 3.0，即使用注解的方式实现 URL 映射，但是目前仍有很多项目采用 Servlet 2.0，本节将介绍如何配置 Servlet 2.0。

如果想要使 Servlet 2.0 的 Servlet 对象正常运行，则需要修改 Web 项目的配置文档，以告知 Web 容器哪一个请求调用哪一个 Servlet 对象进行处理，相当于对 Servlet 进行注册。Servlet 的配置被包含在 WEB-INF/web.xml 文件中，主要通过以下两个步骤进行设置。

1. 声明 Servlet 对象

在 web.xml 文件中，使用 <servlet> 标签声明一个 Servlet 对象。在此标签下主要包含两个子元素，分别为 <servlet-name> 与 <servlet-class>。其中，<servlet-name> 元素用于指定 Servlet 对象的名称，此名称可以为自定义的名称；<servlet-class> 元素用于指定 Servlet 对象的位置，即填写 Servlet 对象的完整类名。其声明语句如下：

```
<servlet>
   <servlet-name>SimpleServlet</servlet-name>
   <servlet-class>com.mr.SimpleServlet</servlet-class>
</servlet>
```

2. 映射访问 Servlet 的 URL

在 web.xml 文件中声明 Servlet 对象后，需要映射访问 Servlet 的 URL。此操作使用 <servlet-mapping> 标签进行配置，该标签包含两个子元素，分别为 <servlet-name> 与 <url-pattern>。其中，<servlet-name> 元素与 <servlet> 标签中的 <servlet-name> 元素相对应，不可以随意命名；<url-pattern> 元素用于映射访问 Servlet 的 URL。其配置方法如下：

```
<servlet-mapping>
   <servlet-name>SimpleServlet</servlet-name>
   <url-pattern>/SimpleServlet</url-pattern>
</servlet-mapping>
```

【例 11.4】 Servlet 2.0 的创建及配置。

（1）创建名称为 MyServlet 的 Servlet 对象，使其继承 HttpServlet 类。在该类中重写 doGet() 方法，用于处理 HTTP 的 Get 请求，并通过 PrintWriter 对象进行简单输出。其关键代码如下：

```
package com.mr;
import java.io.IOException;
```

```
import java.io.PrintWriter;
import javax.servlet.ServletException;
import javax.servlet.http.HttpServlet;
import javax.servlet.http.HttpServletRequest;
import javax.servlet.http.HttpServletResponse;

public class MyServlet extends HttpServlet {
    public void doGet(HttpServletRequest request, HttpServletResponse
response)
            throws ServletException, IOException {
        response.setContentType("text/html");    // 请求输出 HTML
        response.setCharacterEncoding("GBK");    // 请求按照 GBK 字符编码输出
        PrintWriter out = response.getWriter();  // 获取请求输出流对象
        out.println("<HTML>");                   // 打印文本
        out.println("<HEAD><TITLE>Servlet 实例 </TITLE></HEAD>");
        out.println("<BODY>");
         out.println("<a style='color:#FF0000;font-size:22px;font-
weight:bold'>");
        out.println("MyServlet is working!");    // 打印文字
        out.println("</a>");
        out.println("</BODY>");
        out.println("</HTML>");
        out.flush();
        out.close();
    }
}
```

（2）在 web.xml 文件中对 MyServlet 进行配置，其中，访问 URL 的相对路径为“/MyServlet”。在浏览器中访问 MyServlet 的关键代码如下：

```
<servlet>
    <servlet-name>MyServlet</servlet-name>
    <servlet-class>com.mr.MyServlet</servlet-class>
</servlet>

<servlet-mapping>
    <servlet-name>MyServlet</servlet-name>
    <url-pattern>/MyServlet</url-pattern>
</servlet-mapping>
```

程序运行结果如图 11.7 所示。

图 11.7　在浏览器中访问 MyServlet

第 12 章　过滤器和监听器

Servlet 过滤器是从 Servlet 2.3 规范开始新增的功能，并在 Servlet 2.4 规范中得到增强。Servlet 监听器可以监听 Web 应用程序的启动和关闭。创建过滤器和监听器需要继承相应的接口，并对其进行配置。

12.1　Servlet 过滤器

在现实生活中，自来水都是经过一层层的过滤处理才可以达到饮用标准，每一层过滤都会起到净化的作用。Java Web 应用程序中的 Servlet 过滤器与自来水被过滤的原理相似，主要用于对客户端（浏览器）的请求进行过滤处理，并将过滤后的请求转交给下一资源，它在 Java Web 应用程序开发中具有十分重要的作用。

12.1.1　什么是过滤器

Servlet 过滤器与 Servlet 十分相似，但是它具有拦截客户端（浏览器）请求的功能。Servlet 过滤器可以通过改变请求中的内容，来满足实际开发中的需要。对于程序开发人员而言，过滤器的实质是在 Web 服务器上的一个 Web 应用组件。过滤器用于拦截客户端（浏览器）与目标资源的请求，并且对这些请求进行一定的过滤处理再发送给目标资源。过滤器的处理方式如图 12.1 所示。

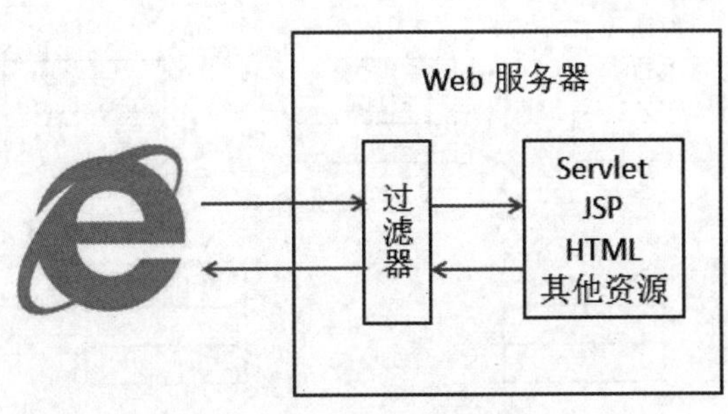

图 12.1　过滤器的处理方式

从图 12.1 可以看出，在 Web 服务器中部署了过滤器后，不仅客户端发送的请求会经过过滤器的处理，而且请求在发送到目标资源并进行处理后，请求的回应信息也要经过过滤器的处理。

如果在 Web 服务器中使用一个过滤器不能解决实际中的业务需要，则可以通过部署多个过滤器来对业务请求进行多次处理，这样就组成了一个过滤器链。Web 服务器在处理过滤器链时，将按过滤器的先后顺序对请求进行处理，如图 12.2 所示。

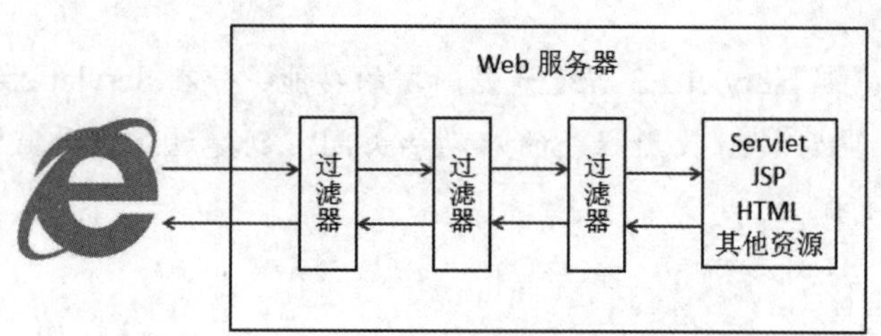

图 12.2　过滤器链

如果在 Web 服务器中部署了过滤器链，即部署了多个过滤器，则请求会依次按照过滤器的顺序进行处理。在第一个过滤器处理一个请求后，会将该请求传递给第二个过滤器进行处理，以此类推，一直传递到最后一个过滤器，再将经过过滤的请求传递给目标资源进行处理。目标资源在处理了经过过滤的请求后，其回应信息会从最后一个过滤器依次传递到第一个过滤器，最后传递到客户端，这就是过滤器在过滤器链中的应用流程。

12.1.2　过滤器对象

过滤器对象位于 javax.servlet 包中，其名称为 Filter，它是一个接口。除这个接口外，与过滤器相关的对象还有 FilterConfig 对象与 FilterChain 对象，这两个对象也是接口对象，位于 javax.servlet 包中，分别为过滤器的配置对象与过滤器的传递工具。在实际开发过程中，定义过滤器对象只需要直接或间接地实现 Filter 接口就可以了，如图 12.3 所示的 MyFilter1 过滤器与 MyFilter2 过滤器，而 FilterConfig 对象与 FilterChain 对象用于对过滤器进行相关操作。

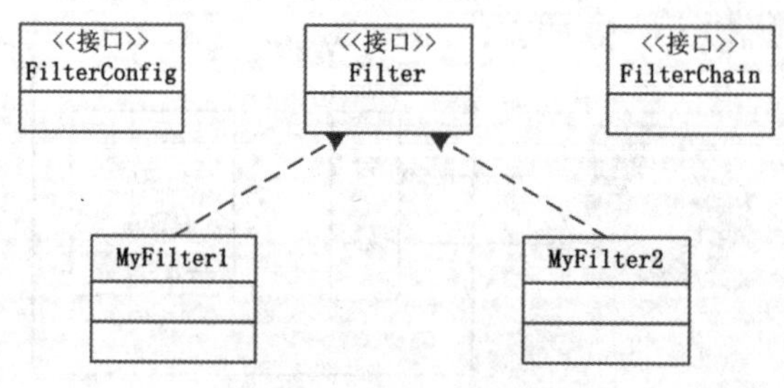

图 12.3　Filter 及相关对象

1. Filter 接口

每一个过滤器对象都需要直接或间接地实现 Filter 接口。在 Filter 接口中定义了 3 个方法，分别为 init() 方法、doFilter() 方法与 destroy() 方法。Filter 接口的方法声明及说明如表 12.1 所示。

表 12.1　Filter 接口的方法声明及说明

方 法 声 明	说　明
public void init(FilterConfig filterConfig) throws ServletException	过滤器初始化方法，此方法在过滤器初始化时调用
public void doFilter(ServletRequest request, ServletResponse response, FilterChain chain)throws IOException, ServletException	对请求进行过滤处理
public void destroy()	销毁方法，以便释放资源

2. FilterConfig 接口

FilterConfig 接口由 Servlet 容器实现，主要用于获取过滤器中的配置信息，其方法声明及说明如表 12.2 所示。

表 12.2　FilterConfig 接口的方法声明及说明

方 法 声 明	说　明
public String getFilterName()	用于获取过滤器的名字
public ServletContext getServletContext()	用于获取 Servlet 上下文
public String getInitParameter(String name)	用于获取过滤器的初始化参数值
public Enumeration getInitParameterNames()	用于获取过滤器的所有初始化参数

3. FilterChain 接口

FilterChain 接口由 Servlet 容器实现。在这个接口中，只有一个方法，其方法声明如下：

```
public void doFilter ( ServletRequest request, ServletResponse response )
throws IOException, ServletException
```

此方法用于将过滤后的请求传递给下一个过滤器，如果此过滤器已经是过滤器链中的最后一个过滤器，则请求将被传递给目标资源。

12.1.3　过滤器对象的创建与配置

创建一个过滤器对象需要实现 Filter 接口，同时需要实现 Filter 接口的 3 个方法，下面介绍过滤器对象的创建。

【例 12.1】 创建名称为 MyFilter 的过滤器对象，其具体代码如下：

```
import java.io.IOException;
import javax.servlet.Filter;
import javax.servlet.FilterChain;
import javax.servlet.FilterConfig;
import javax.servlet.ServletException;
import javax.servlet.ServletRequest;
import javax.servlet.ServletResponse;

public class MyFilter implements Filter {
    // 初始化方法
    public void init(FilterConfig fConfig) throws ServletException {
    // 初始化处理
    }
    // 过滤处理方法
    public void doFilter(ServletRequest request, ServletResponse response,
FilterChain chain)
          throws IOException, ServletException {
        // 过滤处理
        chain.doFilter(request, response);
    }
    // 销毁方法
    public void destroy() {
    // 释放资源
    }
}
```

其中，init() 方法用于对过滤器的初始化进行处理；destroy() 方法是过滤器的销毁方法，主要用于释放资源；过滤处理的业务逻辑需要编写到 doFilter() 方法中，在请求过滤处理后，需要调用 chain 参数的 doFilter() 方法将请求向下传递给下一个过滤器或目标资源。

学习笔记

使用过滤器并不一定要将请求向下传递给下一个过滤器或目标资源。如果业务逻辑需要，也可以在过滤处理后，直接回应给客户端。

Servlet 过滤器与 Servlet 十分相似，在创建后同样需要对其进行配置。过滤器对象的配置主要分为两个步骤，分别为声明过滤器对象与创建过滤器映射，其配置方法如下所述。

在 web.xml 配置文件中创建名称为 MyFilter 的过滤器对象，其具体代码如下：

```
<!-- 过滤器声明 -->
<filter>
    <!-- 过滤器的名称 -->
    <filter-name>MyFilter</filter-name>
    <!-- 过滤器的完整类名 -->
```

```
    <filter-class>com.mr.MyFilter</filter-class>
</filter>
<!-- 过滤器映射 -->
<filter-mapping>
    <!-- 过滤器的名称 -->
    <filter-name>MyFilter</filter-name>
    <!-- 过滤器的 URL 映射 ，/* 表示所有地址 -->
    <url-pattern>/*</url-pattern>
</filter-mapping>
```

<filter> 标签用于声明过滤器对象，在这个标签中必须配置两个子元素，分别为过滤器的名称与过滤器的完整类名，其中，<filter-name> 元素用于定义过滤器的名称；<filter-class> 元素用于指定过滤器的完整类名。

<filter-mapping> 标签用于创建过滤器映射，它的主要作用是指定在 Web 应用中哪些 URL 使用哪一个过滤器进行处理。在 <filter-mapping> 标签中需要指定两个子元素，分别为过滤器的名称与过滤器的 URL 映射，其中，<filter-name> 元素用于定义过滤器的名称；<url-pattern> 元素用于指定过滤器的 URL 映射。

学习笔记

<filter> 标签中的 <filter-name> 元素可以是自定义的名称；而 <filter-mapping> 标签中的 <filter-name> 元素是已定义的过滤器的名称，需要与 <filter> 标签中的 <filter-name> 元素一一对应。

【例 12.2】　创建一个过滤器对象，实现网站访问计数器的功能，并在 web.xml 文件的配置中，将网站访问量的初始值设置为 5000。

（1）创建名称为 CountFilter 的类。此类用于实现 Filter 接口，是一个过滤器对象。通过此过滤器对象可以实现统计网站访问人数的功能，其关键代码如下：

```
package com.mr;
import java.io.IOException;
import javax.servlet.Filter;
import javax.servlet.FilterChain;
import javax.servlet.FilterConfig;
import javax.servlet.ServletContext;
import javax.servlet.ServletException;
import javax.servlet.ServletRequest;
import javax.servlet.ServletResponse;
import javax.servlet.http.HttpServletRequest;

public class CountFilter implements Filter {
    private int count;                                    // 来访数量
```

```
    public void init(FilterConfig filterConfig) throws ServletException {
        // 获取初始化参数
        String param = filterConfig.getInitParameter("count");
        count = Integer.valueOf(param);              // 将字符串转换为 int 型
    }

    public void doFilter(ServletRequest request, ServletResponse response,
FilterChain chain)
        throws IOException, ServletException {
        count++;                                    // 访问数量自增
        // 将 ServletRequest 转换成 HttpServletRequest
        HttpServletRequest req = (HttpServletRequest) request;
        // 获取 ServletContext
        ServletContext context = req.getSession().getServletContext();
        // 将来访数量值放入 ServletContext 中
        context.setAttribute("count", count);
        chain.doFilter(request, response);          // 向下传递过滤器
    }
}
```

在 CountFilter 类中包含一个成员变量 count，用于记录网站的访问人数。此变量在过滤器的初始化方法 init() 中被赋值，它的初始化值通过 FilterConfig 对象读取配置文件中的初始化参数来获取。

计数器 count 变量的值在 CountFilter 类的 doFilter() 方法中被递增，因为客户端在请求服务器中的 Web 应用时，过滤器会拦截请求并通过 doFilter() 方法进行过滤处理，所以当客户端请求 Web 应用时，计数器 count 变量的值将会自动增加 1。为了访问计数器中的值，本实例将其放置于 Servlet 上下文中，并通过 Servlet 上下文对象将 ServletRequest 对象转换为 HttpServletRequest 对象后获取。

学习笔记

在创建过滤器对象时，需要实现 Filter 接口，同时需要实现 Filter 接口的 3 个方法。在这 3 个方法中，除 doFilter() 方法外，如果在业务逻辑中不涉及初始化方法 init() 与销毁方法 destroy()，则可以不编写任何代码对其进行空实现，如实例中的 destroy() 方法。

（2）配置已创建的 CountFilter 对象。此操作通过配置 web.xml 文件进行实现，其关键代码如下：

```
<!-- 过滤器声明 -->
<filter>
    <!-- 过滤器的名称 -->
    <filter-name>CountFilter</filter-name>
```

```
    <!-- 过滤器的完整类名 -->
    <filter-class>com.mr.CountFilter</filter-class>
    <!-- 设置初始化参数 -->
    <init-param>
        <!-- 参数名 -->
        <param-name>count</param-name>
        <!-- 参数值 -->
        <param-value>5000</param-value>
    </init-param>
</filter>
<!-- 过滤器映射 -->
<filter-mapping>
    <!-- 过滤器的名称 -->
    <filter-name>CountFilter</filter-name>
    <!-- 过滤器的 URL 映射 -->
    <url-pattern>/index.jsp</url-pattern>
</filter-mapping>
```

CountFilter 对象的配置主要通过声明过滤器对象及创建过滤器映射进行实现。其中，声明过滤器对象通过 <filter> 标签进行实现。在声明过程中，本实例通过 <init-param> 标签配置过滤器的初始化参数。初始化参数的名称为 count，参数值为 5000。

学习笔记

如果直接对过滤器对象中的成员变量进行赋值，则在过滤器被编译后将不可以被修改，因此，上述代码将过滤器对象中的成员变量定义为过滤器的初始化参数，从而提高了代码的灵活性。

（3）创建程序中的首页 index.jsp 页面，并在此页面中通过 JSP 内置对象 application 获取计数器的值，其关键代码如下：

```
<body>
    <h2>
      欢迎光临，<br>
      您是本站的第【
      <%=application.getAttribute("count") %>
      】位访客！
    </h2>
</body>
```

由于在 web.xml 文件中将计数器的初始值设置为 5000，因此，在实例运行后，计数器的数值会大于 5000。在多次刷新页面后，实例运行结果如图 12.4 所示。

图 12.4 实现网站计数器

12.1.4 字符编码过滤器

在 Java Web 应用程序开发中，由于 Web 容器内部所使用的编码格式并不支持中文字符集，因此，在处理浏览器请求中的中文数据时会出现乱码现象，图 12.5 所示为请求处理过程。

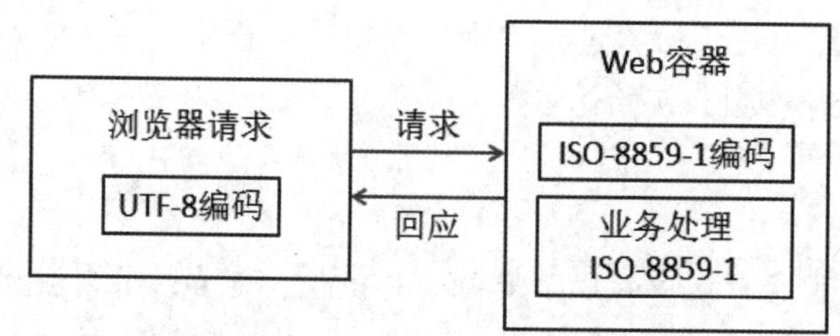

图 12.5 请求处理过程

从图 12.5 中可以看出，由于在 Web 容器中使用了 ISO-8859-1 的编码格式，因此在 Web 容器的业务处理中也会使用 ISO-8859-1 的编码格式。虽然浏览器请求使用的是中文编码格式 UTF-8，但经过业务处理的 ISO-8859-1 编码，仍然会出现中文乱码现象。解决此问题的方法非常简单，即在业务处理中重新指定中文字符集。在实际开发过程中，如果通过在每一个业务处理程序中都指定中文字符集，则操作过于烦琐，并且容易遗漏某一个业务中的字符编码设置；如果通过过滤器来处理字符编码，则可以做到简单又万无一失，如图 12.6 所示。

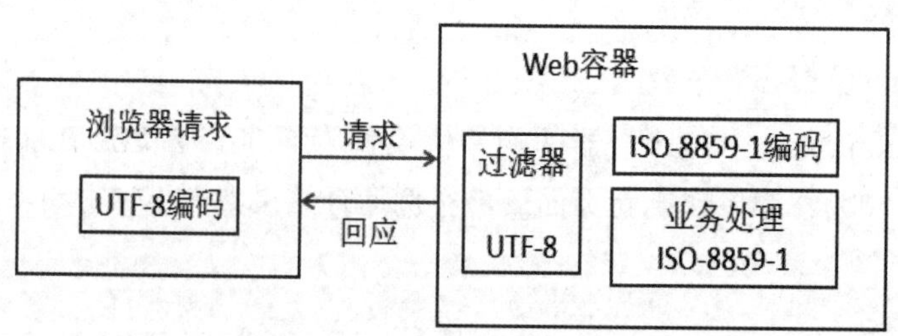

图 12.6 在 Web 容器中加入字符编码过滤器

在 Web 容器中部署字符编码过滤器后，虽然 Web 容器的编码格式不支持中文，但是浏览器的每一次请求都会经过过滤器进行转码，因此可以完全避免中文乱码现象的产生。

【例 12.3】 实现图书信息的添加功能，并创建字符编码过滤器，避免中文乱码现象的产生。

（1）创建名称为 CharactorFilter 的类。此类是一个字符编码过滤器对象，用于实现 Filter 接口，并在 doFilter() 方法中对请求中的字符编码格式进行设置，其具体代码如下：

```
import java.io.IOException;
import javax.servlet.Filter;
import javax.servlet.FilterChain;
import javax.servlet.FilterConfig;
import javax.servlet.ServletException;
import javax.servlet.ServletRequest;
import javax.servlet.ServletResponse;
// 字符编码过滤器
public class CharactorFilter implements Filter {
    // 字符编码
    String encoding = null;
    @Override
    public void destroy() {
        encoding = null;
    }
    public void doFilter(ServletRequest request, ServletResponse response,
            FilterChain chain) throws IOException, ServletException {
        // 判断字符编码是否为空
        if(encoding != null){
            // 设置 request 的编码格式
            request.setCharacterEncoding(encoding);
            // 设置 response 字符编码
            response.setContentType("text/html; charset="+encoding);
        }
        // 传递给下一个过滤器
        chain.doFilter(request, response);
    }
    public void init(FilterConfig filterConfig) throws ServletException {
        // 获取初始化参数
        encoding = filterConfig.getInitParameter("encoding");
    }
}
```

CharactorFilter 类是本实例中的字符编码过滤器，它主要通过在 doFilter() 方法中，指定 request 与 response 两个参数的字符集 encoding 进行编码处理，使得目标资源的字符集支持中文。其中，encoding 是 CharactorFilter 类定义的字符编码格式的成员变量，此变量在过滤器的初始化方法 init() 中被赋值，其值是通过 FilterConfig 对象读取配置文件中的初始化参数来获取的。

学习笔记

在过滤器对象的 doFilter() 方法中，在业务逻辑处理完成后，需要通过 FilterChain 对象的 doFilter() 方法将请求传递给下一个过滤器或目标资源，否则将会出现错误。

在创建过滤器对象后，还需要对其进行一定的配置才可以正常使用。过滤器 CharactorFilter 的配置代码如下：

```
<!-- 声明过滤器 -->
<filter>
    <!-- 过滤器的名称 -->
        <filter-name>CharactorFilter</filter-name>
    <!-- 过滤器的完整类名 -->
    <filter-class>com.mr.CharactorFilter</filter-class>
    <!-- 初始化参数 -->
    <init-param>
        <!-- 参数名 -->
        <param-name>encoding</param-name>
        <!-- 参数值 -->
        <param-value>UTF-8</param-value>
    </init-param>
</filter>
<!-- 过滤器映射 -->
<filter-mapping>
    <!-- 过滤器的名称 -->
    <filter-name>CharactorFilter</filter-name>
    <!-- 过滤器的 URL 映射 -->
    <url-pattern>/*</url-pattern>
</filter-mapping>
```

在过滤器 CharactorFilter 的配置声明中，其初始化参数 encoding 的值被设置为 UTF-8，它与 JSP 页面的编码格式相同，可以支持中文字符集。

学习笔记

在 web.xml 文件中配置过滤器，其过滤器的 URL 映射可以使用正则表达式进行配置，如在本实例中使用“/*”来匹配所有请求。

（2）创建名称为 AddServlet 的类，此类继承于 HttpServlet 类，是处理添加图书信息请求的 Servlet 对象，其具体代码如下：

```
import java.io.IOException;
```

```
import java.io.PrintWriter;
import javax.servlet.ServletException;
import javax.servlet.http.HttpServlet;
import javax.servlet.http.HttpServletRequest;
import javax.servlet.http.HttpServletResponse;

public class AddServlet extends HttpServlet {
   private static final long serialVersionUID = 1L;

   // 处理 Get 请求
   protected void doGet(HttpServletRequest request, HttpServletResponse
response)
         throws ServletException, IOException {
      doPost(request, response);
   }

   // 处理 Post 请求
   protected void doPost(HttpServletRequest request, HttpServletResponse
response)throws ServletException, IOException {
         // 获取 PrintWriter
         PrintWriter out = response.getWriter();
         // 获取图书编号
         String id = request.getParameter("id");
         // 获取名称
         String name = request.getParameter("name");
         // 获取作者
         String author = request.getParameter("author");
         // 获取价格
         String price = request.getParameter("price");
         // 输出图书信息
         out.print("<h2>图书信息添加成功</h2><hr>");
         out.print("图书编号：" + id + "<br>");
         out.print("图书名称：" + name + "<br>");
         out.print("作者：" + author + "<br>");
         out.print("价格：" + price + "<br>");
         out.print("<a href='./index.html'>返回</a>");
         // 刷新流
         out.flush();
         // 关闭流
         out.close();
   }
}
```

AddServlet 类主要通过 doPost() 方法实现对添加图书信息请求的处理，其处理方式为将获取到的图书信息数据直接输出到页面中。

学习笔记

在 Java Web 应用程序开发中，在通常情况下，Servlet 处理的请求类型都是 Get 或 Post，因此可以在 doGet() 方法中调用 doPost() 方法，然后把业务处理代码写到 doPost() 方法中，或者在 doPost() 方法中调用 doGet() 方法，然后把业务处理代码写到 doGet() 方法中。这样一来，无论 Servlet 接收的请求类型是 Get 还是 Post，Servlet 都可以对其进行处理。

在编写 Servlet 类后，还需要在 web.xml 文件中对 Servlet 进行配置，其配置代码如下：

```
<!-- 声明 Servlet -->
<servlet>
    <!-- Servlet 名称 -->
    <servlet-name>AddServlet</servlet-name>
    <!-- Servlet 完整类名 -->
    <servlet-class>com.mr.AddServlet</servlet-class>
</servlet>
<!-- Servlet 映射 -->
<servlet-mapping>
    <!-- Servlet 名称 -->
    <servlet-name>AddServlet</servlet-name>
    <!-- URL 映射 -->
    <url-pattern>/AddServlet</url-pattern>
</servlet-mapping>
```

（3）创建名称为 index.html 的页面，它是程序中的主页。此页面主要用于放置添加图书信息的表单，其具体代码如下：

```
<html>
<head>
<title>添加图书信息 </title>
</head>
<body>
    <form action="AddServlet" method="post">
        <table align="center" width="350" border="1">
            <tr>
                <td class="2" align="center" colspan="2">
                    <h2>添加图书信息 </h2>
                </td>
            </tr>
            <tr>
                <td align="right">图书编号：</td>
                <td><input type="text" name="id"></td>
            </tr>
            <tr>
```

```
            <td align="right">图书名称：</td>
            <td><input type="text" name="name"></td>
        </tr>
        <tr>
            <td align="right">作　者：</td>
            <td><input type="text" name="author"></td>
        </tr>
        <tr>
            <td align="right">价　格：</td>
            <td><input type="text" name="price"></td>
        </tr>
        <tr>
            <td class="2" align="center" colspan="2">
            <input type="submit" value="添　加"></td>
        </tr>
      </table>
    </form>
</body>
</html>
```

在编写完 index.jsp 页面后，即可部署发布程序。在实例运行后，将会打开 index.jsp 页面，如图 12.7 所示。在添加正确的图书信息后，单击“添加”按钮，其效果如图 12.8 所示。

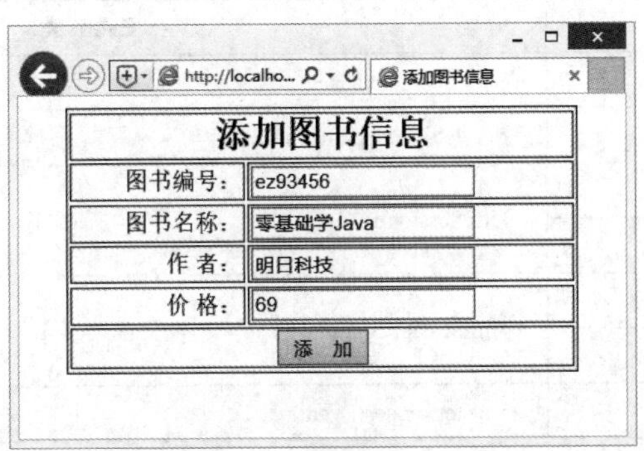

图 12.7　index.jsp 页面

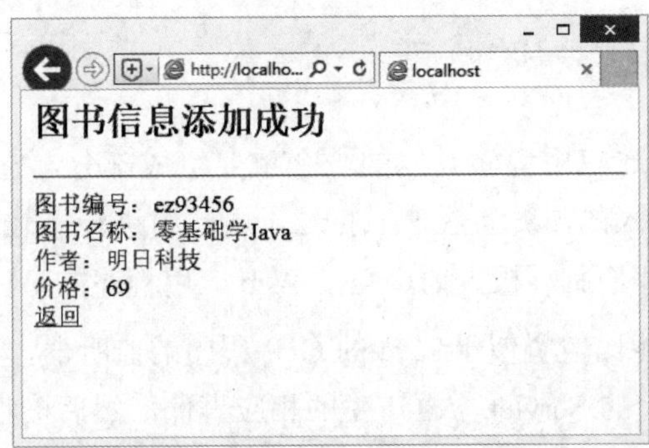

图 12.8　显示图书信息添加成功

12.2 Servlet 监听器

在 Servlet 中已经定义了一些事件，并且可以针对这些事件来编写相关的事件监听器，从而对事件做出相应的处理。例如，想要在 Web 应用程序启动和关闭时执行一些任务（如数据库连接的建立和释放），或者想要监控 session 的创建和销毁，就可以通过监听器来实现。

12.2.1 Servlet 监听器简介

Servlet 监听器的作用是监听 Web 容器的有效事件，是由 Servlet 容器管理的，可以使用 Listener 接口监听容器中的某个执行程序，并根据其应用程序的需求做出适当的响应。表 12.3 列出了 Servlet 和 JavaScript 中的 8 个 Listener 接口与 6 个 Event 类。

表 12.3 Listener 接口与 Event 类

Listener 接口	Event 类
ServletContextListener	ServletContextEvent
ServletContextAttributeListener	ServletContextAttributeEvent
HttpSessionListener	HttpSessionEvent
HttpSessionActivationListener	
HttpSessionAttributeListener	HttpSessionBindingEvent
HttpSessionBindingListener	
ServletRequestListener	ServletRequestEvent
ServletRequestAttributeListener	ServletRequestAttributeEvent

12.2.2 Servlet 监听器的原理

Servlet 监听器是 Web 应用程序开发的一个重要组成部分。它是在 Servlet 2.3 规范中与 Servlet 过滤器一起引入的，并且在 Servlet 2.4 规范中进行了较大的改进，主要用来对 Web 应用程序进行监听和控制，极大地增强了 Web 应用程序的事件处理能力。

Servlet 监听器的功能比较类似于 Java 的 GUI 程序的监听器，可以监听由于 Web 应用程序中的状态改变而引起的 Servlet 容器产生的相应事件，然后接收并处理这些事件。

12.2.3 Servlet 上下文监听

Servlet 上下文监听可以监听 ServletContext 对象的创建、删除，以及属性的添加、删除和修改，该监听器需要用到以下两个接口。

1. ServletContextListener 接口

ServletContextListener 接口存放于 javax.servlet 包内，主要用于实现监听 ServletContext 对象的创建和删除。ServletContextListener 接口提供了以下两个方法，它们也被称为“Web 应用程序的生命周期方法”。

（1）contextInitialized（ServletContextEvent event）方法：通知正在收听的对象，应用程序已经被加载及初始化。

（2）contextDestroyed（ServletContextEvent event）方法：通知正在收听的对象，应用程序已经被载出，即关闭。

2. ServletAttributeListener 接口

ServletAttributeListener 接口存放于 javax.servlet 包内，主要用于实现监听 ServletContext 属性的添加、删除和修改。ServletAttributeListener 接口提供了以下三个方法。

（1）attributeAdded（ServletContextAttributeEvent event）方法：当有对象加入 application 的范围内时，通知正在收听的对象。

（2）attributeReplaced（ServletContextAttributeEvent event）方法：当在 application 的范围内，有对象取代另一个对象时，通知正在收听的对象。

（3）attributeRemoved（ServletContextAttributeEvent event）方法：当有对象从 application 的范围内移除时，通知正在收听的对象。

例如，创建监听器的代码如下：

```
package com.mr;
public class MyContentListener implements ServletContextListener {
  …    //省略了监听器中间的相关代码
}
```

如果想要 Web 容器在 Web 应用程序启动时通知 MyServletContextListener，则需要在 web.xml 文件中使用 <listener> 标签来配置监听器类。对于本实例，在 web.xml 文件中需要进行配置的代码如下：

```
<listener>
   <listener-class>com.mr.MyContentListener</listener-class>
</listener>
```

12.2.4 HTTP 会话监听

HTTP 会话监听（HttpSession）有 4 个接口可以对 HTTP 会话进行监听。

1. HttpSessionListener 接口

HttpSessionListener 接口用于实现监听 HTTP 会话的创建和销毁。HttpSessionListener 接口提供了以下两个方法。

（1）sessionCreated（HttpSessionEvent event）方法：通知正在收听的对象，session 已经被加载及初始化。

（2）sessionDestroyed（HttpSessionEvent event）方法：通知正在收听的对象，session 已经被载出。（HttpSessionEvent 类的主要方法为 getSession()，可以使用该方法回传一个 session 对象。）

2. HttpSessionActivationListener 接口

HttpSessionActivationListener 接口用于实现监听 HTTP 会话的 active 和 passivate 情况。HttpSessionActivationListener 接口提供了以下三个方法。

（1）attributeAdded（HttpSessionBindingEvent event）方法：当有对象加入 session 的范围内时，通知正在收听的对象。

（2）attributeReplaced（HttpSessionBindingEvent event）方法：当在 session 的范围内有对象取代另一个对象时，通知正在收听的对象。

（3）attributeRemoved（HttpSessionBindingEvent event）方法：当有对象从 session 的范围内移除时，通知正在收听的对象。（HttpSessionBindingEvent 类主要有 3 个方法：getName()、getSession() 和 getValues()。）

3. HttpBindingListener 接口

HttpBindingListener 接口用于实现监听 HTTP 会话中对象的绑定信息。它是唯一一个不需要在 web.xml 文件中设定 Listener 的接口。HttpBindingListener 接口提供了以下两个方法。

（1）valueBound（HttpSessionBindingEvent event）方法：当有对象加入 session 的范围内时，会被自动调用。

（2）valueUnBound（HttpSessionBindingEvent event）方法：当有对象从 session 的范围内移除时，会被自动调用。

4. HttpSessionAttributeListener 接口

HttpSessionAttributeListener 接口用于实现监听 HTTP 会话中属性的设置请求。HttpSession-AttributeListener 接口提供了以下两个方法。

（1）sessionDidActivate（HttpSessionEvent event）方法：通知正在收听的对象，session 已经变为有效状态。

（2）sessionWillPassivate（HttpSessionEvent event）方法：通知正在收听的对象，session 已经变为无效状态。

12.2.5　Servlet 请求监听

在 Servlet 2.4 规范中，新增加了一个技术，即可以监听客户端的请求。一旦能够在监听程序中获取客户端的请求，就可以对请求进行统一处理。若要实现客户端的请求和请求参数设置的监听，则需要实现以下两个接口。

1. ServletRequestListener 接口

ServletRequestListener 接口提供了以下两个方法。

（1）requestInitalized（ServletRequestEvent event）方法：通知正在收听的对象，ServletRequest 已经被加载及初始化。

（2）requestDestroyed（ServletRequestEvent event）方法：通知正在收听的对象，ServletRequest 已经被载出，即关闭。

2. ServletRequestAttributeListener 接口

ServletRequestAttributeListener 接口提供了以下三个方法。

（1）attributeAdded（ServletRequestAttributeEvent event）方法：当有对象加入 request 的范围内时，通知正在收听的对象。

（2）attributeReplaced（ServletRequestAttributeEvent event）方法：当在 request 的范围内有对象取代另一个对象时，通知正在收听的对象。

（3）attributeRemoved（ServletRequestAttributeEvent event）方法：当有对象从 request 的范围内移除时，通知正在收听的对象。

12.2.6　Servlet 监听器统计在线人数

Servlet 监听器的作用是监听 Web 容器的有效事件，是由 Servlet 容器管理的，可以使用 Listener 接口监听某个执行程序，并根据该程序的需求做出适当的响应。下面介绍一个应用 Servlet 监听器实现统计在线人数的实例。

【例 12.4】 应用 Servlet 监听器统计在线人数。

（1）创建 UserInfoList.java 类文件，主要用于存储在线用户和对在线用户进行操作的信息，其具体代码如下：

```
package com.mr;
import java.util.ArrayList;

public class UserInfoList {
    private static UserInfoList user = new UserInfoList();
    private ArrayList<String> ArrayList = null;

    // 利用 private 调用构造函数，防止被外界产生新的 Instance 对象
    public UserInfoList() {
        this.ArrayList = new ArrayList<String>();
    }

    //  外界使用的 Instance 对象
    public static UserInfoList getInstance() {
        return user;
    }

    //  增加用户
    public boolean addUserInfo(String user) {
        if (user != null) {
            this.ArrayList.add(user);
            return true;
        } else {
            return false;
        }
    }

    //  获取用户列表
    public ArrayList getList() {
        return ArrayList;
    }

    //  移除用户
    public void removeUserInfo(String user) {
        if (user != null) {
            ArrayList.remove(user);
        }
    }
}
```

（2）创建 UserInfoTrace.java 类文件，主要实现 valueBound(HttpSessionBindingEvent arg0) 和 valueUnbound(HttpSessionBindingEvent arg0) 两个方法。当有对象加入 session 时，valueBound() 方法会自动执行；当有对象从 session 中移除时，valueUnbound() 方法会自动执行。在 valueBound() 和 valueUnbound() 方法中都加入了输出信息的功能，可以使用户在控制台中更加清楚地了解执行过程，其具体代码如下：

```
package com.mr;
import javax.servlet.http.HttpSessionBindingEvent;

public class UserInfoTrace implements javax.servlet.http.HttpSessionBindingListener {
    private String user;
    private UserInfoList container = UserInfoList.getInstance();

    public UserInfoTrace() {
        user = "";
    }

    /* 设置在线监听人员 */
    public void setUser(String user) {
        this.user = user;
    }

    /* 获取在线监听 */
    public String getUser() {
        return this.user;
    }

    public void valueBound(HttpSessionBindingEvent arg0) {
        System.out.println(" 上线 " + this.user);
    }

    public void valueUnbound(HttpSessionBindingEvent arg0) {
        System.out.println(" 下线 " + this.user);
        if (user != "") {
            container.removeUserInfo(user);
        }
    }
}
```

（3）创建 showUser.jsp 页面文件，并在页面中使用 setMaxInactiveInterval() 方法设置 session 的过期时间为 10 秒，这样可以缩短 session 的生命周期，其具体代码如下：

```
<%@ page contentType="text/html; charset=UTF-8" language="java"
    import="java.sql.*" errorPage=""%>
<%@ page import="java.util.*"%>
<%@ page import="com.mr.*"%>
```

```
<html>
<head>
<meta http-equiv="Content-Type" content="text/html; charset=UTF-8">
<title>使用监听查看在线用户</title>
<link href="css/style.css" rel="stylesheet" type="text/css">
</head>
<%
    UserInfoList list = UserInfoList.getInstance();
    UserInfoTrace ut = new UserInfoTrace();
    String name = request.getParameter("user");
    ut.setUser(name);
    session.setAttribute("list", ut);
    list.addUserInfo(ut.getUser());
    session.setMaxInactiveInterval(10);
%>
<body>
    <div align="center">
        <table width="506" height="246" border="0" cellpadding="0"
            cellspacing="0" background="image/background2.jpg">
            <tr>
                <td align="center">
                    <br />
                    <textarea rows="8" cols="20">
<%
    ArrayList<String> vector = list.getList();
    if (vector != null && vector.size() > 0) {
        for (int i = 0; i < vector.size(); i++) {
            out.println(vector.get(i));
        }
    }
%>
                    </textarea>
                    <br />
                    <br />
                    <a href="loginOut.jsp">返回</a>
                </td>
            </tr>
        </table>
    </div>
</body>
</html>
```

程序运行结果如图 12.9 所示。

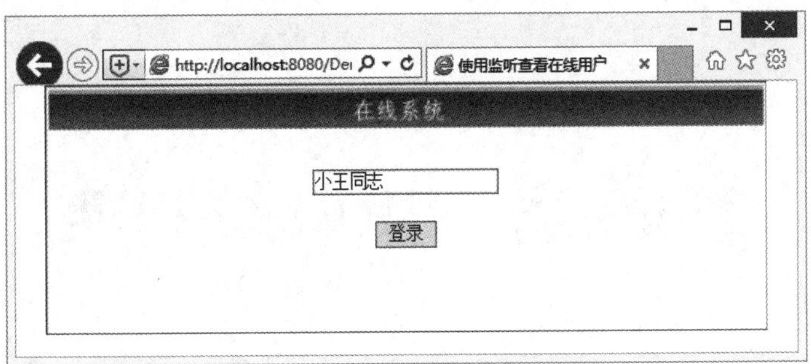

图 12.9　使用监听查看在线用户

当用户输入登录名称后，单击“登录”按钮，会进入统计在线人数界面，如图 12.10 所示。

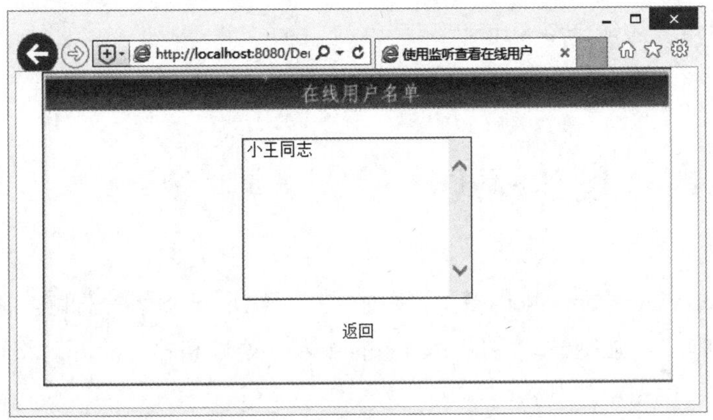

图 12.10　统计在线人数界面

第三篇　框架

第 13 章　Struts2 框架

Struts2 是 Apache 软件组织的一项开放源码项目，是基于 WebWork 核心思想的全新框架，在 Java Web 应用程序开发领域中占有十分重要的地位。随着 JSP 技术的成熟，越来越多的开发人员专注于研究 MVC 框架，使 Struts2 得到了广泛的应用。本章将从 MVC 设计模式开始，向读者详细介绍 Struts2。

13.1　MVC 设计模式

MVC（Model-View-Controller，模型-视图-控制器）是一个存在于服务器表达层的模型。在 MVC 经典架构中，强制性地将应用程序的输入、处理和输出分开，将程序分为 3 个核心模块——模型、视图、控制器。

1. 模型

模型代表了 Web 应用中的核心功能，包括业务逻辑层和数据访问层。在 Java Web 应用程序中，业务逻辑层一般由 JavaBean 或 EJB 构建；数据访问层（数据持久层）则通常由 JDBC 或 Hibernate 构建，主要负责与数据库打交道，例如，从数据库中获取数据、向数据库中保存数据等。

2. 视图

视图主要是指用户看到并且可以与之交互的界面，即 Java Web 应用程序的外观。视图一般由 JSP 和 HTML 构建。视图可以接收用户的输入数据，但并不包含任何实际的业务处理，只是将数据转交给控制器。当模型发生改变时，通过模型和视图之间的协议，视图会得知这种改变并修改自己的显示。对于用户的输入，视图会将其交给控制器处理。

3. 控制器

控制器负责交互和将用户输入的数据导入模型中。在 Java Web 应用程序中，当用户提交 HTML 表单时，控制器首先会接收请求并调用相应的模型组件来处理请求，然后会调用相应的视图来显示模型返回的数据。

模型-视图-控制器之间的关系如图 13.1 所示。

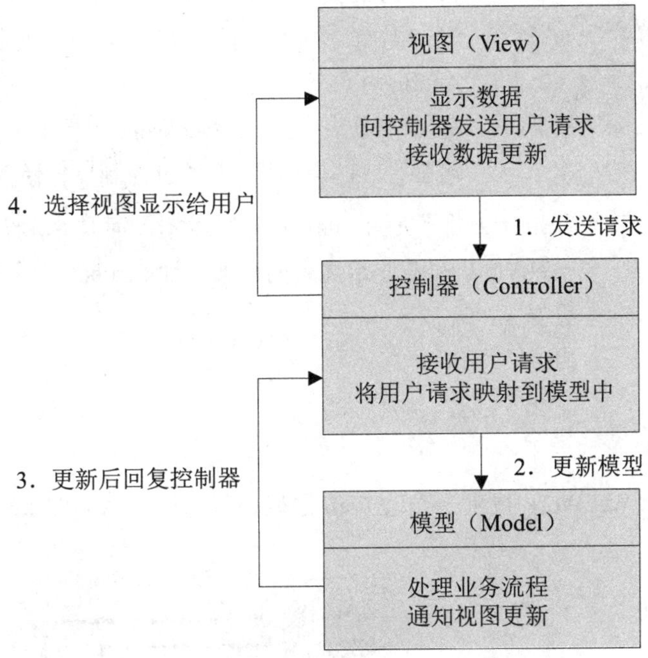

图 13.1　模型-视图-控制器之间的关系

13.2　Struts2 概述

Struts 是 Apache 软件基金会下的 Jakarta 项目的一部分。它目前有两个版本（Struts 1.x 和 Struts 2.x），都是基于 MVC 经典设计模式的框架，采用了 Servlet 和 JSP 技术来实现，在目前的 Web 应用程序开发中的应用非常广泛。本节将向读者介绍开发 Struts2 及 Struts2 的体系结构。

13.2.1　Struts2 的产生

性能高效、松耦合和低侵入是开发人员所追求的框架的理想状态。针对 Struts1 中存在的缺陷与不足，发布了 Struts2。它不仅修改了 Struts1 中的缺陷，而且提供了更加灵活与强大的功能。

Struts2 的结构体系与 Struts1 有很大的区别，因为该框架是在 WebWork 框架的基础上发展而来的，所以它是 WebWork 与 Struts 技术的结合。在 Struts 的官方网站上可以看到 Struts2 的图片，如图 13.2 所示。

图 13.2 Struts2 的图片

WebWork 是开源组织 opensymphony 中的一个非常优秀的开源 Web 框架，于 2002 年 3 月发布。相对于 Struts1，其设计思想更加超前，功能也更加灵活。其中，Action 对象不再与 Servlet API 耦合，它可以在脱离 Web 容器的情况下运行。WebWork 也提供了自己的 IoC 容器以增强程序的灵活性，并通过控制反转使程序测试更加简单。

从某些程度上来说，Struts2 并不是 Struts1 的升级版本，而是 Struts 与 WebWork 技术的结合。由于 Struts1 与 WebWork 都是非常优秀的框架，而 Struts2 又吸收了二者的优势，因此 Struts2 的前景非常美好。

13.2.2 Struts2 的结构体系

Struts2 是基于 WebWork 技术开发的 Web 框架，其结构体系如图 13.3 所示。

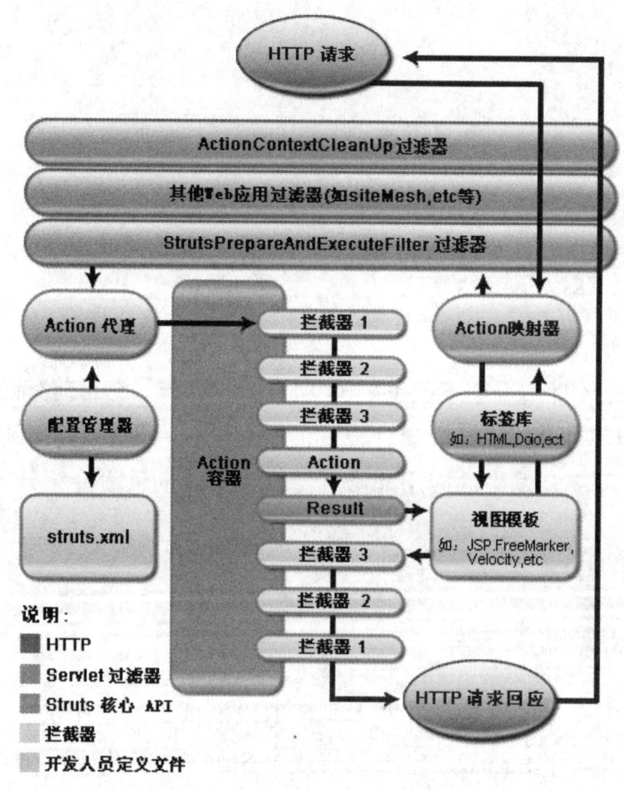

图 13.3 Struts2 的结构体系

Struts2 通过过滤器拦截需要处理的请求。当客户端发送一个 HTTP 请求时，需要经过一条过滤器链。这条过滤器链包括 ActionContextCleanUp 过滤器、其他 Web 应用过滤器及

StrutsPrepareAndExecuteFilter 过滤器，其中 StrutsPrepareAndExecuteFilter 过滤器是必须配置的。

当 StrutsPrepareAndExecuteFilter 过滤器被调用时，Action 映射器会查找需要调用的 Action 对象，并返回该对象的代理。然后 Action 代理会从配置管理器中读取 Struts2 的相关配置（如 struts.xml 文件）。Action 容器会调用指定的 Action 对象，并且在调用之前需要经过 Struts2 的一系列拦截器。拦截器与过滤器的原理类似，从图中可以看出两次执行的顺序是相反的。

在 Action 处理请求后，会返回相应的视图模板（如 JSP 或 FreeMarker 等）。在这些视图模板中，可以使用 <struts> 标签显示数据并控制数据逻辑。最后 HTTP 请求会被回应给客户端，在回应的过程中同样需要经过过滤器链。

13.3 Struts2 入门

Struts2 的使用方法比 Struts 1.x 更为简单、方便，只需要加载一些 jar 包等插件，不需要配置任何文件，即 Struts2 采用热部署方式注册插件。

13.3.1 获取与配置 Struts2

Struts 的官方网站是 http://struts.apache.org，在此网站上可以下载 Struts 的所有版本并查看其帮助文档。本书使用的 Struts2 开发包为 Struts 2.3.4 版本。

在项目开发前需要添加 Struts2 的类库支持，即将 lib 文件夹中的 jar 包文件配置到项目的构建路径中。在通常情况下，不需要添加全部的 jar 包文件，只需要根据项目实际的开发需要添加即可。

开发 Struts2 项目需要添加的类库文件如表 13.1 所示。在 Struts 2.3 的程序中，这些 jar 文件是必须添加的。

表 13.1 开发 Struts2 项目需要添加的类库文件

名 称	说 明
struts2-core-2.3.4.jar	Struts2 的核心类库
xwork-core-2.3.4.jar	xwork 的核心类库
ognl-3.0.5.jar	OGNL 表达式语言类库
freemarker-2.3.19.jar	FreeMarker 模板语言支持类库
commons-io-2.0.1.jar	处理 I/O 操作的工具类库

续表

名　称	说　明
commons-fileupload-1.2.2.jar	文件上传支持类库
javassist-3.11.0.GA.jar	分析、编辑和创建 Java 字节码的类库
asm-commons-3.3.jar	ASM 是一个 Java 字节码处理框架，使用它可以动态生成 Stub 类和 Proxy 类，并在 Java 虚拟机装载类之前动态修改类的内容
asm-3.3.jar	
commons-lang3-3.1.jar	包含一些数据类型工具类，是 java.lang.* 的扩展

在实际的项目开发中可能需要更多的类库支持，如 Struts2 集成的一些插件——DOJO、JFreeChar、JSON 及 JSF 等。相关类库只需在 lib 文件夹中查找添加即可。

13.3.2　创建第一个 Struts2 程序

Struts2 主要通过一个过滤器将 Struts 集成到 Web 应用程序中，这个过滤器对象为 org.apache.struts2.dispatcher.ng.filter.StrutsPrepareAndExecuteFilter。Struts2 可以通过该对象拦截 Web 应用程序中的 HTTP 请求，并将这个 HTTP 请求转发给指定的 Action 对象进行处理，Action 对象会将处理的结果返回给客户端相应的页面。因此在 Struts2 中，过滤器 StrutsPrepareAndExecuteFilter 是 Web 应用程序与 Struts2 API 之间的入口，在 Struts2 应用中具有重要的作用。

下面的实例使用 Struts2 处理 HTTP 请求的流程如图 13.4 所示。

【例 13.1】　创建 Java Web 项目并添加 Struts2 的支持类库，使用 Struts2 将请求转发到指定 JSP 页面。

（1）创建名称为 13.1 的 Java Web 项目，将 Struts2 的类库文件添加到 WEB-INF 文件夹中的 lib 文件夹中。由于本实例实现的功能比较简单，因此只需要添加 Struts2 的核心类包即可，添加的类包如图 13.5 所示。

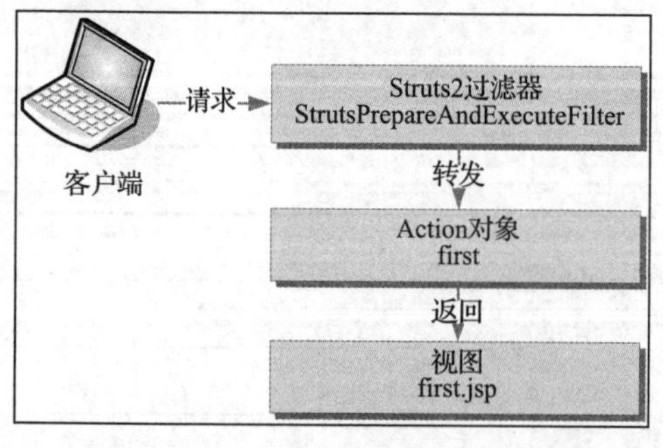

图 13.4　使用 Struts2 处理 HTTP 请求的流程

图 13.5　添加的类包

学习笔记

Struts2 的支持类库可以从下载的 Struts2 开发包的解压缩目录中的 lib 文件夹中得到。

（2）在 web.xml 文件中声明 Struts2 提供的过滤器，类名为 org.apache.struts2.dispatcher.ng.filter.StrutsPrepareAndExecuteFilter，其关键代码如下：

```
<?xml version="1.0" encoding="UTF-8"?>
<web-app
 xmlns:xsi="http://www.w3.org/2001/XMLSchema-instance"
 xmlns="http://java.sun.com/xml/ns/javaee"
 xmlns:web="http://java.sun.com/xml/ns/javaee/web-app_2_5.xsd"
 xsi:schemaLocation="http://java.sun.com/xml/ns/javaee
 http://java.sun.com/xml/ns/javaee/web-app_3_0.xsd"
 id="WebApp_ID" version="3.0">
  <display-name>9.01</display-name>
  <filter>                                            <!-- 配置 Struts2 过滤器 -->
    <filter-name>struts2</filter-name>                <!-- 过滤器名称 -->
    <!-- 过滤器类 -->
    <filter-class>
       org.apache.struts2.dispatcher.ng.filter.StrutsPrepareAndExecuteFilter
    </filter-class>
  </filter>
  <filter-mapping>
    <filter-name>struts2</filter-name>                <!-- 过滤器名称 -->
    <url-pattern>/*</url-pattern>                     <!-- 过滤器映射 -->
  </filter-mapping>
</web-app>
```

学习笔记

Struts 2.0 中使用的过滤器类名为 org.apache.struts2.dispatcher.FilterDispatcher，但是从 Struts 2.1 开始已经不推荐使用了，而是使用 org.apache.struts2.dispatcher.ng.filter.StrutsPrepareAndExecuteFilter 类。

（3）在 Java Web 项目的源码文件夹中，创建名称为 struts.xml 的配置文件。在其中定义 Struts2 中的 Action 对象，其关键代码如下：

```
<?xml version="1.0" encoding="UTF-8" ?>
<!DOCTYPE struts PUBLIC
   "-//Apache Software Foundation//DTD Struts Configuration 2.3//EN"
   "http://struts.apache.org/dtds/struts-2.3.dtd">
<struts>
   <!-- 声明包 -->
```

```
    <package name="myPackage" extends="struts-default">
        <!-- 定义 action -->
        <action name="first">
            <!-- 定义处理成功后的映射页面 -->
            <result>/first.jsp</result>
        </action>
    </package>
</struts>
```

在上面的代码中，<package> 标签用于声明一个包，其 name 属性用于指定其名称为 myPackage，extends 属性用于指定此包继承于 struts-default 包；<action> 标签用于定义 Action 对象，其 name 属性用于指定访问此 Action 的 URL；<result> 子元素用于定义处理结果和资源之间的映射关系。在实例中，<result> 子元素的配置为在处理成功后将请求转发到 first.jsp 页面。

学习笔记

在 struts.xml 文件中，Struts2 的 Action 配置需要放置在包空间内，类似于 Java 中包的概念。<package> 标签用于声明一个包，在通常情况下，其声明的包需要继承于 struts-default 包。

（4）创建主页面 index.jsp，在其中编写一个超链接用于访问上面所定义的 Action 对象。该超链接指向的地址为 first.action，其关键代码如下：

```
<body>
    <a href="first.action">请求 Struts2</a>
</body>
```

学习笔记

在 Struts2 中，Action 对象的默认访问后缀为 .action。此后缀可以被任意更改，其更改方法将会在后续内容中进行讲解。

（5）创建名称为 first.jsp 的 JSP 页面作为 Action 对象进行 first 处理成功后的返回页面，其关键代码如下：

```
<body>
    第一个 Struts2 程序！
</body>
```

在运行实例后，打开主页面，如图 13.6 所示。单击“请求 Struts2”超链接，请求将会交由 Action 对象进行 first 处理，在处理成功后会返回如图 13.7 所示的 first.jsp 页面。

图 13.6　主页面

图 13.7　first.jsp 页面

13.4　Action 对象

在传统的 MVC 框架中，Action 对象需要实现特定的接口。这些接口由 MVC 框架定义，当实现这些接口时，它们会与 MVC 框架耦合。Struts2 比 Action 对象更为灵活，可以实现也可以不实现 Struts2 的接口。

13.4.1　认识 Action 对象

Action 对象是 Struts2 中的重要对象，主要用于处理 HTTP 请求。在 Struts2 API 中，Action 对象是一个接口，位于 com.opensymphony.xwork2 包中。在通常情况下，我们在编写 Struts2 项目时，创建 Action 对象都需要直接或间接地实现 Action 接口，在该接口中，除了定义了 execute() 方法，还定义了 5 个字符串类型的静态常量。Action 接口的关键代码如下：

```
public interface Action {
   public static final String SUCCESS = "success";
   public static final String NONE = "none";
   public static final String ERROR = "error";
   public static final String INPUT = "input";
   public static final String LOGIN = "login";
   public String execute() throws Exception;
}
```

在 Action 接口中，包含了 5 个静态常量，它们是 Struts2 API 为处理结果而定义的静态常量，具体的含义如下：

- SUCCESS。

静态常量 SUCCESS 代表 Action 执行成功的返回值。在 Action 执行成功的情况下，需要返回成功页面，即可将 Action 对象处理的返回值设置为 SUCCESS。

- NONE。

静态常量 NONE 代表 Action 执行成功的返回值，但不需要返回成功页面，主要用于处理不需要返回结果页面的业务逻辑。

- ERROR。

静态常量 ERROR 代表 Action 执行失败的返回值。在一些信息验证失败的情况下，即可将 Action 对象处理的返回值设置为 ERROR。

- INPUT。

静态常量 INPUT 代表需要某个输入信息页面的返回值。例如，在修改某些信息时，加载数据后需要返回修改页面，即可将 Action 对象处理的返回值设置为 INPUT。

- LOGIN。

静态常量 LOGIN 代表需要用户登录的返回值。例如，在验证用户是否登录时，Action 验证失败并需要用户重新登录，即可将 Action 对象处理的返回值设置为 LOGIN。

13.4.2 请求参数的注入原理

在 Struts2 中，表单提交的数据会自动注入与 Action 对象中相对应的属性，它与 Spring 中的 IoC 注入原理相同，都是通过 Action 对象为属性提供 setter 方法进行注入。例如，创建 UserAction 类，并提供一个 username 属性，其关键代码如下：

```
public class UserAction extends ActionSupport {
    private String username;                          // 用户名属性
    // 为 username 提供 setter 方法
    public void setUsername(String username) {
        this.username = username;
    }
    // 为 username 提供 getter 方法
    public String getUsername() {
        return username;
    }
    public String execute() {
        return SUCCESS;
    }
}
```

需要注入属性值的 Action 对象必须为属性提供 setter 方法，因为 Struts2 的内部实现是按照 JavaBean 规范中提供的 setter 方法自动为属性注入值的。

由于 Struts2 中 Action 对象的属性是使用 setter 方法注入的，因此需要为属性提供 setter 方法。但是在获取这个属性的数值时，需要使用 getter 方法，因此在编写代码时最好为 Action 对象的属性提供 setter 与 getter 方法。

13.4.3 Struts2 的基本流程

Struts2 主要通过 Struts2 的过滤器对象拦截 HTTP 请求，然后将请求分配给指定的

Action 对象进行处理，其基本流程如图 13.8 所示。

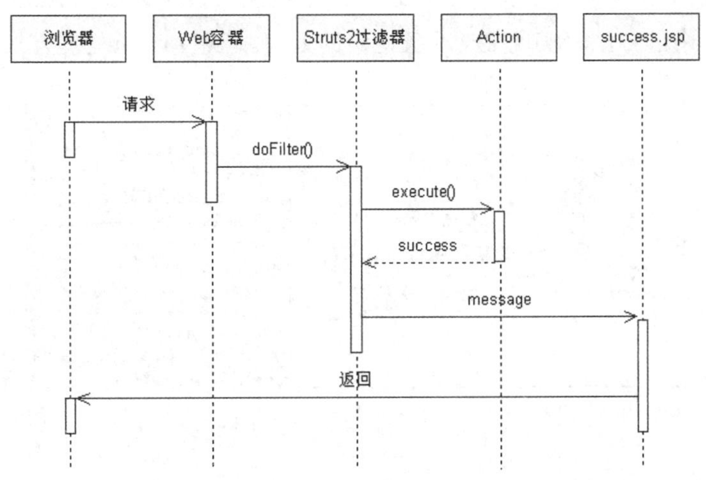

图 13.8　Struts2 的基本流程

由于在 Web 项目中配置了 Struts2 的过滤器，因此，当浏览器向 Web 容器发送一个 HTTP 请求时，Web 容器需要调用 Struts2 过滤器的 doFilter() 方法。此时，Struts2 接收到 HTTP 请求，Struts2 的内部处理机制会判断这个请求是否与某个 Action 对象匹配。如果找到了匹配的 Action 对象，则会调用该对象的 execute() 方法，并根据处理结果返回相应的值。然后 Struts2 会通过 Action 对象的返回值查找返回值所映射的页面，最后通过一定的视图返回给浏览器。

学习笔记

在 Struts2 中，一个 *.action 请求的返回视图由 Action 对象决定。其实现方法为通过查找返回的字符串对应的配置项确定返回的视图，如果 Action 对象中的 execute() 方法返回的字符串为 success，则 Struts2 会在配置文件中查找名为 success 的配置项，并返回这个配置项对应的视图。

13.4.4　动态 Action

前文所讲解的 Action 对象都是通过重写 execute() 方法来处理浏览器请求的，这种方式只适合比较单一的业务逻辑请求。然而在实际的项目开发中，业务请求的类型是多种多样的（如增加、删除、修改和查询一个对象的数据），如果通过创建多个 Action 对象并编写多个 execute() 方法来处理这些请求，则不仅处理方式过于复杂，而且需要编写很多代码。当然处理这些请求的方式有很多种，例如，可以将这些处理逻辑代码编写在一个 Action 对象中，然后通过 execute() 方法来判断请求的是哪种业务逻辑，并在判断后将请求转发到对应的业务逻辑处理方法中。

在 Struts2 中提供了 Dynamic Action 这样一个概念，被称为动态 Action。它通过动态请求 Action 对象中的方法来实现某一业务逻辑的处理。动态 Action 处理方式如图 13.9 所示。

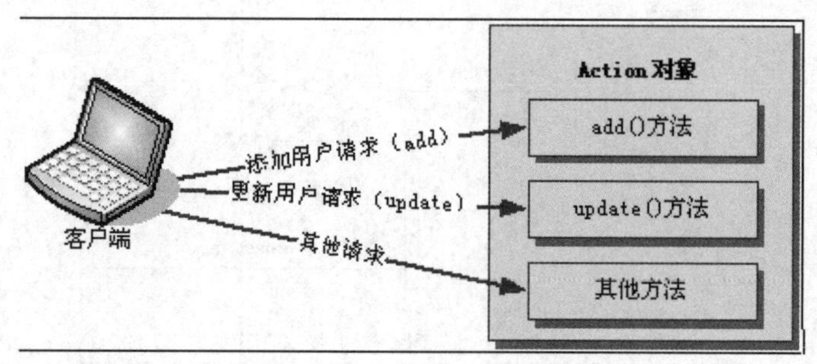

图 13.9　动态 Action 处理方式

从图 13.9 中可以看出，动态 Action 通过请求 Action 对象中的一个具体方法来实现动态操作，操作方式为在请求 Action 对象的 URL 地址后方添加请求字符串（方法名），从而与 Action 对象中的方法匹配，注意 Action 地址与请求字符串之间以符号“!”分隔。

如果在配置文件 struts.xml 中配置了 userAction，则请求其中的 add() 方法的格式如下：

```
/userAction!add
```

13.4.5　应用动态 Action

【例 13.2】　创建一个 Java Web 项目，使用 Struts2 提供的动态 Action 处理方式添加用户信息及修改用户信息的请求。

（1）创建动态 Java Web 项目，将 Struts2 的类库文件添加到 WEB-INF 文件夹中的 lib 文件夹中，然后在 web.xml 文件中注册 Struts2 提供的过滤器。

（2）创建名称为 UserAction 的 Action 对象，在其中分别编写 add() 方法与 update() 方法，用于处理添加用户信息及修改用户信息的请求，并将请求返回给相应的页面，其关键代码如下：

```
package com.wgh;
import com.opensymphony.xwork2.ActionSupport;
public class UserAction extends ActionSupport {
    private String info;                              // 提示信息属性
    // 添加用户信息的方法
    public String add() throws Exception {
        setInfo(" 添加用户信息 ");
        return "add";
    }
    // 修改用户信息的方法
```

```
    public String update() throws Exception {
        setInfo("修改用户信息");
        return "update";
    }
    public String getInfo() {
        return info;
    }
    public void setInfo(String info) {
        this.info = info;
    }
}
```

学习笔记

本实例主要用于演示 Struts2 的动态 Action 处理方式，实际上并没有添加与修改用户信息。add() 与 update() 方法处理请求的方式非常简单，只需要为 UserAction 中的 info 变量赋一个值，并返回相应的结果即可。

（3）在 Java Web 项目的源码文件夹（在 Eclipse 中默认为 src 文件夹）中创建名称为 struts.xml 的配置文件，并在其中配置 UserAction，其关键代码如下：

```
<struts>
    <!-- 声明包 -->
    <package name="user" extends="struts-default">
        <!-- 定义 action -->
        <action name="userAction" class="com.wgh.UserAction">
            <!-- 定义处理成功后的映射页面 -->
            <result name="add">user_add.jsp</result>
            <result name="update">user_update.jsp</result>
        </action>
    </package>
</struts>
```

（4）创建名称为 user_add.jsp 的 JSP 页面作为成功添加用户信息的返回页面，其关键代码如下：

```
<body>
    <s:property value="info"/>
</body>
```

在 user_add.jsp 页面中，本实例通过 Struts2 标签输出 UserAction 中的信息，即在 UserAction 中，add() 方法为 info 属性所赋的值。

（5）创建名称为 user_update.jsp 的 JSP 页面作为成功修改用户信息的返回页面，其关键代码如下：

```
<body>
```

```
    <s:property value="info"/>
</body>
```

在 user_update.jsp 页面中，本实例通过 Struts2 标签输出 UserAction 中的信息，即在 UserAction 中，update() 方法为 info 属性所赋的值。

（6）创建程序的首页 index.jsp，并在其中添加两个超链接。通过 Struts2 提供的动态 Action 功能，将这两个超链接请求分别指向 UserAction 的添加与修改用户信息的请求，其关键代码如下：

```
<body>
    <a href="userAction!add">添加用户</a>
    <a href="userAction!update">修改用户</a>
</body>
```

学习笔记

当使用 Struts2 的动态 Action 时，请求的 URL 地址中需要使用符号“!”分隔 Action 请求与请求字符串，而请求字符串的名称需要与 Action 对象中的方法名称相对应，否则将会抛出 java.lang.NoSuchMethodException 异常。

运行实例，会打开如图 13.10 所示的 index.jsp 页面，在其中会显示“添加用户”与“修改用户”超链接。

单击“添加用户”超链接，请求会交给 UserAction 的 add() 方法进行处理，此时可以看到，在浏览器地址栏中的地址变为 http://localhost:8080/13.02/user/userAction!add。由于使用了 Struts2 提供的动态 Action，因此当请求 /userAction!add 时，请求会交给 UserAction 的 add() 方法进行处理。单击“修改用户”超链接，请求会交给 UserAction 的 update() 方法进行处理。

图 13.10 index.jsp 页面

从上面的实例可以看出，请求并非必须通过 execute() 方法进行处理，使用动态 Action 进行处理会更加方便。因此，在实际的项目开发中可以将同一模块的一些请求封装在一个 Action 对象中，并使用 Struts2 提供的动态 Action 处理不同请求。

13.5 Struts2 的配置文件

在使用 Struts2 时，需要配置 Struts2 的相关文件，以使各个程序模块之间可以进行通信。

13.5.1　Struts2 的配置文件类型

Struts2 的配置文件如表 13.2 所示。

表 13.2　Struts2 的配置文件

名　称	说　明
struts-default.xml	位于 Struts2-core-2.3.4.jar 文件的 org.apache.Struts2 包中
struts-plugin.xml	位于 Struts2 提供的各个插件的包中
struts.xml	Web 应用程序默认的 Struts2 配置文件
struts.properties	Sturts2 中的属性配置文件
web.xml	此文件是 Web 应用程序中的 web.xml 文件，在其中也可以设置 Struts2 的一些信息

其中，struts-default.xml 和 struts-plugin.xml 文件是 Struts2 提供的配置文件，它们都位于 Struts2 提供的包中；struts.xml 文件是 Web 应用程序默认的 Struts2 配置文件；struts.properties 文件是 Struts2 中的属性配置文件；最后两个配置文件需要由开发人员进行编写。

13.5.2　配置 Struts2 包

在 struts.xml 文件中存在一个包的概念，类似于 Java 中的包。在配置文件 struts.xml 中，包使用 <package> 标签声明，主要用于放置一些项目中的相关配置，可以被理解为配置文件中的一个逻辑单元。已经配置好的包可以被其他包所继承，从而提高配置文件的重用性。与 Java 中的包类似，在 struts.xml 文件中使用包不仅可以提高程序的可读性，而且可以简化日后的维护工作，其使用方法如下：

```
<struts>
   <!-- 声明包 -->
         <package name="user" extends="struts-default">
            …
         </package>
</struts>
```

包使用 <package> 标签声明，并且必须拥有一个 name 属性来指定包的名称，<package> 标签包含的属性及说明如表 13.3 所示。

表 13.3　<package> 标签包含的属性及说明

属　性	说　明
name	用于声明包的名称，以便在其他处引用此包，此属性是必需的
extends	用于声明继承的包，即其父包

续表

属　性	说　明
namespace	用于指定名称空间，即访问此包下的 Action 需要访问的路径
abstract	用于将包声明为抽象类型（包中不定义 Action）

13.5.3　配置名称空间

在 Java Web 项目开发中，Web 文件目录通常以模块划分，如用户模块的首页可以定义在“/user”目录中，其访问地址为“/user/index.jsp”。在 Struts2 中，Struts2 配置文件提供了名称空间的功能，用于指定一个 Action 对象的访问路径。名称空间的使用方法为在配置文件 struts.xml 的包中，使用 namespace 属性进行声明。

【例 13.3】　修改例 13.2 的程序，为原来的 user 包配置名称空间。

（1）打开 struts.xml 文件，将 <package> 标签的内容修改为以下内容，即指定名称空间为“/user”：

```
<package name="user" extends="struts-default" namespace="/user">
```

学习笔记

在 <package> 标签中指定名称空间属性时，名称空间的值需要以“/”开头；否则找不到 Action 对象的访问地址。

（2）在项目的 WebContent 文件夹中创建 user 文件夹，并将 user_add.jsp 和 user_update.jsp 文件移动到该文件夹中。修改 index.jsp 文件中的访问地址，在原访问地址前添加名称空间中指定的访问地址，其关键代码如下：

```
<a href="user/userAction!add">添加用户</a>
<a href="user/userAction!update">修改用户</a>
```

运行本实例，将会得到与例 13.2 同样的运行结果。这样我们就可以通过配置名称空间将关于用户操作的内容放置到单独的文件夹中了。

13.5.4　Action 对象的相关配置

Struts2 中的 Action 对象是一个控制器的角色。Struts2 可以通过该对象处理 HTTP 请求。其请求地址的映射需要在 struts.xml 文件中使用 <action> 标签配置，其关键代码如下：

```
<action name="userAction" class="com.wgh.action.UserAction" method="save">
    <result>success.jsp</result>
</action>
```

配置文件中的 <action> 标签主要用于建立 Action 对象的映射，使用该标签可以指定请求的 Action 对象地址及处理后的映射页面。<action> 标签的常用属性及说明如表 13.4 所示。

表 13.4　<action> 标签的常用属性及说明

属　性	说　明
name	用于配置 Action 对象被请求的 URL 映射
class	用于指定 Action 对象的类名
method	用于设置请求 Action 对象时调用该对象的哪一个方法
converter	用于指定 Action 对象类型转换器的类

学习笔记

在 <action> 标签中，name 属性是必须配置的。在建立 Action 对象的映射时必须指定其 URL 映射地址，否则请求找不到 Action 对象。

在实际的项目开发中，每一个模块的业务逻辑都比较复杂，一个 Action 对象可以包含多个业务逻辑请求的分支。

在用户管理模块中，需要对用户信息进行添加、删除、修改和查询操作，其关键代码如下：

```
import com.opensymphony.xwork2.ActionSupport;
/**
 * 用户信息管理 Action
 */
public class UserAction extends ActionSupport{
   private static final long serialVersionUID = 1L;
   // 添加用户信息
   public String save() throws Exception {
      …
      return SUCCESS;
   }
   // 修改用户信息
   public String update() throws Exception {
      …
      return SUCCESS;
   }
   // 删除用户信息
   public String delete() throws Exception {
      …
      return SUCCESS;
   }
   // 查询用户信息
```

```
    public String find() throws Exception {
        …
        return SUCCESS;
    }
}
```

在调用一个 Action 对象时，默认执行的是 execute() 方法。如果在多业务逻辑分支的 Action 对象中，需要指定请求的处理方法，则可以通过 <action> 标签的 method 属性进行配置，即将一个请求交给指定的业务逻辑方法处理，其关键代码如下：

```
<!-- 添加用户 -->
<action name="userAction" class="com.lyq.action.UserAction" method="save">
    <result>success.jsp</result>
</action>
<!-- 修改用户 -->
<action name="userAction" class="com.lyq.action.UserAction" method="update">
    <result>success.jsp</result>
</action>
<!-- 删除用户 -->
<action name="userAction" class="com.lyq.action.UserAction" method="delete">
    <result>success.jsp</result>
</action>
<!-- 查询用户 -->
<action name="userAction" class="com.lyq.action.UserAction" method="find">
    <result>success.jsp</result>
</action>
```

<action> 标签的 method 属性主要用于为一个请求分发一个指定的业务逻辑方法。如果将其设置为 add，则这个请求会交给 Action 对象的 add() 方法处理。这种配置方法可以减少 Action 对象的数目。

学习笔记

<action> 标签的 method 属性值必须与 Action 对象中的方法名一致，这是因为 Struts2 会通过 method 属性值查找与其匹配的方法。

13.5.5 使用通配符简化配置

在 Struts2 的配置文件 struts.xml 中支持通配符，这种配置方式主要针对具有多个 Action 对象的情况。根据一定的命名约定，使用通配符来配置 Action 对象，可以达到一种简化配置的效果。

在 struts.xml 文件中，常用的通配符有两个。

（1）通配符“*”：匹配 0 个或多个字符。

（2）通配符“\”：一个转义字符，如果需要匹配“/”，则使用“\/”进行匹配。

【例 13.4】　在 Struts2 的配置文件 struts.xml 中应用通配符，其关键代码如下：

```
<struts>
   <package name="default" namespace="/" extends="struts-default">
      <action name="*Action" class="com.wgh.action.{1}Action">
         <result name="success">result.jsp </result>
         <result name="update">update.jsp</result>
         <result name="del">result.jsp</result>
      </action>
   </package>
</struts>
```

<action> 标签的 name 属性值为“*Action”，匹配的是以字符 Action 结尾的字符串，如 UserAction 和 BookAction。在 Struts2 的配置文件中可以使用表达式 {1}、{2} 或 {3} 的方式获取通配符所匹配的字符，如代码中的“com.wgh.action.{1}Action”。

13.5.6　配置返回视图

在 MVC 的设计思想中，处理业务逻辑后，需要返回一个视图，Struts2 通过 Action 的结果映射配置返回视图。

Action 对象是 Struts2 中的请求处理对象，可以针对不同的业务请求及处理结果返回一个字符串，即 Action 处理结果的逻辑视图名。Struts2 根据逻辑视图名在配置文件 struts.xml 中查找与其匹配的视图，并在找到后将这个视图返回给浏览器，如图 13.11 所示。

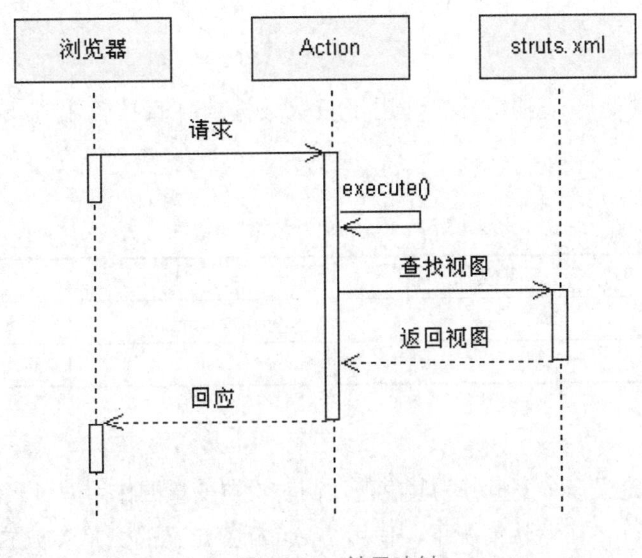

图 13.11　结果映射

在配置文件 struts.xml 中，结果映射使用 <result> 子元素，其使用方法如下：

```
<action name="user" class="com.wgh.action.UserAction">
    <!-- 结果映射 -->
    <result>/user/Result.jsp</result>
    <!-- 结果映射 -->
    <result name="error">/user/Error.jsp</result>
    <!-- 结果映射 -->
    <result name="input" type="dispatcher">/user/Input.jsp</result>
</action>
```

<result> 子元素的两个属性为 name 和 type，其中 name 属性用于指定 result 的逻辑名称，与 Action 对象中方法的返回值对应。如果 execute() 方法的返回值为 input，则将 <result> 子元素的 name 属性配置为 input，以对应 Action 对象中方法的返回值。type 属性用于设置返回结果的类型，如请求转发和重定向等。

13.6 Struts2 的标签库

如果想要在 JSP 中使用 Struts2 的标签库，则需要先指定标签的引入，在 JSP 代码的顶部添加如下代码：

```
<%@taglib prefix="s" url="/struts-tags" %>
```

13.6.1 数据标签

1. <property> 标签

<property> 标签是一个常用标签，用于获取数据值并直接输出到页面中，其属性如表 13.5 所示。

表 13.5 <property> 标签的属性

名 称	是否必须	名 称	是否必须
default	可选	escapeJavaScript	可选
escape	可选	value	可选

2. <set> 标签

<set> 标签用于定义一个变量并为其赋值，同时设置变量的作用域（取值为 application、request 和 session 等）。在默认情况下，使用 <set> 标签定义的变量会被放置到值栈中。该标签的属性如表 13.6 所示。

表 13.6　<set> 标签的属性

名　称	是否必须	类　型	说　明
scope	可选	String	设置变量的作用域，取值为 application、request、session、page 或 action，默认值为 action
value	可选	String	设置变量值
var	可选	String	定义变量名

学习笔记

在 <set> 标签中还包含 id 与 name 属性，但是在 Struts2 中这两个属性已过时，所以不再讲解。

<set> 标签的使用方法如下：

```
<s:set var="username" value="'测试<set>标签'" scope="request"></s:set>
<s:property default="没有数据！" value="#request.username"/>
```

上述代码使用 <set> 标签定义了一个名称为 username 的变量，其值为一个字符串，作用域在 request 范围内。

3. <a> 标签

<a> 标签用于构建一个超链接，最终构建效果为形成一个 HTML 中的超链接，其常用属性如表 13.7 所示。

表 13.7　<a> 标签的常用属性

名　称	是否必须	类　型	说　明
action	可选	String	将超链接的地址指向 action
href	可选	String	超链接地址
id	可选	String	设置 HTML 中的属性名称
method	可选	String	如果超链接的地址指向 action，则 method 可以为 action 声明所调用的方法
namespace	可选	String	如果超链接的地址指向 action，则 namespace 可以为 action 声明名称空间

4. <param> 标签

<param> 标签用于为参数赋值，可以作为其他标签的子标签，其属性如表 13.8 所示。

表 13.8　<param> 标签的属性

名　称	是否必须	类　型	说　明
name	可选	String	设置参数名称
value	可选	Object	设置参数值

5. <action> 标签

<action> 标签是一个常用的标签，用于执行一个 Action 请求。当在一个 JSP 页面中通过 <action> 标签执行 Action 请求时，既可以将其返回结果输出到当前页面中，也可以不输出。该标签的常用属性如表 13.9 所示。

表 13.9 <action> 标签的常用属性

名　称	是否必须	类　型	说　明
executeResult	可选	String	是否使 Action 请求返回执行结果，默认值为 false
flush	可选	boolean	是否刷新输出结果，默认值为 true
ignoreContextParams	可选	boolean	是否将页面请求参数传入被调用的 Action 对象，默认值为 false
name	必须	String	Action 对象映射的名称，即 struts.xml 文件中配置的名称
namespace	可选	String	指定名称空间的名称
var	可选	String	引用此 Action 对象的名称

6. <push> 标签

<push> 标签用于将对象或值压入值栈中并放置在顶部。因为值栈中的对象可以被直接调用，所以该标签的主要作用为简化操作。<push> 标签的属性只有 value，用于声明压入值栈中的对象，其使用方法如下：

```
<s:push value="#request.student"></s:push>
```

7. <date> 标签

<date> 标签用于格式化日期和时间，可以通过指定的格式化样式格式化日期和时间的值，其属性如表 13.10 所示。

表 13.10 <date> 标签的属性

名　称	是否必须	类　型	说　明
format	可选	String	设置格式化日期的样式
name	必须	String	日期值
nice	可选	boolean	是否输出给定日期与当前日期之间的时差，默认值为 false，不输出时差
var	可选	String	格式化时间的名称变量，通过此变量可以对其进行引用

8. <include> 标签

<include> 标签的作用类似于 JSP 中的 include 指令，用于包含一个页面，并且可以通过 <param> 标签向目标页面传递请求参数。

<include> 标签只有一个必选的 file 属性，用于包含一个 JSP 页面或 Servlet，其使用

方法如下：

```
<%@include file=" /pages/common/common_admin.jsp"%>
```

9. <url> 标签

<url>标签中提供了多个属性以满足不同格式的URL需求，其常用属性如表13.11所示。

表 13.11　<url> 标签的常用属性

名　称	是否必须	类　型	说　明
action	可选	String	Action 对象的映射 URL，即对象的访问地址
anchor	可选	String	此 URL 的锚点
encode	可选	boolean	是否编码参数，默认值为 true
escapeAmp	可选	String	是否将“&”转义为“&”
forceAddSchemeHostAndPort	可选	boolean	是否添加 URL 的主机地址及端口号，默认值为 false
includeContext	可选	boolean	生成的 URL 是否包含上下文路径，默认值为 true
includeParams	可选	String	是否包含可选参数，可选值为 none、get 和 all，默认值为 none
method	可选	String	指定请求 Action 对象所调用的方法
namespace	可选	String	指定请求 Action 对象映射地址的名称空间
scheme	可选	String	指定生成 URL 所使用的协议
value	可选	String	指定生成 URL 的地址值
var	可选	String	定义生成 URL 的变量名称，可以通过此名称引用 URL

<url> 标签是一个常用的标签，在其中可以为 URL 传递请求参数，也可以通过该标签提供的属性生成不同格式的 URL。

13.6.2　控制标签

1. <if> 标签

<if> 标签是一个流程控制标签，用于处理某一逻辑的多种条件。通常表现为“如果满足某种条件，则执行某种处理，否则执行另一种处理”。

2. <s:if> 标签

<s:if> 标签是基本流程控制标签，用于在满足某个条件的情况下执行标签体中的内容，可以单独使用。

3. <s:elseif> 标签

<s:elseif> 标签需要与 <s:if> 标签配合使用，用于在不满足 <s:if> 标签中条件的情况下，判断是否满足 <s:elseif> 标签中的条件。如果满足，则将执行其标签体中的内容。

4. <s:else> 标签

<s:else> 标签需要与 <s:if> 或 <s:elseif> 标签配合使用。在不满足所有条件的情况下，可以使用 <s:else> 标签来执行其标签体中的内容。

与 Java 相同，Struts2 的流程控制标签同样支持 if…else if…else 的条件语句判断，其使用方法如下：

```
<s:if test="表达式（布尔值）">
    输出结果…
</s:if>
<s:elseif test="表达式（布尔值）">
    输出结果…
</s:elseif>
可以使用多个 <s:elseif>
…
<s:else>
    输出结果…
</s:else>
```

<s:if> 与 <s:elseif> 标签都有一个名称为 test 的属性，用于设置标签的判断条件，其值为一个布尔类型的条件表达式。在上述代码中可以使用多个 <s:elseif> 标签，以针对不同的条件进行不同的处理。

5. <iterator> 标签

<iterator> 标签是一个迭代数据的标签，可以根据循环条件遍历数组和集合中的所有或部分数据，并迭代出数组或集合的所有或部分数据；也可以指定迭代数据的起始位置、步长及终止位置来迭代数组或集合中的部分数据。该标签的属性如表 13.12 所示。

表 13.12　<iterator> 标签的属性

名　　称	是否必须	类　　型	说　　明
begin	可选	Integer	指定迭代数组或集合的起始位置，默认值为 0
end	可选	Integer	指定迭代数组或集合的终止位置，默认值为数组或集合的长度
status	可选	String	获取迭代过程中的状态信息
step	可选	Integer	设置迭代的步长，默认值为 1。如果指定此值，则每一次迭代后的索引值将在原索引值的基础上增加 step 值
value	可选	String	指定迭代的数组或集合对象
var	可选	String	设置迭代元素的变量，如果指定此属性，则所迭代的变量将被压入值栈中

status 属性用于获取迭代过程中的状态信息。在 Struts2 的内部结构中，该属性实质上是获取了 Struts2 封装的一个迭代状态的 org.apache.struts2.views.jsp.IteratorStatus 对象，通过此对象可以获取迭代过程中的以下信息。

- 元素数。

IteratorStatus 对象提供了 getCount() 方法来获取迭代数组或集合的元素数。如果将 status 属性值设置为 st，则可以通过 st.count 获取元素数。

- 是否为第一个元素。

IteratorStatus 对象提供了 isFirst() 方法来判断当前元素是否为第一个元素。如果将 status 属性值设置为 st，则可以通过 st.first 判断当前元素是否为第一个元素。

- 是否为最后一个元素。

IteratorStatus 对象提供了 isLast() 方法来判断当前元素是否为最后一个元素。如果将 status 属性值设置为 st，则可以通过 st.last 判断当前元素是否为最后一个元素。

- 当前索引值。

IteratorStatus 对象提供了 getIndex() 方法来获取迭代数组或集合的当前索引值。如果将 status 属性值设置为 st，则可以通过 st.index 获取当前索引值。

- 索引值是否为偶数。

IteratorStatus 对象提供了 isEven() 方法来判断当前索引值是否为偶数。如果将 status 属性值设置为 st，则可以通过 st.even 判断当前索引值是否为偶数。

- 索引值是否为奇数。

IteratorStatus 对象提供了 isOdd() 方法来判断当前索引值是否为奇数。如果将 status 属性值设置为 st，则可以通过 st.odd 判断当前索引值是否为奇数。

13.6.3　表单标签

Struts2 提供了一套表单标签，用于生成表单及其中的元素，如文本框、密码框和选择框等。它们能够与 Struts2 API 很好地交互。常用的表单标签如表 13.13 所示。

表 13.13　常用的表单标签

名　称	说　明
<form> 标签	生成一个 form 表单
<hidden> 标签	生成一个 HTML 页面中的隐藏表单元素，相当于使用了 HTML 代码 <input type="hidden">
<textfield> 标签	生成一个 HTML 页面中的文本框元素，相当于使用了 HTML 代码 <input type="text">
<password> 标签	生成一个 HTML 页面中的密码框元素，相当于使用了 HTML 代码 <input type="password">
<radio> 标签	生成一个 HTML 页面中的单选按钮元素，相当于使用了 HTML 代码 <input type="radio">

续表

名　称	说　明
<select> 标签	生成一个 HTML 页面中的下拉列表元素，相当于使用了 HTML 代码 <select><option></option></select>
<textarea> 标签	生成一个 HTML 页面中的文本域元素，相当于使用了 HTML 代码 <textarea></textarea>
<checkbox> 标签	生成一个 HTML 页面中的选择框元素，相当于使用了 HTML 代码 <input type="checkbox">
<checkboxlist> 标签	生成一个或多个 HTML 页面中的选择框元素，相当于使用了 HTML 代码 <input type="text">
<submit> 标签	生成一个 HTML 页面中的提交按钮元素，相当于使用了 HTML 代码 <input type="submit">
<reset> 标签	生成一个 HTML 页面中的重置按钮元素，相当于使用了 HTML 代码 <input type="reset">

表单标签的常用属性如表 13.14 所示。

表 13.14　表单标签的常用属性

名　称	说　明
name	指定表单元素的 name 属性
title	指定表单元素的 title 属性
cssStyle	指定表单元素的 style 属性
cssClass	指定表单元素的 class 属性
required	用于在 label 上添加“*”号，其值为布尔类型。如果为 true，则添加“*”号，否则不添加
disable	指定表单元素的 disable 属性
value	指定表单元素的 value 属性
labelposition	指定表单元素 label 的位置，默认值为 left
requireposition	指定在表单元素 label 上添加“*”号的位置，默认值为 right

主题是 Struts2 提供的一项功能。在设置主题样式后，可以用于 Struts2 中的表单与 UI 标签。在默认情况下，Struts2 提供了以下 4 种主题。

- simple 主题。

simple 主题的功能较弱，只提供简单的 HTML 输出功能。

- xhtml 主题。

xhtml 主题是在 simple 主题上的扩展。它提供了简单的布局样式，可以将元素使用到表格布局中，并且提供了 label 的支持。

- css_xhtml 主题。

css_xhtml 主题是在 xhtml 主题上的扩展。它在功能上强化了 xhtml 主题在 CSS 样式的控制。

- ajax 主题。

ajax 主题是在 css_xhtml 主题上的扩展。它在功能上主要强化了 css_xhtml 主题在 Ajax

方面的应用。

学习笔记

在默认情况下，Struts2 会使用 xhtml 主题。xhtml 主题需要使用固定样式设置，因此非常不方便。如果不希望直接使用 HTML 来设计页面中的主题，则可以使用 simple 主题。

Struts2 的主题样式基于模板语言设计，要求开发人员了解模板语言，目前其应用并不广泛。

13.7 Struts2 的开发模式

13.7.1 实现与 Servlet API 的交互

在 Struts2 中提供了 Map 类型的 request、session 与 application，可以从 ActionContext 对象中获得。该对象位于 com.opensymphony.xwork2 包中，是 Action 执行的上下文，其常用的 API 方法如下。

- 实例化 ActionContext。

在 Struts2 的 API 中，ActionContext 对象的构造方法需要传递一个 Map 类型的上下文对象，然而使用这个构造方法创建 ActionContext 对象非常不方便，因此，通常使用该对象提供的 getContext() 方法来创建，其方法声明如下：

```
public static ActionContext getContext()
```

该方法是一个静态方法，可以直接调用，其返回值是 ActionContext。

- 获取 Map 类型的 request。

获取 Struts2 封装的 Map 类型的 request，可以使用 ActionContext 对象提供的 get() 方法，其方法声明如下：

```
public Object get(Object key)
```

该方法的入口参数为 Object 型的值，为获取 request 可以将其设置为 request，例如：

```
Map request = ActionContex.getContext.get("request");
```

学习笔记

ActionContext 对象提供的 get() 方法也可以获取 session 及 local 等对象。

- 获取 Map 类型的 session。

ActionContext 对象提供了一个直接获取 session 的 getSession() 方法，其方法声明如下：

```
public Map getSession()
```

该方法用于返回 Map 对象，作用于 HttpSession 范围内。

- 获取 Map 类型的 application。

ActionContext 对象为获取 Map 类型的 application 提供了单独的 getApplication() 方法，其方法声明如下：

```
public Map getApplication()
```

该方法用于返回 Map 对象，作用于 ServletContext 范围内。

13.7.2 域模型 DomainModel

在介绍前面的内容时，无论是用户注册逻辑还是其他一些表单信息的提交操作，均未通过操作实际的域对象实现，这是因为所有的实体对象的属性都被封装在 Action 对象中。然而 Action 对象只是操作一个实体对象中的属性，并不操作某个实体对象，因此这样的操作有些偏离了域模型设计的思想。比较好的设计是将某一领域的实体直接封装为一个实体对象，如将用户信息封装为一个域对象 User，并将用户所属的组封装为 Group 对象，如图 13.12 所示。

将一些属性信息封装为一个实体对象的优点有很多，如将一个用户信息数据保存在数据库中只需要传递一个 User 对象，而不需要传递多个属性。在 Struts2 中提供了操作域对象的方法，即可以在 Action 对象中引用一个实体对象，如图 13.13 所示，并且 HTTP 请求中的参数值可以被注入实体对象的属性中。这种方式即为 Struts2 提供的使用域模型 DomainModel 的方式。

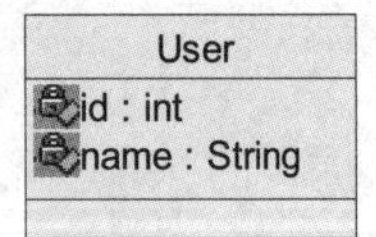

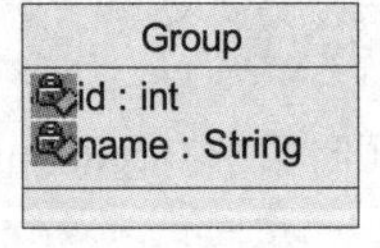

图 13.12 域对象 User 和 Group 对象

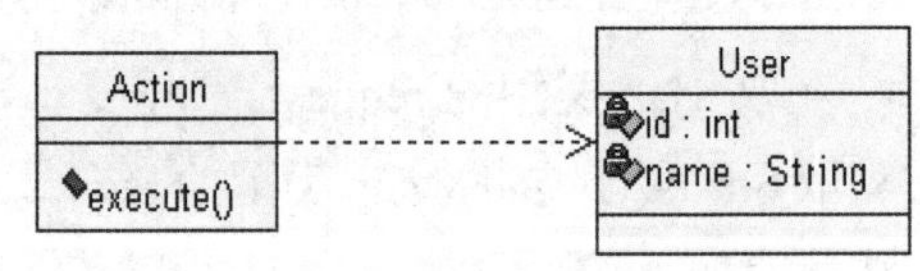

图 13.13 Action 对象引用 User 对象

例如，在 Action 对象中应用一个 User 对象的代码如下：

```
public class UserAction extends ActionSupport {
    private User user;
    @Override
    public String execute() throws Exception {
        return SUCCESS;
    }
```

```
    public User getUser() {
        return user;
    }
    public void setUser(User user) {
        this.user = user;
    }
}
```

在页面中提交注册请求的代码如下：

```
<body>
    <h2>用户注册</h2>
    <s:form action="userAction" method="post">
        <s:textfield name="user.name" label="用户名"></s:textfield>
        <s:password name="user.password" label="密码" ></s:password>
        <s:radio name="user.sex" list="#{1 : '男', 0 : '女'}" label="性别"
></s:radio>
        <s:submit value="注册"></s:submit>
    </s:form>
</body>
```

13.7.3　驱动模型 ModelDriven

在 DomainModel 模型中，虽然 Struts2 的 Action 对象可以通过直接定义实例对象的引用来调用实体对象进行相关操作，但要求请求参数必须指定对应的实体对象。例如，在表单中需要指定参数名为 user.name，但这种方式还是有一些不方便。于是 Struts2 提供了一种驱动模型 ModelDriven 的方式，这种方式不需要指定请求参数所属的对象引用，即可向实体对象中注入参数值。

在 Struts2 的 API 中提供了一个名称为 ModelDriven 的接口。Action 对象可以通过实现该接口来获取指定的实体对象。获取方式是实现该接口提供的 getModel() 方法，其语法格式如下：

```
T getModel();
```

ModelDriven 接口应用了泛型，getModel() 方法的返回值为要获取的实体对象。

如果 Action 对象实现了 ModelDriven 接口，则当表单被提交到 Action 对象后，其处理流程如图 13.14 所示。

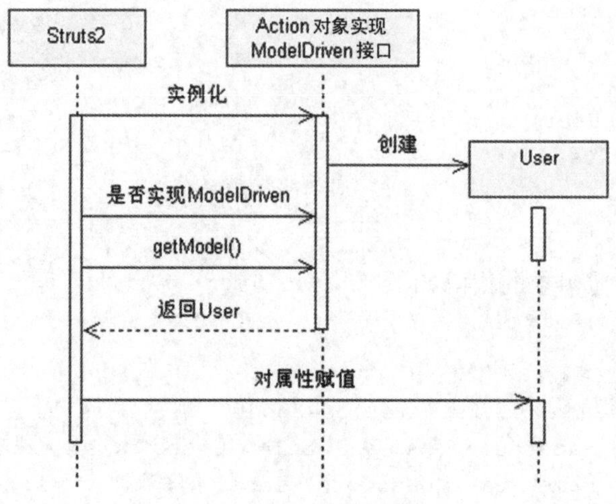

图 13.14　处理流程

Struts2 首先实例化 Action 对象，然后判断该对象是否是 ModelDriven 对象（是否实现了 ModelDriven 接口），如果是，则调用 getModel() 方法来获取实体对象模型，并将其返回（如图 13.14 中调用的 User 对象）。在之后的操作中因为已经存在明确的实体对象，所以不需要在表单中的元素名称上添加指定实例对象的引用名称。

例如，使用以下代码添加表单：

```
<s:form action="userAction" method="post">
    <s:textfield name="name" label="用户名"></s:textfield>
    <s:password name="password" label="密码" ></s:password>
    <s:radio name="sex" list="#{1 : '男', 0 : '女'}" label="性别" ></s:radio>
    <s:submit value="注册"></s:submit>
</s:form>
```

然后处理表单请求的 UserAction 对象，同时实现 ModelDriven 接口及其 getModel() 方法，返回明确的实体对象 user，其关键代码如下：

```
public class UserAction extends ActionSupport implements ModelDriven<User> {
    private User user = new User();
    /**
     * 请求处理方法
     */
    @Override
    public String execute() throws Exception {
        return SUCCESS;
    }
    @Override
    public User getModel() {
        return this.user;
    }
}
```

因为 UserAction 对象实现了 ModelDriven 接口，getModel() 方法返回了明确的实体对象 user，所以表单中的元素名称不需要指定明确的实体对象引用即可成功地将表单提交的参数注入 user 对象中。

学习笔记

UserAction 对象中的 user 属性需要初始化，否则在 getModel() 方法获取实体对象时，将会出现空指针异常。

13.8　Struts2 的拦截器

拦截器实际上是 AOP 的一种实现方式，通过它可以在 Action 执行前后处理一些相应的操作。Struts2 提供了多个拦截器，开发人员可以根据需要配置拦截器。

13.8.1　拦截器概述

拦截器是 Struts2 中的一个重要的核心对象，它可以动态增强 Action 的功能。在 Struts2 中有很多重要的功能通过拦截器实现。例如，在使用 Struts2 时，我们发现 Struts2 与 Servlet API 解耦，Action 对请求的处理不依赖于 Servlet API，但 Struts2 的 Action 却具有更加强大的请求处理功能。这个功能的实现就是拦截器对 Action 的增强的体现，可见拦截器的重要性。此外，Struts2 中的表单重复提交、对象类型转换、文件上传，以及前文所介绍的 ModelDriven 接口的操作都离不开拦截器。Struts2 的拦截器的处理机制是 Struts2 的核心。

拦截器动态作用于 Action 与 Result 之间，可以动态增强 Action 及 Result（在其中添加新功能），如图 13.15 所示。

客户端发送的请求会被 Struts2 的过滤器拦截，此时，Struts2 对请求持有控制权。Struts2 会创建 Action 的代理对象，并通过一系列拦截器处理请求，最后交给指定的 Action 对象处理。在此期间，拦截器作用于 Action 和 Result 的前后，可以执行任何操作，因此 Action 对象编写简单是因为拦截器进行了处理。拦截器操作 Action 对象的顺序如图 13.16 所示。

当浏览器在请求一个 Action 时，会经过 Struts2 的入口对象——Struts2 过滤器。此时，该过滤器会创建 Action 的代理对象。然后通过拦截器可以在 Action 前后执行一些操作，如图 13.16 中的“前处理”与“后处理”，最后返回结果。

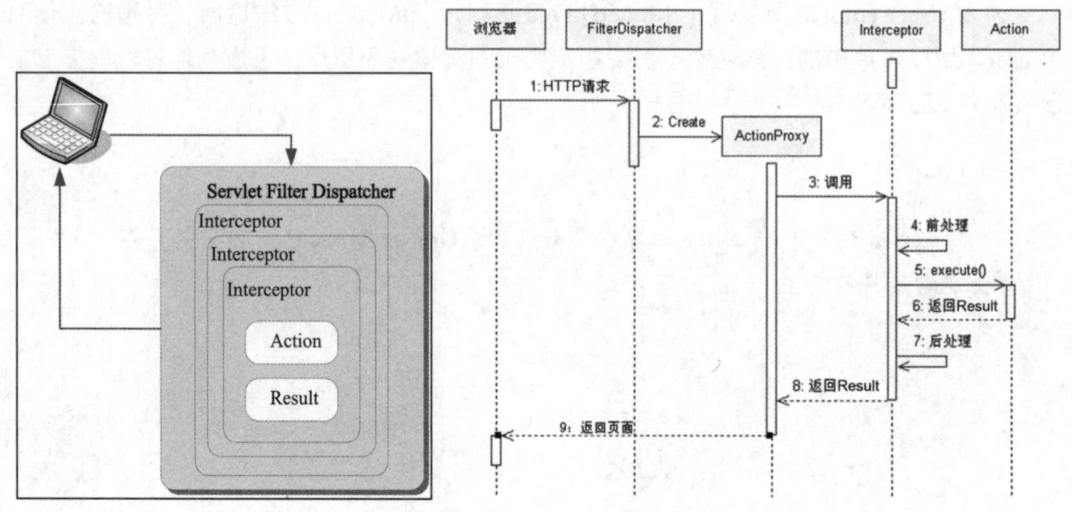

图 13.15　拦截器　　　　图 13.16　拦截器操作 Action 对象的顺序

13.8.2　拦截器 API

在 Struts2 API 中有一个名称为 com.opensymphony.xwork2.interceptor 的包，其中有一些 Struts2 内置的拦截器对象，它们具有不同的功能。在这些对象中，Interceptor 接口是 Struts2 中定义的拦截器对象，其他拦截器都会直接或间接地实现于此接口。

在 Interceptor 接口中包含了 3 个方法，代码如下：

```
public interface Interceptor extends Serializable {
    void destroy();
    void init();
    String intercept(ActionInvocation invocation) throws Exception;
}
```

destroy() 方法用于指示拦截器的生命周期结束，在拦截器被销毁前调用，用于释放拦截器在初始化时占用的一些资源。

init() 方法用于对拦截器执行初始化操作，此方法在拦截器被实例化后和 intercept() 方法被执行前调用。

intercept() 方法是拦截器中的主要方法，用于执行 Action 对象中的请求处理方法及 Action 前后的一些操作，动态增强 Action 的功能。

学习笔记

只有调用了 intercept() 方法中 invocation 参数的 invoke() 方法，才可以执行 Action 对象中的请求处理方法。

虽然 Struts2 提供了拦截器对象 Interceptor，但此对象是一个接口。如果通过此接口创建拦截器对象，则需要实现 Interceptor 接口提供的 3 个方法。在实际开发中主要使用 intercept() 方法，init() 与 destroy() 方法虽然很少被用到，但是仍要被实现，只不过这两个方法的方法体为空，这种创建拦截器的方式会有一些不便。

为了简化程序开发的过程，可以通过 Struts2 API 中的 AbstractInterceptor 对象创建拦截器对象。AbstractInterceptor 对象与 Interceptor 接口的关系如图 13.17 所示。

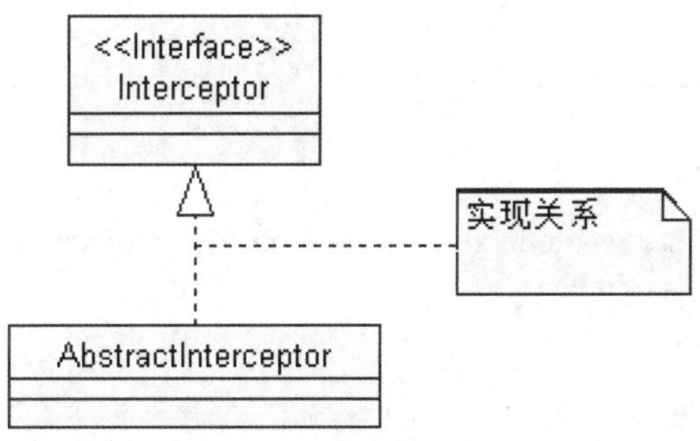

图 13.17　AbstractInterceptor 对象与 Interceptor 接口的关系

AbstractInterceptor 对象是一个抽象类，实现了 Interceptor 接口。在创建拦截器时，可以通过继承该对象来创建。在继承 AbstractInterceptor 对象后，创建拦截器的方式会更加简单：除重写必需的 intercept() 方法外，如果没有使用 init() 与 destroy() 方法，则不必实现这两个方法。

学习笔记

因为 AbstractInterceptor 对象已经实现了 Interceptor 接口的 init() 与 destroy() 方法，所以通过继承该对象创建拦截器不需要实现这两个方法。如果需要，则可以重写。

13.8.3　使用拦截器

如果在 Struts2 中创建了一个拦截器对象，则该对象需要在配置后才可以应用到 Action 对象中。配置拦截器对象需要使用 <interceptor-ref> 标签。

【例 13.5】　配置天下淘商城中的管理员登录拦截器。

（1）创建名称为 UserLoginInterceptor 的类，此类继承于 AbstractInterceptor 对象，其关键代码如下：

```
public class UserLoginInterceptor extends AbstractInterceptor {
   private static final long serialVersionUID = 1L;
   public String intercept(ActionInvocation invocation) throws Exception {
```

```
        // 获取ActionContext
        ActionContext context = invocation.getInvocationContext();
        // 获取Map类型的session
        Map<String, Object> session = context.getSession();
        // 判断用户是否登录
        if(session.get("admin") != null){
            // 调用执行方法
            return invocation.invoke();
        }
        // 返回登录
        return BaseAction.USER_LOGIN;
    }
}
```

（2）创建配置文件 struts-admin.xml，并在配置文件 struts.xml 中引入创建好的配置文件 struts-admin.xml，其关键代码如下：

```
<struts>
    <!-- 前后台公共视图的映射 -->
    <include file="com/lyq/action/struts-default.xml" />
    <!-- 后台管理的Struts2配置文件 -->
    <include file="com/lyq/action/struts-admin.xml" />
    <!-- 前台管理的Struts2配置文件 -->
    <include file="com/lyq/action/struts-front.xml" />
</struts>
```

（3）将 UserLoginInterceptor 拦截器添加到配置文件 struts-admin.xml 中，其关键代码如下：

```
<struts>
        <!-- 配置拦截器 -->
        <interceptors>
            <!-- 验证用户登录的拦截器 -->
            <interceptor name="loginInterceptor"
                  class="com.lyq.action.interceptor.UserLoginInterceptor"/>
            <!-- 创建拦截器栈，实现多层过滤 -->
            <interceptor-stack name="adminDefaultStack">
               <interceptor-ref name="loginInterceptor"/>
                  <interceptor-ref name="defaultStack"/>
            </interceptor-stack>
        </interceptors>
</struts>
```

（4）在管理员没有登录的情况下，无法执行任何操作，如图 13.18 所示。只有在管理员登录后，才能进行操作，如图 13.19 所示。

图 13.18　未登录时无法执行任何操作

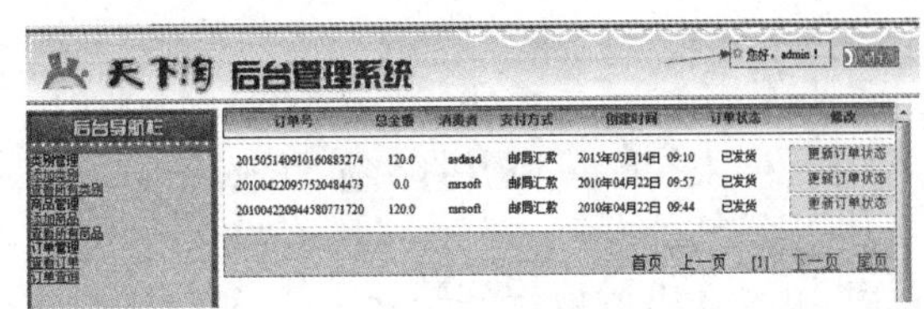

图 13.19　登录之后才能进行操作

13.9　数据验证机制

Struts2 的数据验证机制有两种，即使用配置文件和使用重写 ActionSupport 类的 validate() 方法。

13.9.1　手动验证

在 Struts2 的 API 中，ActionSupport 类对应于 Validateable 接口，但是对 validate() 方法是一个空实现。在通常情况下，我们都是通过继承 ActionSupport 类来创建 Action 对象实现的，因此，在继承该类的情况下，如果使用 validate() 方法来验证数据的有效性，则直接重写 validate() 方法即可，如图 13.20 所示。其中，MyAction 类是一个自定义的 Action 对象。

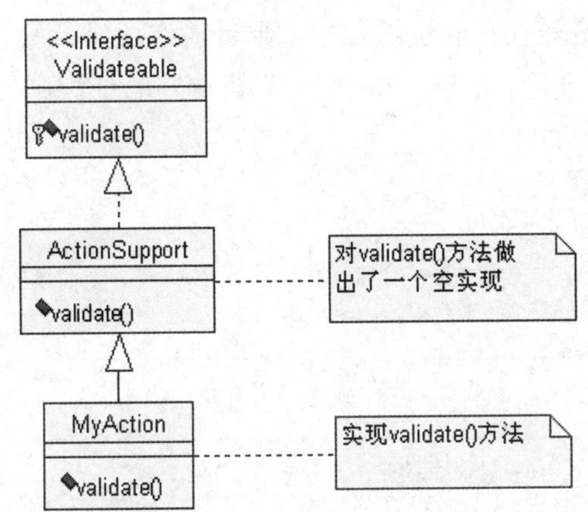

图 13.20　Validateable 接口与 ActionSupport 类

使用 validate() 方法可以验证用户请求的多个 Action 方法，并且验证逻辑相同。如果在一个 Action 类中编写了多个请求处理方法，并且此 Action 类重写了 validate() 方法，则默认在执行每一个请求处理方法的过程中都会经过 validate() 方法的验证处理。

13.9.2 验证文件的命名规则

当使用 Struts2 验证框架验证文件名时，需要遵循一定的命名规则，必须为 ActionName-validation.xml 或 ActionName-AliasName-validation.xml 形式。其中，ActionName 是 Action 对象的名称；AliasName 为 Action 配置中的名称，即配置文件 struts.xml 中 Action 对象对应的 name 属性名。

● 以 ActionName-validation.xml 形式命名。

在这种命名方式中，数据的验证会作用于整个 Action 对象，并验证该对象的请求处理方法。如果 Action 对象中只存在单一的请求处理方法，或者在多个请求处理方法中验证处理的规则相同，则可以使用这种命名方式。

● 以 ActionName-AliasName-validation.xml 形式命名。

以 ActionName-AliasName-validation.xml 形式命名更加灵活。如果一个 Action 对象中包含多个请求处理方法，而且没有必要验证每一个方法，即只需要处理 Action 对象中的特定方法，则可以使用这种命名方式。

13.9.3 验证文件的编写风格

在 Struts2 中使用数据验证框架，其验证文件的编写有以下两种风格。

（1）字段验证器编写风格。

字段验证器编写风格是指在验证过程中主要针对字段进行验证。这种方式是在验证文件根元素 <validators> 下使用 <field-validator> 元素编写验证规则的方式，例如：

```
<validators>
    <!-- 验证用户名 -->
    <field name="username">
        <field-validator type="requiredstring">
            <message> 请输入用户名 </message>
        </field-validator>
    </field>
    <!-- 验证密码 -->
    <field name="password">
        <field-validator type="requiredstring">
            <message> 请输入密码 </message>
        </field-validator>
    </field>
</validators>
```

上述代码的作用是判断用户名与密码字段是否输入字符串值。

学习笔记

如果在 XML 文件中使用中文，则需要将其字符编码设置为支持中文编码的字符集，如 encoding="UTF-8"。

（2）非字段验证器编写风格。

非字段验证器编写风格是指在验证过程中既可以针对字段进行验证，也可以针对普通数据进行验证。这种方式是在验证文件根元素 <validators> 下使用 <field-validator> 元素编写验证规则的方式，例如：

```
<validators>
    <validator type="requiredstring">
        <!-- 验证用户名字段 -->
        <param name="fieldName">password</param>
        <!-- 验证密码字段 -->
        <param name="fieldName">username</param>
        <message> 请输入内容 </message>
    </validator>
</validators>
```

上述代码的作用是判断用户名与密码字段是否输入了字符串值。

学习笔记

如果使用字段验证器编写风格编写验证文件，则需要使用 <param> 标签传递字段参数。其参数名为 fieldName，值为字段的名称。

使用第一种风格编写的验证文件能够对任何一个字段返回一个明确的验证消息；而使用第二种编写的验证文件不能对任何一个字段返回一个明确的验证消息，因为这种编写风格会将多个字段设置在一起。

【例 13.6】 创建天下淘商城的用户登录验证器，文件名为 CustomerAction-customer_save-validation.xml，关键代码如下：

```
<?xml version="1.0" encoding="UTF-8"?>
<!DOCTYPE validators PUBLIC
    "-//OpenSymphony Group//XWork Validator 1.0.3//EN"
    "http://www.opensymphony.com/xwork/xwork-validator-1.0.3.dtd" >
<validators>
    <field name="username">
        <field-validator type="requiredstring" >
            <message> 用户名不能为空 </message>
        </field-validator>
        <field-validator type="stringlength">
            <param name="minLength">5</param>
```

```
            <param name="maxLength">32</param>
            <message>用户名长度必须在 ${minLength} 到 ${maxLength} 之间 </message>
        </field-validator>
    </field>
    <field name="password">
        <field-validator type="requiredstring">
            <message>密码不能为空 </message>
        </field-validator>
        <field-validator type="stringlength">
            <param name="minLength">6</param>
            <message>密码长度必须在 ${minLength} 位以上 </message>
        </field-validator>
    </field>
    <field name="repassword">
        <field-validator type="requiredstring" short-circuit="true">
            <message>确认密码不能为空 </message>
        </field-validator>
        <field-validator type="fieldexpression">
            <param name="expression">password == repassword</param>
            <message>两次密码不一致 </message>
        </field-validator>
    </field>
    <field name="email">
        <field-validator type="requiredstring">
            <message>邮箱不能为空 </message>
        </field-validator>
        <field-validator type="email">
            <message>邮箱格式不正确 </message>
        </field-validator>
    </field>
</validators>
```

学习笔记

虽然使用非字段验证器编写风格也能够验证字段，但没有字段验证器编写风格的针对性强，所以在验证字段时通常使用字段验证器编写风格。

第 14 章　Hibernate 技术

作为一个优秀的持久层框架，Hibernate 充分体现了 ORM 的设计理念，提供了高效的对象到关系型数据库的持久化服务。它将持久化服务从软件业务层中完全抽取出来，使业务逻辑的处理更加简单。同时程序之间的各种业务并非紧密耦合，更加有利于高效地开发与维护。本章将对 Hibernate 的基础知识进行详细介绍。

14.1　初识 Hibernate

14.1.1　理解 ORM 原理

目前，面向对象思想是软件开发的基本思想，关系型数据库是应用系统中必不可少的一部分。由于面向对象是从软件工程的基本原则中发展而来的，而关系型数据库是从数学的理论基础中诞生的，因此，这两者的区别是巨大的。为了解决这个问题，ORM 应运而生。

ORM（Object Relational Mapping）是对象到关系的映射，它的作用是在关系型数据库和对象之间产生一个自动映射，将数据库中的数据库表映射为对象，即持久化类，并对关系型数据以对象的形式进行操作，减少应用开发过程中数据持久化的编程任务。可以将 ORM 理解为关系型数据库和对象的一个纽带，开发人员只需要关注纽带的一端映射的对象即可。ORM 原理如图 14.1 所示。

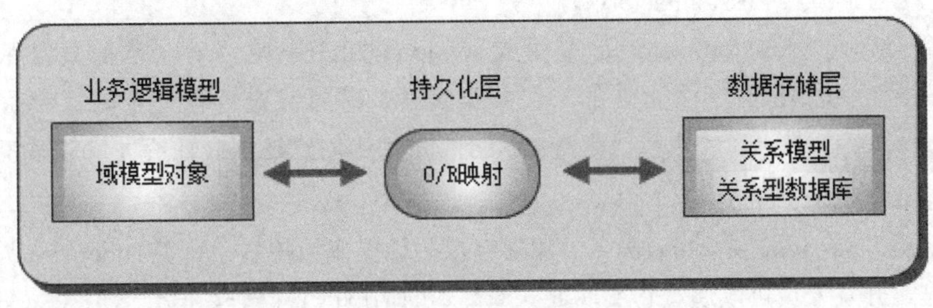

图 14.1　ORM 原理

Hibernate 是众多 ORM 工具中的佼佼者，相对于 iBatis，它是全自动的关系 / 对象的解决方案，Hibernate 通过持久化类（*.java）、映射文件（*.hbm.xml）和配置文件（*.cfg.xml）操作关系型数据库，使开发人员不必再与复杂的 SQL 语句打交道。

14.1.2 Hibernate 简介

作为一个优秀的持久层框架，Hibernate 充分体现了 ORM 的设计理念，提供了高效的对象到关系型数据库的持久化服务。它将持久化服务从软件业务层中完全抽取出来，使业务逻辑的处理更加简单。同时程序之间的各种业务并非紧密耦合，更加有利于高效地开发与维护。在程序中，开发人员可以利用面向对象的思想对关系型数据库进行持久化操作，为关系型数据库和对象型数据打造一条便捷的“高速公路”。一个简单的 Hibernate 体系结构概要如图 14.2 所示。

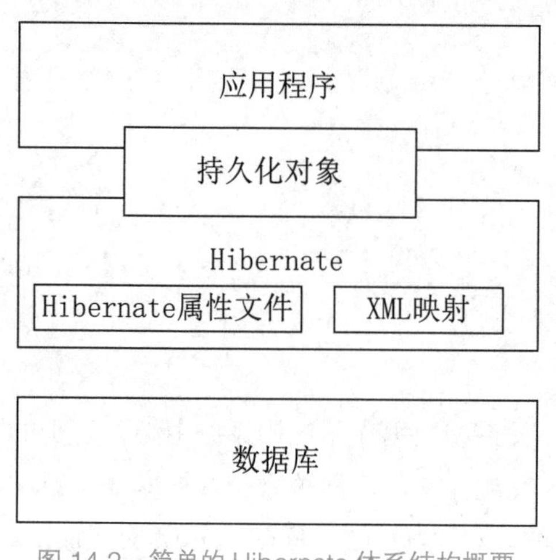

图 14.2　简单的 Hibernate 体系结构概要

从这个概要图可以清楚地看出 Hibernate 是通过数据库和配置信息进行数据持久化服务的。Hibernate 封装了数据库的访问细节，通过配置的 Hibernate 属性文件连接着关系型数据库和应用程序中的实体类。

在 Hibernate 中有非常重要的 3 个类，首先简单介绍一下它们的基本概念，分别是配置类（Configuration）、会话工厂类（SessionFactory）和会话类（Session）。

- 配置类（Configuration）。

配置类（Configuration）主要负责管理 Hibernate 的配置信息及启动 Hibernate，在 Hibernate 运行时，配置类（Configuration）会读取一些底层实现的基本信息，其中包括数据库 URL、数据库用户名、数据库用户密码、数据库驱动类和数据库适配器（dialect）。

- 会话工厂类（SessionFactory）。

会话工厂类（SessionFactory）是生成 session 的工厂，它保存了当前数据库中所有的映射关系，可能只有一个可选的二级数据缓存，并且它是线程安全的。会话工厂类（SessionFactory）是一个“重量级”对象，它的初始化创建过程会耗费大量的系统资源。

- 会话类（Session）。

会话类（Session）是 Hibernate 中数据库持久化操作的核心，负责 Hibernate 所有的持久化操作。开发人员可以通过它实现数据库基本的增删改查操作。但会话类（Session）并不是线程安全的，应注意不要多个线程共享一个 session。

14.2　Hibernate 入门

在介绍 Hibernate 后，下面将会介绍如何配置和使用 Hibernate、配置文件中的基本配置信息及如何使用映射文件映射持久化对象和数据库表之间的关系。在本节中，读者将会第一次与 Hibernate“共舞”。

14.2.1　获取 Hibernate

在正式开始学习 Hibernate 之前，我们需要从 Hibernate 的官方网站获取所需的 jar 包，官方网址为 http://www.hibernate.org，在该网站可以免费获取 Hibernate 的帮助文档和 jar 包。本章中的所有实例使用的 Hibernate 的 jar 包版本均为 hibernate-3.2.0。

将 hibernate3.jar 包和 lib 文件夹下的所有的 jar 包导入项目中，随后就可以进行 Hibernate 的项目开发了。同时，可以使用 MyEclipse 向项目中添加 Hibernate 模块，以这种方式导入的 jar 包都是 MyEclipse 自带的固定版本的 jar 包，并不能保证与本书使用的 jar 包的版本一致。

14.2.2　Hibernate 配置文件

Hibernate 通过读取默认的 XML 配置文件 hibernate.cfg.xml 来加载数据库的配置信息。该配置文件被默认存放于项目的 classpath 根目录下。

【例 14.1】　创建天下淘商城数据库连接的 Hibernate 配置文件，创建 hibernate.cfg.xml 文件，代码如下：

```
<?xml version="1.0" encoding="UTF-8"?>
<!DOCTYPE hibernate-configuration PUBLIC
   "-//Hibernate/Hibernate Configuration DTD 3.0//EN"
   "http://hibernate.sourceforge.net/hibernate-configuration-3.0.dtd" >
<hibernate-configuration>
   <session-factory>
      <!-- 数据库方言 -->
       <property name="hibernate.dialect">org.hibernate.dialect.
MySQLDialect</property>
      <!-- 数据库驱动 -->
      <property name="hibernate.connection.driver_class">com.mysql.jdbc.
Driver</property>
      <!-- 数据库连接信息 -->
```

```
        <property name="hibernate.connection.url">
           jdbc:mysql://localhost:3306/db_database24
        </property>
        <property name="hibernate.connection.username">root</property>
        <property name="hibernate.connection.password">123456</property>
        <!-- 打印 SQL 语句 -->
        <property name="hibernate.show_sql">false</property>
        <!-- 不格式化 SQL 语句 -->
        <property name="hibernate.format_sql">false</property>
        <!-- 为 session 指定一个自定义策略 -->
        <property name="hibernate.current_session_context_class">thread</
property>
        <!-- c3p0 JDBC 连接池 -->
        <property name="hibernate.c3p0.max_size">20</property>
        <property name="hibernate.c3p0.min_size">5</property>
        <property name="hibernate.c3p0.timeout">120</property>
        <property name="hibernate.c3p0.max_statements">100</property>
        <property name="hibernate.c3p0.idle_test_period">120</property>
        <property name="hibernate.c3p0.acquire_increment">2</property>
        <property name="hibernate.c3p0.validate">true</property>
        <!-- 映射文件，引入其他子配置文件 -->
        <mapping resource="com/lyq/model/product/ProductInfo.hbm.xml"/>
    </session-factory>
</hibernate-configuration>
```

从配置文件中可以看出，配置的信息包括整个数据库的信息，如数据库的驱动、URL 地址、用户名、密码和使用的方言，还需要管理程序中各个数据库表的映射文件。配置文件中 <property> 标签的常用配置属性如表 14.1 所示。

表 14.1 <property> 标签的常用配置属性

属　性	说　明
connection.driver_class	连接数据库的驱动
connection.url	连接数据库的 URL 地址
connection.username	连接数据库用户名
connection.password	连接数据库密码
dialect	连接数据库使用的方言
show_sql	是否在控制台打印 SQL 语句
format_sql	是否格式化 SQL 语句
hbm2ddl.auto	是否自动生成数据库表

在应用程序开发的过程中，一般会将 show_sql 属性设置为 true，以便在控制台打印自动生成的 SQL 语句，方便程序的调试。

14.2.3 了解并编写持久化类

在 Hibernate 中，持久化类是 Hibernate 操作的对象，即通过对象 - 关系映射（ORM）后，数据库表所映射的实体类，用于描述数据库表的结构信息。在持久化类中的属性应该与数据库表中的字段相匹配。

【例 14.2】 创建名称为 Customer 的消费者用户类，代码如下：

```
import java.io.Serializable;
public class Customer implements Serializable{
   private static final long serialVersionUID = 1L;
   private Integer id;                              // 用户编号
   private String username;                         // 用户名
   private String password;                         // 密码
   private String realname;                         // 真实姓名
   private String email;                            // 邮箱
   private String address;                          // 住址
   private String mobile;                           // 手机
   public Integer getId() {
      return id;
   }
   public void setId(Integer id) {
      this.id = id;
   }
   public String getUsername() {
      return username;
   }
   public void setUsername(String username) {
      this.username = username;
   }
   public String getPassword() {
      return password;
   }
   public void setPassword(String password) {
      this.password = password;
   }
   public String getRealname() {
      return realname;
   }
   public void setRealname(String realname) {
      this.realname = realname;
   }
   public String getEmail() {
      return email;
```

```
    }
    public void setEmail(String email) {
        this.email = email;
    }
    public String getAddress() {
        return address;
    }
    public void setAddress(String address) {
        this.address = address;
    }
    public String getMobile() {
        return mobile;
    }
    public void setMobile(String mobile) {
        this.mobile = mobile;
    }
}
```

Customer 类作为一个简单的持久化类，它符合最基本的 JavaBean 编码规范，即 POJO（Plain Old Java Object）编程模型。持久化类中的每个属性都有相应的 set() 和 get() 方法，它不依赖于任何接口也不继承任何类。

学习笔记

POJO（Plain Old Java Object）编程模型指的是普通的 JavaBean。POJO 编程模型通常使用一些参数作为对象的属性，并对每个属性定义了 get() 和 set() 方法作为访问接口，它被大量使用于表现现实中的对象。

Hibernate 中的持久化类有以下 4 条编程规则。

- 实现一个默认的构造函数。

在所有的持久化类中都必须含有一个默认的无参数构造方法（如 User 类中就含有一个无参数构造方法），以便 Hibernate 通过 Constructor.newInstance() 方法实例化持久化类。

- 提供一个标识属性（可选）。

标识属性一般映射的是数据库表中的主键字段，如 User 类中的属性 id。建议在持久化类中添加一致的标识属性。

- 使用非 final 类（可选）。

如果使用了 final 类，则 Hibernate 不能使用代理来延迟关联加载，这会影响开发人员进行性能优化的选择。

- 为属性声明访问器（可选）。

持久化类的属性不能被声明为 public，最好以 private 的 set() 和 get() 方法对属性进行持久化。

14.2.4　Hibernate 映射

Hibernate 的核心是对象关系映射，对象和关系型数据库之间的映射通常是使用 XML 文档来实现的。这个映射文档被设计为易读的，并且可以手工修改的形式。映射文件的命名规则为 *.hbm.xml。

【例 14.3】　以 User 类的持久化类的映射文件为例，对 Customer 对象进行配置，代码如下：

```
<?xml version="1.0" encoding="UTF-8"?>
<!DOCTYPE hibernate-mapping PUBLIC
   "-//Hibernate/Hibernate Mapping DTD 3.0//EN"
   "http://hibernate.sourceforge.net/hibernate-mapping-3.0.dtd" >
<hibernate-mapping package="com.lyq.model.user">
   <class name="Customer" table="tb_customer">
      <id name="id" column="id">
         <generator class="native"/>
      </id>
       <property name="username" column="username" not-null="true"
length="50"/>
       <property name="password" column="password" not-null="true"
length="50"/>
      <property name="realname" column="realname" length="20"/>
      <property name="address" column="address" length="200"/>
      <property name="email" column="email" length="50"/>
      <property name="mobile" column="mobile" length="11"/>
   </class>
</hibernate-mapping>
```

- <DOCTYPE> 标签。

在所有的 Hibernate 映射文件中都需要定义 <DOCTYPE> 标签，用于获取 DTD 文件。

- <hibernate-mapping> 标签。

<hibernate-mapping> 标签是映射文件中其他元素的根元素，这个标签中包含一些可选属性，例如，schema 属性用于指明该文件映射表所在数据库的 schema 名称；package 属性用于指定一个包前缀，如果在 <class> 标签中没有指定全限定的类名，则使用 package 属性定义的包前缀作为包名。

- <class> 标签。

<class> 标签主要用于指定持久化类和映射的数据库表名。name 属性用于指定持久化类的全限定的类名（如 com.mr.User）；table 属性用于持久化类所映射的数据库表名。

<class> 标签中包含了一个 <id> 元素和多个 <property> 元素，<id> 元素用于持久化类的唯一标识与数据库表的主键字段的映射，在 <id> 元素中通过 <generator> 元素定义主键

的生成策略。<property> 元素用于持久化类的其他属性和数据库表中非主键字段的映射，其常用配置属性如表 14.2 所示。

表 14.2　<property> 元素的常用配置属性

属性名称	说　明
name	持久化类属性的名称，以小写字母开头
column	数据库的字段名
type	数据库的字段类型
length	数据库字段定义的长度
not-null	该数据库字段是否可以为空，该属性为布尔变量
unique	该数据库字段是否唯一，该属性为布尔变量
lazy	是否延迟抓取，该属性为布尔变量

学习笔记

如果在映射文件中没有配置 column 和 type 属性，则 Hibernate 将会默认使用持久化类中的属性名称和属性类型匹配数据库表中的字段。

14.2.5　Hibernate 主键策略

<id> 元素的子元素 <generator> 是一个 Java 类的名称，用于为持久化类的实例生成唯一的标识映射数据库中的主键字段。在配置文件中通过 <generator> 元素的属性设置 Hibernate 的主键生成策略，其常用配置属性如表 14.3 所示。

表 14.3　Hibernate 主键生成策略的常用配置属性

属性名称	说　明
increment	用于为 long、short 或 int 型生成唯一标识。在集群下不要使用该属性
identity	根据底层数据库生成主键，前提是底层数据库支持自增字段类型
sequence	根据底层数据库的序列生成主键，前提是底层数据库支持序列
hilo	根据高 / 低算法生成主键，把特定表的字段作为高位值来源，在默认的情况下选用 hibernate_unique_key 表的 next_hi 字段
native	根据底层数据库对自动生成标识符的支持能力选择 identity、sequence 或 hilo
assigned	由程序负责主键的生成，此时持久化类的唯一标识不能被声明为 private 类型
select	通过数据库触发器生成主键
foreign	使用另一个相关联的对象的标识符，通常和 <one-to-one> 一起使用

14.3　Hibernate 数据持久化

持久化操作是 Hibernate 的核心，本节将会介绍如何创建线程安全的 Hibernate 初始化类；如何使用 Hibernate 的 session 对象实现数据库基本的增删改查操作；如何使用 Hibernate 的延迟加载策略，帮助我们优化系统的性能。

14.3.1　Hibernate 实例状态

Hibernate 的实例状态有 3 种，分别为瞬时状态（Transient）、持久化状态（Persistent）、脱管状态（Detached）。

1. 瞬时状态（Transient）

实体对象通过 Java 中的关键字 new 开辟内存空间来创建 Java 对象，但是它不在 Hibernate 的 session 管理范围之内，如果没有变量引用它，则它会被垃圾回收器回收。瞬时状态对象在内存中是孤立存在的，它与数据库中的数据没有任何关联，仅仅是一个携带信息的载体。

如果一个瞬时状态对象被持久化状态对象引用，则它会自动变为持久化状态对象。

2. 持久化状态（Persistent）

持久化状态对象与数据库中的数据有关联，它总是与会话类（Session）和事务（Transaction）关联在一起。当持久化状态对象发生改变时，不会立即执行数据库操作；只有当事务结束时，才会更新数据库，以保证 Hibernate 的持久化对象和数据库操作的同步性。当持久化状态对象变为脱管状态对象时，它将不在 Hibernate 的 session 管理范围之内。

3. 脱管状态（Detached）

当持久化状态对象的 session 关闭后，这个对象就会从持久化状态对象变为脱管状态对象。脱管状态对象仍然与数据库中的数据有关联，但是它不在 Hibernate 的 session 管理范围之内。如果将脱管状态对象重新关联到某个新的 session 上，则它会变为持久化状态对象。

Hibernate 的 3 种实例状态的关系如图 14.3 所示。

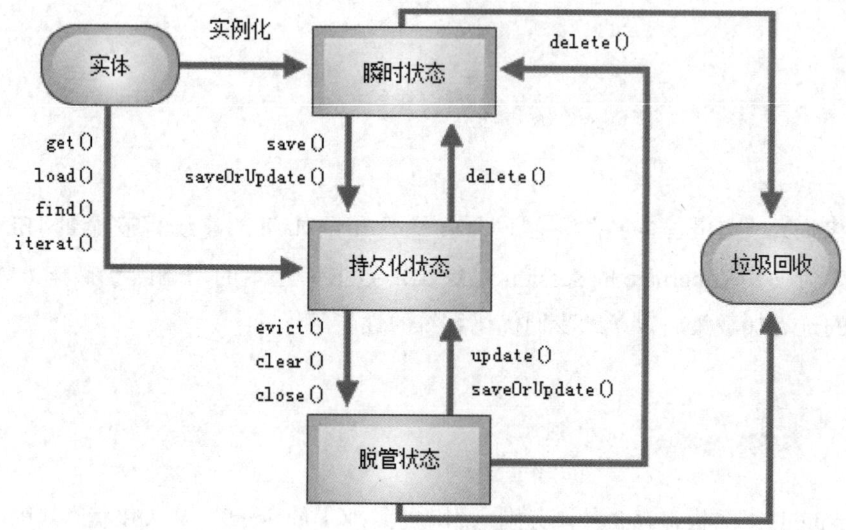

图 14.3 Hibernate 的 3 种实例状态的关系

14.3.2 Hibernate 初始化类

session 对象是 Hibernate 中数据库持久化操作的核心，负责 Hibernate 所有的持久化操作。开发人员可以通过它实现数据库基本的增删改查操作。而 session 对象是通过 SessionFactory 对象获取的，那么 SessionFactory 对象是如何创建的呢？可以通过 Configuration 对象创建 SessionFactory 对象，关键代码如下：

```
Configuration cfg = new Configuration().configure();// 加载 Hibernate 配置文件
factory = cfg.buildSessionFactory();                // 实例化 SessionFactory
```

Configuration 对象会加载 Hibernate 的基本配置信息，如果没有在 configure() 方法中指定加载配置 XML 文档的路径信息，则 Configuration 对象会默认加载项目 classpath 根目录下的 hibernate.cfg.xml 文件。

【例 14.4】 创建 H:bernateUtil 类，用于实现对 Hibernate 的初始化，代码如下：

```
public class HibernateUtil {
    private static final ThreadLocal<session> threadLocal = new
ThreadLocal<session>();
    //SessionFactory 对象
    private static SessionFactory sessionFactory = null;
    static {
        try {
        // 加载 Hibernate 配置文件
        Configuration cfg = new Configuration().configure();
        sessionFactory = cfg.buildSessionFactory();
      } catch (Exception e) {
```

```
            System.err.println(" 创建会话工厂失败 ");
            e.printStackTrace();
        }
    }
    // 获取 session
    public static session getSession() throws HibernateException {
        session session = (session) threadLocal.get();
        if (session == null || !session.isOpen()) {
            if (sessionFactory == null) {
                rebuildSessionFactory();
            }
        session = (sessionFactory != null) ? sessionFactory.openSession(): null;
            threadLocal.set(session);
        }

        return session;
    }
    /**
     * 重建会话工厂
     */
    public static void rebuildSessionFactory() {
        try {
            // 加载 Hibernate 配置文件
            Configuration cfg = new Configuration().configure();

            sessionFactory = cfg.buildSessionFactory();
        } catch (Exception e) {
            System.err.println(" 创建会话工厂失败 ");
            e.printStackTrace();
        }
    }
    // 获取 SessionFactory 对象
    public static SessionFactory getSessionFactory() {
        return sessionFactory;
    }
    // 关闭 session
    public static void closeSession() throws HibernateException {
        session session = (session) threadLocal.get();
        threadLocal.set(null);
        if (session != null) {
            session.close();                              // 关闭 session
        }
    }
}
```

通过 Hibernate 初始类，可以有效地管理 session，避免发生 session 的多线程共享数据的问题。

14.3.3 保存数据

Hibernate 对 JDBC 的操作进行了轻量级的封装，使开发人员可以以面向对象的思想使用 session 对象实现对关系型数据库基本的增删改查操作。在学习 Hibernate 的添加数据方法之前，我们需要了解 Hibernate 的数据持久化流程。Hibernate 的数据持久化流程如图 14.4 所示。

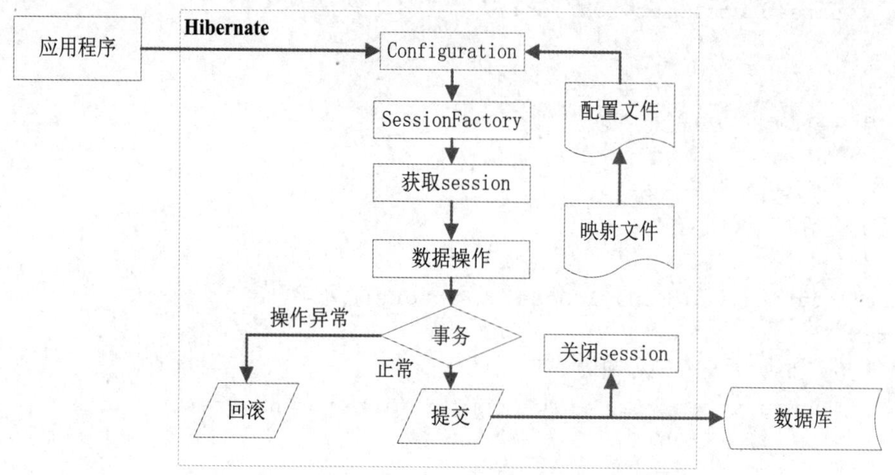

图 14.4 Hibernate 的数据持久化流程

在下面的介绍中，将以商品的基本信息为例进行数据库的增删改查操作。首先，创建一个简单的商品持久化类 Product.java，其关键代码如下：

```
private Integer id;                         //唯一性标识
private String name;                        //产品名称
private Double price;                       //产品价格
private String factory;                     //生产商
private String remark;                      //备注
…                                           //省略的 setter 和 getter 方法
```

在执行添加操作时，需要使用 session 对象的 save() 方法，它的入口参数为程序中的持久化类。

【例 14.5】 向数据中的产品信息表添加产品信息。

创建添加产品信息类 AddProduct.java，在类的 main() 方法中的关键代码如下：

```
session session = null;                     //声明 session 对象
Product product = new Product();            //实例化持久化类
```

```
// 为持久化类属性赋值
product.setName("Java Web 编程宝典 ");                    // 设置产品名称
product.setPrice(79.00);                                 // 设置产品价格
product.setFactory(" 明日科技 ");                         // 设置生产商
product.setRemark(" 无 ");                                // 设置备注
//Hibernate 的持久化操作
try {
    session = HibernateInitialize.getSession(); // 获取 session
    session.beginTransaction();                  // 开启事务
    session.save(product);                       // 执行数据库添加操作
    session.getTransaction().commit();           // 事务提交
} catch (Exception e) {
    session.getTransaction().rollback();         // 事务回滚
    System.out.println(" 数据添加失败 ");
    e.printStackTrace();
    }finally{
    HibernateInitialize.closeSession();          // 关闭 session
}
```

读者可以根据该实例分析持久化对象 product 的实例状态改变流程，这将更加有利于理解 Hibernate 的数据持久化过程。

学习笔记

持久化对象 product 在创建后是瞬时状态（Transient）。在 session 执行 save() 方法后，持久化对象 product 的状态变为持久化状态（Persistent）。这时数据操作并未提交给数据库，在事务执行 commit() 方法后，才完成数据库的添加操作，并且持久化对象 product 变为脏（dirty）对象。在 session 关闭后，持久化对象 product 的状态变为脱管状态（Detached），最后被垃圾回收器回收。

程序运行结果如图 14.5 所示。

id	name	price	factory	remark
1	Java Web编程宝典	79	明日科技	无

图 14.5　向产品信息表添加产品信息

14.3.4　查询数据

session 对象提供了两种对象装载的方法，分别为 get() 方法和 load() 方法。

1. get() 方法

如果开发人员不确定数据库中是否存在匹配记录，则可以使用 get() 方法进行对象装载，这是因为它会立刻访问数据库。如果数据库中不存在匹配记录，则会返回 null。

【例 14.6】 使用 get() 方法装载 product 对象。

创建获取产品信息类 GetProduct.java，在类的 main() 方法中的关键代码如下：

```
session session = null;                                    // 声明 session 对象
try {
    //Hibernate 的持久化操作
    session = HibernateInitialize.getSession();            // 获取 session
    // 装载对象
    Product product = (Product) session.get(Product.class, new Integer("1"));
    System.out.println(" 产品 ID: "+product.getId());
    …                                                      // 省略的打印方法
} catch (Exception e) {
    System.out.println(" 对象装载失败 ");
    e.printStackTrace();
} finally{
    HibernateInitialize.closeSession();                    // 关闭 session
}
```

学习笔记

在 get() 方法中含有两个参数：一个是持久化对象；另一个是持久化对象中的唯一性标识。get() 方法的返回值可能为 null，也可能为一个持久化对象。

程序运行结果如图 14.6 所示。

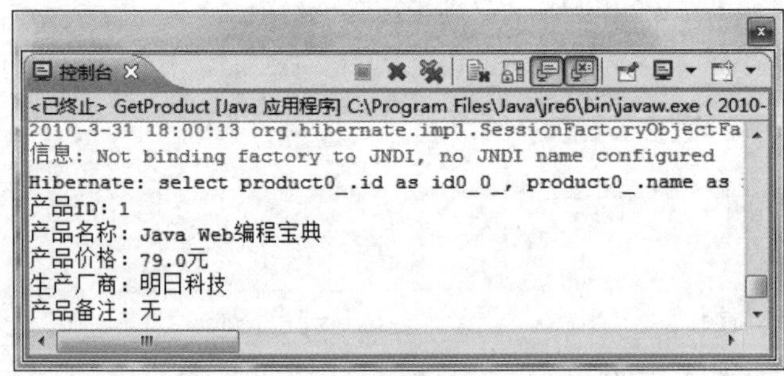

图 14.6 使用 get() 方法装载 product 对象

2. load() 方法

load() 方法用于返回对象的代理，只有在返回对象被调用时，Hibernate 才会使用 SQL 语句查询对象。

【例 14.7】 使用 load() 方法装载 product 对象。

创建获取产品信息类 GetProduct.java，在类的 main() 方法中的关键代码如下：

```
session session = null;                                    // 声明 session 对象
```

```
try {
    //Hibernate 的持久化操作
    session = HibernateInitialize.getSession(); // 获取 session
    Product product = (Product) session.load(Product.class, new
Integer("1"));                                  // 装载对象
    System.out.println(" 产品 ID: "+product.getId());
    …                                           // 省略的打印方法
} catch (Exception e) {
    System.out.println(" 对象装载失败 ");
    e.printStackTrace();
} finally{
    HibernateInitialize.closeSession();         // 关闭 session
}
```

另外，load() 方法还可以装载到指定的对象实例上，关键代码如下：

```
session = HibernateInitialize.getSession();     // 获取 session
Product product = new Product();                // 实例化对象
session.load(product, new Integer("1"));        // 装载对象
```

这两种方法的运行结果是相同的，程序运行结果如图 14.7 所示。

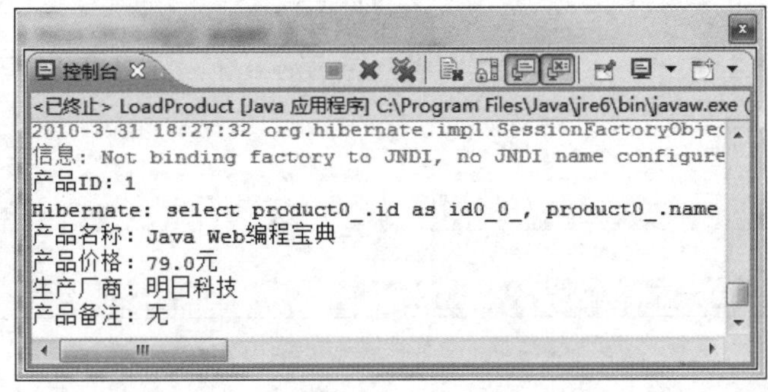

图 14.7　使用 load() 方法装载 product 对象

学习笔记

由于只有在 load() 方法返回对象被调用时，Hibernate 才会使用 SQL 语句查询对象，因此在产品 ID 信息输出后才会输出 SQL 语句，这是因为产品 ID 在程序中是已知的，并不需要查询。

14.3.5　删除数据

在 session 对象中，需要使用 delete() 方法进行数据的删除操作，但是只有对象在持久化状态时才能执行 delete() 方法，因此，在删除数据前，首先需要将对象的状态转换为持久化状态。

【例 14.8】 使用 delete() 方法删除指定的产品信息。

创建删除产品信息类 DeleteProduct.java，在类的 main() 方法中的关键代码如下：

```
session session = null;                                    // 声明 session 对象
try {
    //Hibernate 的持久化操作
    session = HibernateInitialize.getSession(); // 获取 session
    Product product = (Product) session.get(Product.class, new
Integer("1"));                                             // 装载对象
    session.delete(product);                               // 删除持久化对象
    session.flush();                                       // 强制刷新提交
} catch (Exception e) {
    System.out.println(" 对象删除失败 ");
    e.printStackTrace();
} finally{
    HibernateInitialize.closeSession();                    // 关闭 session
}
```

程序运行结果如图 14.8 所示。

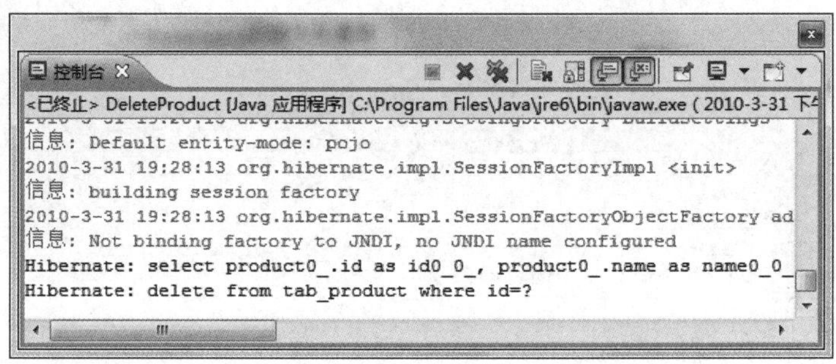

图 14.8 使用 delete() 方法删除指定的产品信息

14.3.6 修改数据

在 Hibernate 的 session 管理中，如果程序对持久化状态的对象进行了修改，则当 session 刷出时，Hibernate 会对实例进行持久化操作。使用 Hibernate 的这个特性可以实现商品信息的修改操作。

学习笔记

session 的刷出（flush）过程是指 session 执行一些必需的 SQL 语句以将内存中的对象的状态同步到 JDBC 中。刷出会在某些查询操作之前执行，或者在事务提交时执行，或者在程序中直接调用 session.flush() 方法时执行。

【例 14.9】 修改指定的产品信息。

创建修改产品信息类 UpdateProduct.java，在类的 main() 方法中的关键代码如下：

```
session session = null;                              // 声明 session 对象
try {
    //Hibernate 的持久化操作
    session = HibernateInitialize.getSession(); // 获取 session
    // 装载对象
    Product product = (Product) session.get(Product.class, new Integer("1"));
    product.setName("Java Web 编程词典 ");          // 修改商品名称
    product.setRemark(" 明日科技出品 ");             // 修改备注信息
    session.flush();                                // 强制刷新提交
} catch (Exception e) {
    System.out.println(" 对象修改失败 ");
    e.printStackTrace();
} finally{
    HibernateInitialize.closeSession();             // 关闭 session
}
```

在程序运行前，数据库中保存的信息如图 14.9 所示。

id	name	price	factory	remark
1	Java Web编程宝典	79	明日科技	无

图 14.9 在产品信息修改前数据库中保存的信息

在程序运行后，数据库中保存的信息如图 14.10 所示。

id	name	price	factory	remark
1	Java Web编程词典	79	明日科技	明日科技出品

图 14.10 在产品信息修改后数据库中保存的信息

14.3.7 延迟加载

在前文关于 load() 方法的讲解中，其实就已经涉及了延迟加载的策略，例 14.3 也反映了 Hibernate 的延迟加载策略。在使用 load() 方法装载持久化对象时，它返回的是一个未初始化的代理（代理无须从数据库中获取数据对象的数据）。只有在调用代理的某个方法时，Hibernate 才会访问数据库。在非延迟加载过程中，Hibernate 会直接访问数据库，并不会使用代理对象。

延迟加载策略的原理如图 14.11 所示。

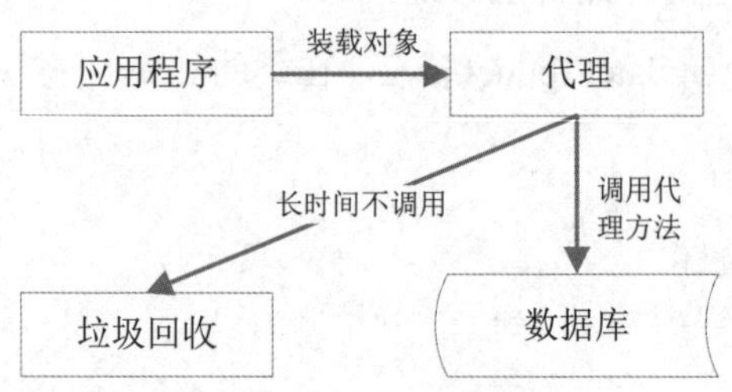

图 14.11 延迟加载策略的原理

当装载的对象长时间没有被调用时，就会被垃圾回收器回收，在程序中合理地使用延迟加载策略将会优化系统的性能。使用延迟加载策略可以节省系统的内存空间，这是因为每加载一个持久化对象就需要将其关联的数据信息装载到内存中，这将会为系统节约部分不必要的开销。

在 Hibernate 中可以通过一些使用延迟加载策略封装的方法实现延迟加载的功能，如 load() 方法，同时可以通过设置映射文件中的 <property> 元素中的 lazy 属性实现该功能。

【例 14.10】 以产品信息的 XML 文档配置为例，实现延时加载设置的关键代码如下：

```
<hibernate-mapping>                                    <!-- 产品信息字段配置信息 -->
   <class name="com.mr.product.Product" table="tab_product">
      <id name="id" column="id" type="int">    <!-- id 值 -->
         <generator class="native"/>
      </id>
         <!-- 产品名称 -->
         <property name="name" type="string" length="45" lazy="true">
         <column name="name"/>
      </property>
      …
   </class>
</hibernate-mapping>
```

通过这种方式，产品名称属性被设置为延迟加载。

14.4 HQL 检索方式

HQL（Hibernate Query Language）是完全面向对象的查询语言。它提供了面向对象的封装，可以理解类似于多态、继承和关联的概念。HQL 语句看上去与 SQL 语句类似，然而它提供了更加强大的查询功能，是 Hibernate 官方推荐的检索方式。

14.4.1 了解 HQL 查询语言

HQL 语句与 SQL 语句是类似的，其基本的使用习惯也与 SQL 相同。由于 HQL 是面向对象的查询语言，因此它需要从目标对象中查询信息并返回匹配单个实体对象或多个实体对象的集合，而 SQL 语句是从数据库表中查找指定信息并返回单条信息或多条信息的集合。

学习笔记

HQL 语句是区分大小写的，而 SQL 语句并不区分大小写。这是因为 HQL 语句是面向对象的查询语言，它的查询目标是实体对象，即 Java 类，而 Java 类是区分大小写的，例如，com.mr.Test 与 com.mr.TeSt 表示的是两个不同的类，所以 HQL 语句也是区分大小写的。

HQL 语句的基本语法格式如下：

```
select "对象.属性名"
from "对象"
where "过滤条件"
group by "对象.属性名"  having "分组条件"
order by "对象.属性名"
```

【例 14.11】 在实际应用中的 HQL 语句如下：

```
select * from Employee emp where emp.flag='1'
```

该语句等价于：

```
from Employee emp where emp.flag='1'
```

该 HQL 语句是查询、过滤从数据库返回的实体对象的集合，其过滤条件为对象属性 flag 为 1 的实体对象，其中，Employee 为实体对象。Hibernate 在 3.0 版本后可以使用 HQL 语句执行 update() 方法和 delete() 方法的操作，但是并不推荐使用这种方式。

14.4.2 实体对象查询

在 HQL 语句中，可以通过 from 子句对实体对象进行直接查询。

【例 14.12】 通过 from 子句查询实体对象的 HQL 语句如下：

```
from Person
```

在大多数情况下，最好为查询的实体对象指定一个别名，方便在查询语句的其他地方引用实体对象，别名的命名方式如下：

```
from Person per
```

上面的 HQL 语句将会查询数据库中实体对象 Person 所对应的所有数据，并以封装好的 Person 对象的集合形式返回。然而上面的语句有一个局限性，它会查询实体对象 Person 映射的所有数据库字段，相当于 SQL 语句中的 Select *，那么 HQL 语句如何获取指定的字段信息呢？在 HQL 语句中需要通过动态实例化查询来实现这个功能。

例如，通过 from 子句查询指定的字段信息的 HQL 语句如下：

```
select Person(id,name) from Person per
```

这种查询方式，通过对指定的实体对象属性进行重新封装，既不会失去数据的封装性，又可以提高查询的效率。

【例 14.13】 查询 Employee 对象中的所有信息。

通过 HQL 语句查询 Employee 对象中的所有信息，关键代码如下：

```
List emplist = new ArrayList();                          // 实例化 List 信息集合
session session = null;                                  // 实例化 session 对象
try {
   session = HibernateUtil.getSession();                 // 获取 session
    String hql = "from Employee emp";                    // 查询 HQL 语句
    Query q = session.createQuery(hql);                  // 执行查询操作
   emplist = q.list();                                   // 将返回的对象转化为 List 集合
} catch (HibernateException e) {
    e.printStackTrace();
} finally {
    HibernateUtil.closeSession();                        // 关闭 session
}
```

当返回查询结果后，会显示查询的列表信息，程序运行后的页面输出效果如图 14.12 所示。

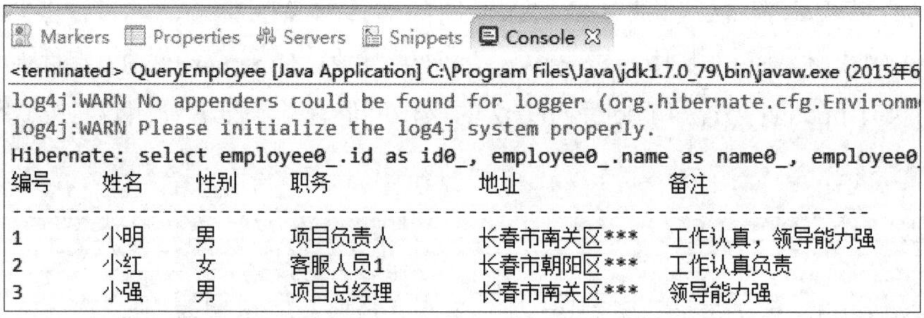

```
Markers  Properties  Servers  Snippets  Console
<terminated> QueryEmployee [Java Application] C:\Program Files\Java\jdk1.7.0_79\bin\javaw.exe (2015年6
log4j:WARN No appenders could be found for logger (org.hibernate.cfg.Environm
log4j:WARN Please initialize the log4j system properly.
Hibernate: select employee0_.id as id0_, employee0_.name as name0_, employee0
编号   姓名   性别   职务          地址              备注
--------------------------------------------------------------------------------
1      小明   男     项目负责人    长春市南关区***   工作认真，领导能力强
2      小红   女     客服人员1     长春市朝阳区***   工作认真负责
3      小强   男     项目总经理    长春市南关区***   领导能力强
```

图 14.12　查询 Employee 对象中的所有信息的页面输出效果

14.4.3　条件查询

条件查询在实际的应用中是比较广泛的，通常会使用条件查询过滤从数据库返回的查询数据。因为一个表中的所有数据并不一定对用户都是有意义的，在应用系统中，需要为

用户显示具有价值的信息，所以条件查询在数据查询中具有非常重要的地位，后面讲解的大部分高级查询也都是基于条件查询的。

HQL 语句的条件查询与 SQL 语句一样都是通过 where 子句实现的。

【例 14.14】 在例 14.13 中，查询性别为“男”的员工信息的 HQL 语句如下：

```
from Employee emp where emp.sex="男"
```

修改例 14.13 中的 HQL 语句，程序运行后的页面输出效果如图 14.13 所示。

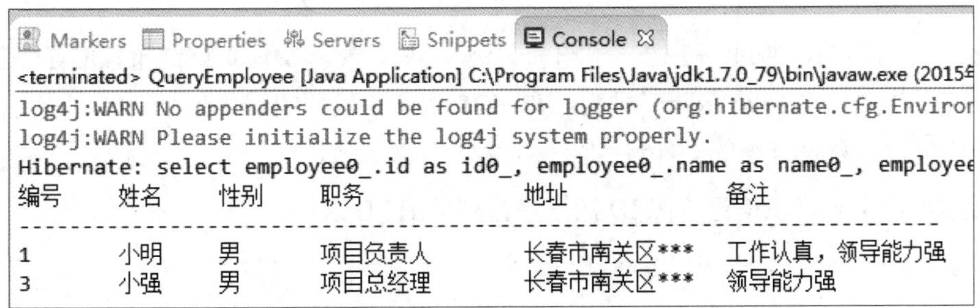

图 14.13 查询性别为“男”的员工信息的页面输出效果

14.4.4 HQL 参数绑定机制

HQL 参数绑定机制可以使查询语句和参数具体值相互独立，不但可以提高程序的开发效率，还可以有效地防止 SQL 语句的注入攻击。在 JDBC 中的 PreparedStatement 对象就是通过动态赋值的方式对 SQL 语句的参数进行绑定的。在 HQL 语句中同样提供了动态赋值的功能，分别有两种不同的实现方法。

1. 使用顺序占位符“? ”替代具体参数

在 HQL 语句中，可以使用顺序占位符“？”替代具体参数，并且使用 Query 对象的 setParameter() 方法对其进行赋值，这种操作方式与 JDBC 中的 PreparedStatement 对象的参数绑定方式类似。

【例 14.15】 在例 14.13 中，查询性别为“男”的员工信息，关键代码如下：

```
session = HibernateUtil.getSession();                    // 获取 session
String hql = "from Employee emp where emp.sex=?";        // 查询 HQL 语句
Query q = session.createQuery(hql);                      // 执行查询操作
q.setParameter(0, "男");                                 // 为占位符赋值
emplist = q.list();
```

2. 使用引用占位符“:parameter”替代具体参数

HQL 语句除了支持顺序占位符“？”，还支持引用占位符“:parameter”。引用占位符是“:”与自定义参数名的组合。

【例 14.16】 在例 14.13 中，查询性别为“男”的员工信息，关键代码如下：

```
session = HibernateUtil.getSession();                         // 获取 session
String hql = "from Employee emp where emp.sex=:sex";  // 查询 HQL 语句
Query q = session.createQuery(hql);                           // 执行查询操作
q.setParameter("sex", "男");                                  // 为引用占位符赋值
emplist = q.list();
```

14.4.5 排序查询

在 SQL 语句中，通过 order by 子句和关键字 asc、desc 实现查询结果集的排序操作，asc 表示正序排列，desc 表示降序排列。在 HQL 语句中同样提供了这个功能，使用方法与 SQL 语句类似，只是排序的条件参数变为了实体对象的属性。

【例 14.17】 员工信息按照 ID 的正序排列的 HQL 语句如下：

```
from Employee emp order by emp.id asc
```

14.4.6 聚合函数的应用

在 HQL 语句中，支持 SQL 语句中常用的聚合函数，如 sum、avg、count、max、min 等，其使用方法与 SQL 语句基本相同。

【例 14.18】 计算所有的员工 ID 的平均值的 HQL 语句如下：

```
select avg(emp.id) from Employee emp
```

【例 14.19】 查询所有员工中 ID 最小的员工信息的 HQL 语句如下：

```
select min(emp.id) from Employee emp
```

14.4.7 分组方法

在 HQL 语句中，使用 group by 子句实现分组操作，其使用习惯与 SQL 语句相同。在 HQL 语句中同样可以在 group by 子句中使用 having 语句，然而前提条件是需要底层数据库的支持，例如，MySQL 数据库是不支持 having 语句的。

【例 14.20】 分组统计男女员工的人数。

创建 GroupBy 类，在 main() 方法中使用 HQL 语句统计男女员工的人数，关键代码如下：

```
session session = null;                                 // 实例化 session 对象
try {
   session = HibernateUtil.getSession();          // 获取 session
   String hql = "select emp.sex,count(*) from Employee emp group by emp.
sex";                                                   // 查询 HQL 语句
   Query q = session.createQuery(hql);            // 执行查询操作
```

```
    List emplist = q.list();
    Iterator it = emplist.iterator();              // 使用迭代器输出返回的对象数组
  while(it.hasNext()) {
       Object[] results = (Object[])it.next();
           System.out.print("员工性别：" + results[0] + "———");
           System.out.println("人数：" + results[1]);
    }
} catch (HibernateException e) {
    e.printStackTrace();
} finally {
    HibernateUtil.closeSession();                  // 关闭 session
}
```

学习笔记

group by 子句与 order by 子句中都不能含有算术表达式，同时分组的条件不能是实体对象本身，例如，group by Employee 是不正确的，除非实体对象的所有属性都是非聚集的。

程序运行结果如图 14.14 所示。

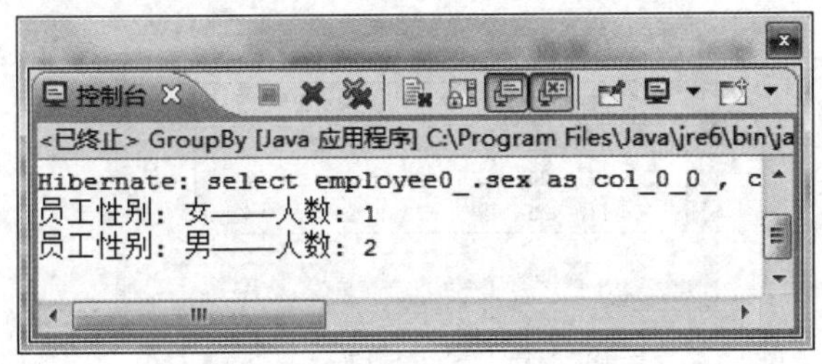

图 14.14　分组统计男女员工的人数

14.4.8　联合查询

联合查询是在进行数据库多表操作时必不可少的操作之一。例如，在 SQL 语句中，我们熟知的连接查询方式有：内连接查询（inner join）、左连接查询（left outer join）、右连接查询（right outer join）和全连接查询（full join）。HQL 语句也支持联合查询。

例如，公民表与身份证表是一对一的映射关系，可以通过 HQL 语句的左连接查询获取关联的信息。

【例 14.21】　通过 HQL 语句的左连接查询获取公民信息及其关联的身份证信息。

创建 Servlet，并在 Servlet 中使用左连接查询获取公民信息及其关联的身份证信息，关键代码如下：

```
session session = null;                              // 实例化 session 对象
List<Object[]> list = new ArrayList<Object[]>();
try {
   session = HibernateInitialize.getSession(); // 获取 session
   session.beginTransaction();                      // 开启事务
   String hql = "select peo.id,peo.name,peo.age,peo.sex,c.idcard_code from
People peo left join peo.idcard c";
   Query q = session.createQuery(hql);          // 执行查询操作
   list = q.list();
   session.getTransaction().commit();           // 提交事务
} catch (HibernateException e) {
    e.printStackTrace();
    session.getTransaction().rollback();        // 出错将回滚事务
} finally {
    HibernateInitialize.closeSession();         // 关闭 session
}
```

程序运行结果如图 14.15 所示。

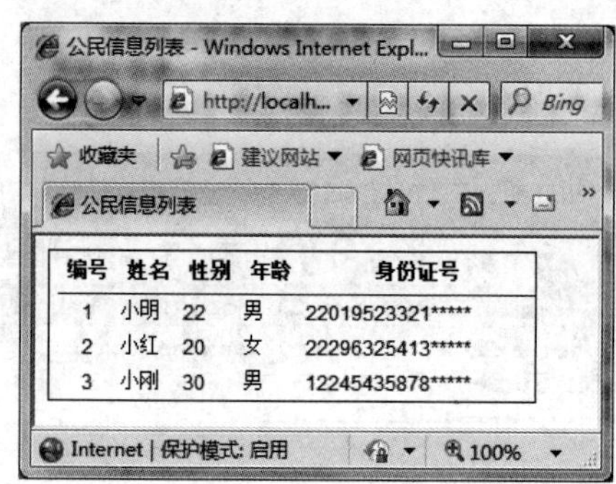

图 14.15　通过 HQL 语句的左连接查询获取公民信息及其关联的身份证信息

14.4.9　子查询

子查询也是应用比较广泛的查询方式之一。在 HQL 语句中也支持这种查询方式，然而前提条件是需要底层数据库的支持。在 HQL 语句中的一个子查询必须被圆括号 () 括起来。例如，查询大于员工平均年龄的员工信息的 HQL 语句如下：

```
from Employee emp where emp.age>( select avg(age) from Employee)
```

【例 14.22】　使用子查询获取 ID 值最小的员工信息，并将结果显示在控制台。

创建 QueryMinID 类，在 main() 方法中的关键代码如下：

```
session session = null;                              // 实例化 session 对象
try {
   session = HibernateUtil.getSession();         // 获取 session
   // 查询 HQL 语句
```

```
    String hql = "from Employee emp where emp.id= (select min(id) from 
Employee)";
    Query q = session.createQuery(hql);          // 执行查询操作
    List<Employee> list = q.list();
  for (Employee emp : list) {                    // 输出 ID 值最小的员工信息
        System.out.println("ID 值最小的员工为: " + emp.getName());
        System.out.println("其 ID 值为: " + emp.getId());
    }
} catch (HibernateException e) {
    e.printStackTrace();
} finally {
    HibernateUtil.closeSession();                // 关闭 session
}
```

程序运行结果如图 14.16 所示。

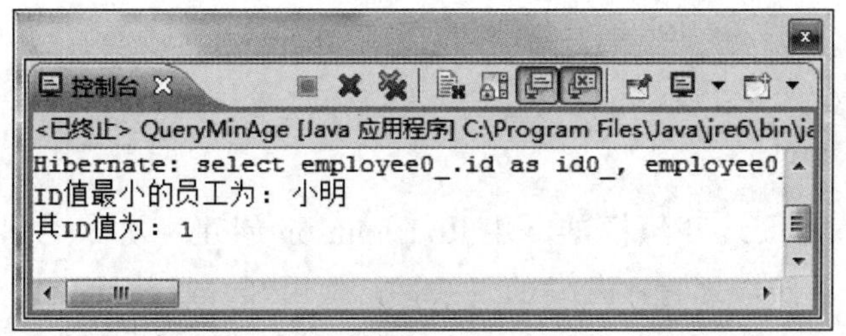

图 14.16 使用子查询获取 ID 值最小的员工信息

第 15 章　Spring 框架

Spring 翻译为中文是春天的意思，象征着它为 Java 带来了一种全新的编程思想。Spring 是一个轻量级开源框架，其目的是解决企业应用程序开发的复杂性。该框架的优势是模块化的 IoC 设计模式，使开发人员可以专心开发应用程序的模块部分。

15.1　Spring 概述

Spring 是一个轻量级开源框架，由 Rod Johnson 创建，从 2003 年年初正式启动。Spring 能够降低企业级应用程序开发的复杂性，使用 Spring 替代 EJB 开发企业级应用程序，可以不用担心工作量太大、开发进度难以控制和复杂的测试过程等问题。Spring 简化了企业级应用程序的开发、降低了开发成本并整合了各种流行框架，它以 IoC 和 AOP（面向切面编程）两种先进的技术为基础完美地简化了企业级应用程序开发的复杂度。

15.1.1　Spring 组成

Spring 主要由七大模块组成，它们提供了企业级应用程序开发需要的所有功能。每个模块都可以单独使用，也可以和其他模块组合使用，其灵活且方便的部署可以使开发的应用程序更加简洁、灵活。Spring 的七大模块如图 15.1 所示。

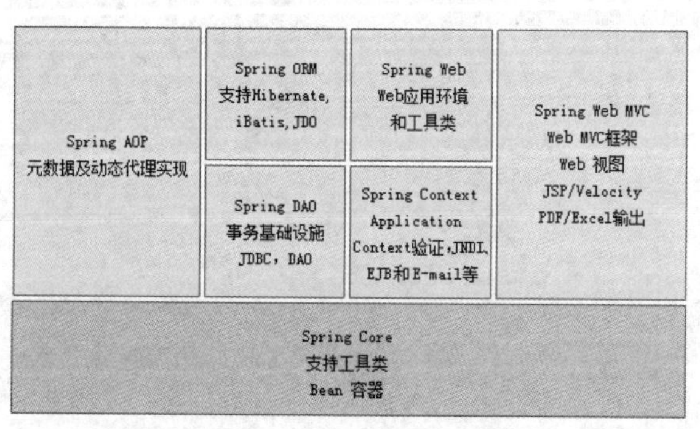

图 15.1　Spring 的七大模块

（1）Spring Core 模块。

Spring Core 模块是 Spring 的核心容器，它实现了 IoC 和 Spring 的基础功能。在模块中包含的最重要的 BeanFactory 类是 Spring 的核心类，负责配置和管理 JavaBean。它使用 Factory 模式实现了 IoC 容器，即依赖注入。

（2）Spring Context 模块。

Spring Context 模块继承于 BeanFactory（或者说 Spring 核心）类，并且添加了事件处理、国际化、资源加载、透明加载及数据校验等功能。它还提供了框架式的 Bean 的访问方式和很多企业级的功能，如 JNDI 访问、支持 EJB、远程调用、集成模板框架、E-mail 和定时任务调度等。

（3）Spring AOP 模块。

Spring 集成了所有的 AOP 功能，通过事务管理可以将任何 Spring 管理的对象 AOP 化。Spring 提供了使用标准 Java 编写的 AOP 框架，其中，大部分内容是根据 AOP 联盟的 API 开发的。它使应用程序抛开了 EJB 的复杂性，但仍然具有传统 EJB 的关键功能。

（4）Spring DAO 模块。

Spring DAO 模块提供了 JDBC 的抽象层，简化了数据库厂商的异常错误（不再从 SQLException 继承大批代码），大幅度减少了代码的编写，并且提供了对声明式和编程式事务的支持。

（5）Spring ORM 模块。

Spring ORM 模块提供了对现有 ORM 框架的支持。由于各种流行的 ORM 框架已经非常成熟，并且拥有大规模的市场（如 Hibernate），因此 Spring 没有必要开发新的 ORM 工具，即可为 Hibernate 提供完美的整合功能，并且支持其他 ORM 工具。

（6）Spring Web 模块。

Spring Web 模块建立在 Spring Context 模块的基础上，提供了 Servlet 监听器的 Context 和 Web 应用的上下文，为现有的 Web 框架（如 JSF、Tapestry 和 Struts 等）提供了集成功能。

（7）Spring Web MVC 模块。

Spring Web MVC 模块建立在 Spring 核心功能的基础上，使其拥有了 Spring 的所有特性，从而能够适应多种多视图、模板技术、国际化和验证服务，实现控制逻辑和业务逻辑的清晰分离功能。

15.1.2 下载 Spring

在使用 Spring 之前，必须先在 Spring 的官方网站中免费下载 Spring 工具包，其网址为 http://www.springsource.org/download。在该网站中可以免费获取 Spring 的帮助文档和 jar 包。本章中的所有实例使用的 Spring 的 jar 包的版本均为 spring-framework-3.1.1.RELEASE。

在将 dist 文件夹下的所有的 jar 包导入项目中后，即可开发 Spring 的项目。

学习笔记

不同版本之间的 jar 包可能会存在不同，因此读者应尽量使用与本书一致的 jar 包版本。

15.1.3 配置 Spring

在获得并打开 Spring 的工具包后，其 dist 文件夹中包含 Spring 的 20 个 jar 包，其相关功能说明如表 15.1 所示。

表 15.1 Spring 的 jar 包的相关功能说明

jar 包的名称	说　明
org.springframework.aop-3.1.1.RELEASE.jar	Spring 的 AOP 模块
org.springframework.asm-3.1.1.RELEASE.jar	Spring 独立的 ASM 程序，相比 2.5 版本，需要额外的 asm.jar 包
org.springframework.aspects-3.1.1.RELEASE.jar	Spring 提供的对 AspectJ 框架的整合
org.springframework.beans-3.1.1.RELEASE.jar	Spring 的 IoC 注入的基础实现
org.springframework.context.support-3.1.1.RELEASE.jar	Spring 上下文的扩展支持，用于 MVC 方面
org.springframework.context-3.1.1.RELEASE.jar	Spring 的上下文，Spring 提供在 IoC 基础功能上的扩展服务，此外还提供很多企业级服务的支持，如 E-mail、定时任务调度、JNDI 访问、支持 EJB、远程调用、缓存及各种视图层框架的封装等
org.springframework.core-3.1.1.RELEASE.jar	Spring 的核心模块
org.springframework.expression-3.1.1.RELEASE.jar	Spring 的表达式语言
org.springframework.instrument.tomcat-3.1.1.RELEASE.jar	Spring 对 Tomcat 连接池的支持
org.springframework.instrument-3.1.1.RELEASE.jar	Spring 对服务器的代理接口
org.springframework.jdbc-3.1.1.RELEASE.jar	Spring 的 JDBC 模块
org.springframework.jms-3.1.1.RELEASE.jar	Spring 为简化 JMS API 使用而进行的简单封装
org.springframework.orm-3.1.1.RELEASE.jar	Spring 的 ORM 模块，支持 Hibernate 和 JDO 等 ORM 工具
org.springframework.oxm-3.1.1.RELEASE.jar	Spring 对 Object/XMI 的映射的支持，可以在 Java 与 XML 之间来回切换
org.springframework.test-3.1.1.RELEASE.jar	Spring 对 Junit 等测试框架的简单封装
org.springframework.transaction-3.1.1.RELEASE.jar	Spring 为 JDBC、Hibernate、JDO、JPA 等提供的一致的声明式和编程式事务管理
org.springframework.web.portlet-3.1.1.RELEASE.jar	SpringMVC 的增强
org.springframework.web.servlet-3.1.1.RELEASE.jar	Spring 对 Java EE6.0 和 Servlet 3.0 的支持
org.springframework.web.struts-3.1.1.RELEASE.jar	整合 Struts
org.springframework.web-3.1.1.RELEASE.jar	Sping 的 Web 模块，包含 Web application context

除了表 15.1 中给出的这些 jar 包，Spring 还需要 commons-logging.jar 和 aopalliance.jar 包的支持。其中，commons-logging.jar 包可以通过访问 http://commons.apache.org/logging/ 下载；aopalliance.jar 包可以通过访问 http://sourceforge.net/projects/aopalliance/files/ 下载。

在获取这些包后，可以将它们保存到 Spring 的 Web 项目的 WEB-INF 文件夹下的 lib 文件夹中。Web 服务器在启动时会自动加载 lib 文件夹中的所有 jar 包。在使用 Eclipse 开发工具时，我们也可以将这些包配置为一个用户库，然后在需要应用 Spring 的项目中，加载这个用户库即可。

Spring 的配置结构如图 15.2 所示。

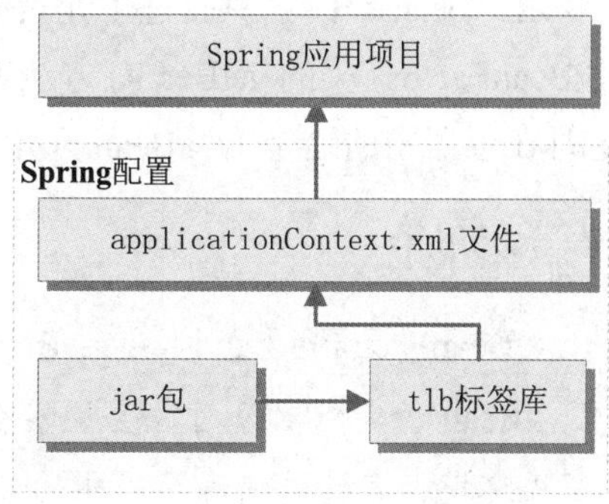

图 15.2　Spring 的配置结构

15.1.4　使用 BeanFactory 类

BeanFactory 类使用了 Java 经典的工厂模式，通过从配置文件（.xml）或属性文件（.properties）中读取 JavaBean 的定义来创建、配置和管理 JavaBean。BeanFactory 类有很多实现类，其中，XmlBeanFactory 类可以通过 XML 文件格式读取配置信息来加载 JavaBean。BeanFactory 类在 Spring 中的作用如图 15.3 所示。

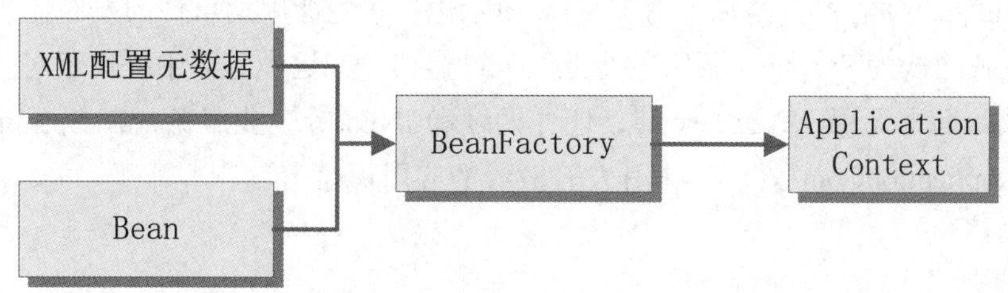

图 15.3　BeanFactory 类在 Spring 中的作用

例如，加载 Bean 配置的关键代码如下：

```
//加载配置文件
Resource resource = new ClassPathResource("applicationContext.xml");
BeanFactory factory = new XmlBeanFactory(resource);
Test  test = (Test) factory.getBean("test");     //获取 Bean
```

使用 ClassPathResource() 方法读取 XML 文件并传递参数给 XmlBeanFactory 类。applicationContext.xml 文件的代码如下：

```
<beans
   xmlns="http://www.springframework.org/schema/beans"
   xmlns:xsi="http://www.w3.org/2001/XMLSchema-instance"
   xsi:schemaLocation="http://www.springframework.org/schema/beans
```

```
    http://www.springframework.org/schema/beans/spring-beans-3.0.xsd">
  <bean id="test" class="com.mr.test.Test"/>
</beans>
```

在 <beans> 标签中通过子元素 <bean> 定义 JavaBean 的名称和类型，在程序代码中使用 BeanFactory 类的 getBean() 方法获取 JavaBean 的实例，并向上转换为需要的接口类型，这时在容器中的这个 JavaBean 开始了它的生命周期。

学习笔记

BeanFactory 类在调用 getBean() 方法前不会实例化任何对象，只有在需要创建 JavaBean 的实例对象时才会为其分配资源空间。这使其更适合物理资源受限制的应用程序环境，尤其是内存受限制的环境。

Spring 中 JavaBean 的生命周期包括实例化 JavaBean、初始化 JavaBean、使用 JavaBean 和销毁 JavaBean 共 4 个阶段。

15.1.5 使用 ApplicationContext 容器

BeanFactory 类实现了 IoC 控制，因此可以被称为"IoC 容器"，而 ApplicationContext 扩展了 BeanFactory 容器并添加了对 I18N（国际化）和生命周期事件的发布监听等更加强大的功能，使之成为 Spring 中强大的企业级 IoC 容器。在这个容器中提供了对其他框架和 EJB 的集成、远程调用、WebService、任务调度和 JNDI 等企业服务，在 Spring 的应用中大多使用 ApplicationContext 容器来开发企业级的应用程序。

学习笔记

ApplicationContext 容器不仅提供了 BeanFactory 容器的所有特性，而且允许使用更多的声明方式来得到所需要的功能。

ApplicationContext 接口有以下 3 个实现类，可以实例化其中任何一个类来创建 Spring 的 ApplicationContext 容器。

1. ClassPathXmlApplicationContext 类

ClassPathXmlApplicationContext 类从当前类路径中检索并加载配置文件来创建容器的实例，其语法格式如下：

```
ApplicationContext context=new ClassPathXmlApplicationContext(String
configLocation);
```

configLocation 参数指定了 Spring 配置文件的名称和位置。

2. FileSystemXmlApplicationContext 类

FileSystemXmlApplicationContext 类不从类路径中获取配置文件，而是通过参数指定配置文件的位置。它可以获取类路径之外的资源，其语法格式如下：

```
ApplicationContext context=new FileSystemXmlApplicationContext(String config
Location);
```

3. WebApplicationContext 类

WebApplicationContext 类是 Spring 的 Web 应用容器，在 Servlet 中使用该类的方法有两种：一种是在 Servlet 的 web.xml 文件中配置 Spring 的 ContextLoaderListener 监听器；另一种是修改配置文件 web.xml，并在其中添加一个 Servlet，定义使用 Spring 的 org.springframework.web.context.Context LoaderServlet 类。

学习笔记

JavaBean 在 ApplicationContext 和 BeanFactory 容器中的生命周期基本相同，如果在 JavaBean 中实现了 ApplicationContextAware 接口，则容器会调用 JavaBean 的 setApplicationContext() 方法将容器本身注入 JavaBean 中，使 JavaBean 包含容器的应用。

15.2 Spring IoC

Spring 中的各个部分充分使用了依赖注入（Dependency Injection）技术，使得代码中不再有单实例垃圾和麻烦的属性文件，取而代之的是一致和优雅的程序应用代码。

15.2.1 控制反转与依赖注入

IoC 将创建实例的任务交给 IoC 容器，这样在开发应用代码时只需要直接使用类的实例，这就是 IoC 控制反转。通常使用一个所谓的好莱坞原则（Don't call me. I will call you，请不要给我打电话，我会打给你）来比喻这种控制反转的关系。Martin Fowler 曾专门写了一篇文章 *Inversion of Control Containers and the Dependency Injection pattern* 来讨论控制反转这个概念，并提出了一个更为准确的概念，即“依赖注入”。

依赖注入有以下 3 种实现类型，Spring 支持后两种。

1. 接口注入

接口注入类型基于接口将调用与实现分离，这种依赖注入的方式必须实现容器所规定的接口，使程序代码和容器的 API 绑定在一起，这并不是理想的依赖注入方式。

2. Setter 注入

Setter 注入类型基于 JavaBean 的 setter 方法为属性赋值，在实际开发中得到了最广泛的应用（其中很大一部分得益于 Spring 的影响），例如：

```
public class User {
    private String name;
    public String getName() {
        return name;
    }
    public void setName(String name) {
        this.name = name;
    }
}
```

在上述代码中定义了一个字段属性 name 并使用了 getter 和 setter 方法，这两个方法可以为字段属性赋值。

3. 构造器注入

构造器注入类型基于构造方法为属性赋值，容器通过调用类的构造方法将其所需要的依赖关系注入，例如：

```
public class User {
    private String name;
    public User(String name){                                    // 构造器
        this.name=name;                                          // 为属性赋值
    }
}
```

在上述代码中使用了构造方法为属性赋值，这样做的好处是在实例化类的对象的同时完成属性的初始化。

学习笔记

由于在控制反转模式下会将对象放在 XML 文件中定义，因此开发人员实现一个子类会更为简单，即只需要修改 XML 文件。而且控制反转颠覆了“使用对象之前必须创建类”的传统观念，开发人员不必再关注类是如何创建的，只需要从容器中获取一个类后直接调用即可。

15.2.2 配置 Bean

在 Spring 中无论使用哪种容器，都需要从配置文件中读取 JavaBean 的定义信息，然后根据定义信息创建 JavaBean 的实例对象并注入其依赖的属性。由此可见，在 Spring 中的配置主要是针对 JavaBean 的定义和依赖关系而言的，JavaBean 的配置也针对配置文件。

要想在 Spring IoC 容器中获取一个 JavaBean，首先需要在配置文件中的 <beans> 标签中配置一个子元素 <bean>，Spring 的控制反转机制会根据 <bean> 元素的配置来实例化这个 JavaBean 实例。

例如，配置一个简单的 JavaBean，代码如下：

```
<bean id="test" class="com.mr.Test"/>
```

其中，id 属性为 JavaBean 的名称；class 属性为对应的类名。这样通过 BeanFactory 容器的 getBean("test") 方法即可获取该类的实例。

15.2.3　Setter 注入

一个简单的 JavaBean 的最明显的规则是以一个私有属性对应 setter 和 getter 方法，从而实现对属性的封装。既然 JavaBean 中有 setter 方法来设置 Bean 的属性，Spring 就会有相应的支持。配置文件中的 <property> 元素可以为 JavaBean 的 setter 方法传递参数，即通过 setter 方法为属性赋值。

【例 15.1】　通过 Spring 的赋值为用户的 JavaBean 的属性赋值。

首先创建用户的 JavaBean，关键代码如下：

```
public class User {
    private String name;                              // 用户姓名
    private Integer age;                              // 年龄
    private String sex;                               // 性别
    …                                                 // 省略的 setter 和 getter 方法
}
```

然后在 Spring 的配置文件 applicationContext.xml 中配置该 JavaBean，关键代码如下：

```
<!-- User Bean -->
<bean name="user" class="com.mr.user.User">
    <property name="name">
        <value> 无语 </value>
    </property>
    <property name="age">
        <value>30</value>
    </property>
    <property name="sex">
        <value> 女 </value>
    </property>
</bean>
```

在上述代码中，<value> 标签用于为 name 属性赋值，这是一个普通的赋值标签。如果直接在成对的 <value> 标签中放入数值或其他赋值标签，则 Spring 会把这个标签提供的属性值注入指定的 JavaBean 中。

最后创建名称为 ManagerServlet 的 Servlet。在其 doGet() 方法中，先装载配置文件并获取 Bean，再调用 Bean 对象的相应 getXXX() 方法获取并输出用户信息，关键代码如下：

```
ApplicationContext factory=new ClassPathXmlApplicationContext("application
Context.xml");                                          //装载配置文件
User user = (User) factory.getBean("user");             //获取 Bean
System.out.println("用户姓名——"+user.getName());         //输出用户的姓名
System.out.println("用户年龄——"+user.getAge());          //输出用户的年龄
System.out.println("用户性别——"+user.getSex());          //输出用户的性别
```

程序运行结果如图 15.4 所示。

图 15.4　控制台输出的信息

15.2.4　构造器注入

在类被实例化时，其构造方法会被调用且只能调用一次，因此构造器常用于类的初始化操作。<constructor-arg> 是 <bean> 元素的子元素，通过 <constructor-arg> 元素的子元素 <value> 可以为构造方法传递参数。

【例 15.2】 通过 Spring 的构造器注入为用户的 JavaBean 的属性赋值。

首先在用户的 JavaBean 中创建构造方法，代码如下：

```
public class User {
   private String name;                                 //用户姓名
   private Integer age;                                 //年龄
   private String sex;                                  //性别
   //构造方法
   public User(String name,Integer age,String sex){
      this.name=name;
      this.age=age;
      this.sex=sex;
   }
   //输出 JavaBean 的属性值方法
   public void printInfo(){
      System.out.println("用户姓名——"+name);   //输出用户的姓名
      System.out.println("用户年龄——"+age);    //输出用户的年龄
      System.out.println("用户性别——"+sex);    //输出用户的性别
   }
}
```

然后在 Spring 的配置文件 applicationContext.xml 中通过 <constructor-arg> 元素为 JavaBean 的属性赋值，关键代码如下：

```
<!-- User Bean -->
<bean name="user" class="com.mr.user.User">
    <constructor-arg>
        <value> 无语 </value>
    </constructor-arg>
    <constructor-arg>
        <value>30</value>
    </constructor-arg>
    <constructor-arg>
        <value> 女 </value>
    </constructor-arg>
</bean>
```

学习笔记

容器通过多个 <constructor-arg> 元素为构造方法传递参数，如果标签的赋值顺序与构造方法中参数的顺序或类型不同，则程序会产生异常，可以使用 <constructor-arg> 元素的 index 属性和 type 属性解决这类问题。

最后创建名称为 ManagerServlet 的 Servlet。在其 doGet() 方法中，先装载配置文件并获取 Bean，再调用 Bean 对象的 printInfo() 方法输出用户信息，关键代码如下：

```
// 装载配置文件
ApplicationContext factory=new ClassPathXmlApplicationContext("applicationCo
ntext.xml");
// 获取 Bean
User user = (User) factory.getBean("user");
user.printInfo();
```

程序运行结果如图 15.5 所示。

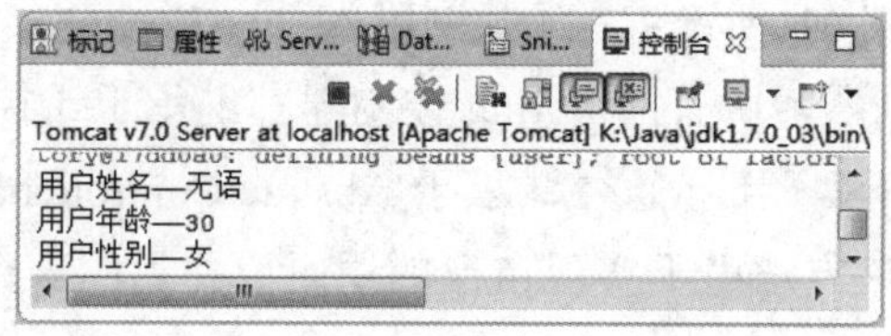

图 15.5　控制台输出的信息

由于大量的构造器参数，特别是当某些属性可选时，可能会使程序的效率低下，因此在通常情况下，Spring 开发团队提倡使用 Setter 注入，这也是目前应用程序开发中最常使用的注入方式。

构造器注入方式的优点是它可以一次性地将所有的依赖注入，即在程序未完全初始化的状态下，注入对象不会被调用。此外，对象也不可能再次被注入。对于注入类型的选择并没有硬性的规定，对于那些没有源码的第三方类或没有提供 setter 方法的遗留代码，只能选择构造器注入的方式实现依赖注入。

15.2.5 引用其他 Bean

Spring 使用 IoC 将 JavaBean 所需要的属性注入，不需要编写程序代码来初始化 JavaBean 的属性，即可使程序代码整洁且规范化。这主要降低了 JavaBean 之间的耦合度，使 Spring 开发项目中的 JavaBean 不需要修改任何代码即可应用到其他程序中。在 Spring 中，可以通过配置文件使用 <ref> 标签引用其他 JavaBean 的实例对象。

【例 15.3】 将 User 对象注入 Spring 的控制器 Manager 中，并在控制器中执行 User 对象的 printInfo() 方法。

在控制器 Manager 中注入 User 对象，关键代码如下：

```
public class Manager extends AbstractController {
    private User user;                              //注入User对象
    public User getUser() {
        return user;
    }
    public void setUser(User user) {
        this.user = user;
    }
protected ModelAndView handleRequestInternal(HttpServletRequest arg0,
            HttpServletResponse arg1) throws Exception {
        user.printInfo();                           //执行User对象中的信息打印方法
        return null;
    }
}
```

在上述代码中，控制器 Manager 继承于控制器 AbstractController。控制器 AbstractController 是 Spring 中最基本的控制器，所有的 Spring 控制器都继承于该控制器，它提供了缓存支持和 mimetype 设置等功能。当一个类继承于 AbstractController 时，需要实现抽象方法 handleRequestInternal()，该方法用于实现自己的逻辑，并返回一个 ModelAndView 对象，在本实例中返回 null。

学习笔记

如果在控制器中返回了一个 ModelAndView 对象，则该对象需要在 Spring 的配置文件 applicationContext.xml 中配置。

在 Spring 的配置文件 applicationContext.xml 中完成 JavaBean 的注入，关键代码如下：

```
<!-- 注入 JavaBean -->
<bean name="/main.do" class="com.mr.main.Manager">
    <property name="user">
        <ref local="user"/>
    </property>
</bean>
```

在 web.xml 文件中配置自动加载 applicationContext.xml 文件。在项目启动时，Spring 的配置信息会被自动加载到程序中，因此在调用 JavaBean 时不再需要实例化 BeanFactory 对象，关键代码如下：

```
<!-- 设置自动加载配置文件 -->
<servlet>
    <servlet-name>dispatcherServlet</servlet-name>
    <servlet-class>org.springframework.web.servlet.DispatcherServlet</
servlet-class>
    <init-param>
        <param-name>contextConfigLocation</param-name>
        <param-value>/WEB-INF/applicationContext.xml</param-value>
    </init-param>
    <load-on-startup>1</load-on-startup>
</servlet>
<servlet-mapping>
    <servlet-name>dispatcherServlet</servlet-name>
    <url-pattern>*.do</url-pattern>
</servlet-mapping>
```

在程序运行后，在浏览器中单击“执行 JavaBean 的注入”超链接，在控制台将显示如图 15.6 所示的内容。

图 15.6　控制台输出的信息

15.2.6　创建匿名内部类 JavaBean

在编程中经常会遇到匿名的内部类。在 Spring 中，只需在需要匿名内部类的地方直接使用 <bean> 元素定义一个内部类即可。如果需要使这个内部类匿名，则可以不指定 <bean> 元素的 id 或 name 属性，例如：

```
<!-- 定义学生匿名内部类 -->
<bean id="school" class="School">
    <property name="student">
        <bean class="Student"/>
    </property>
</bean>
```

在上述代码中定义了匿名的 Student 类，并将这个匿名内部类赋给了 School 类的实例对象。

15.3 AOP 概述

Spring AOP 是继 Spring IoC 之后的 Spring 的又一大特性，也是该框架的核心内容。AOP 是一种思想，所有符合该思想的技术都可以被看作 AOP 的实现。Spring AOP 建立在 Java 的代理机制之上，而且 Spring 已经基本实现了 AOP 的思想。在众多的 AOP 实现技术中，Spring AOP 做得最好，也是最为成熟的。

Spring AOP 的接口实现了 AOP 联盟（Alliance）定制标准化接口，这意味着它已经走向了标准化，将会得到更快的发展。

15.3.1 AOP 术语

Spring AOP 的实现基于 Java 的代理机制，从 JDK1.3 开始就支持了代理功能，然而其性能成为一个很大的问题，因此出现了 CGLIB 代理机制。该机制可以生成字节码，因此其性能会高于 JDK 代理机制。Spring 支持这两种代理方式。随着 JVM（Java 虚拟机）性能的不断提高，这两种代理机制的性能差距会越来越小。

Spring AOP 的有关术语如下。

1. 切面（Aspect）

切面是对象操作过程中的截面，如图 15.7 所示。

由于平行四边形拦截了程序流程，因此 Spring 形象地将其称为切面。所谓的面向切面编程正是如此，本书后面提到的切面即指这个平行四边形。

实际上，切面是一段程序代码，这段代码将被植入程序流程中。

2. 连接点（Join Point）

连接点是对象操作过程中的某个阶段点，如图 15.8 所示。

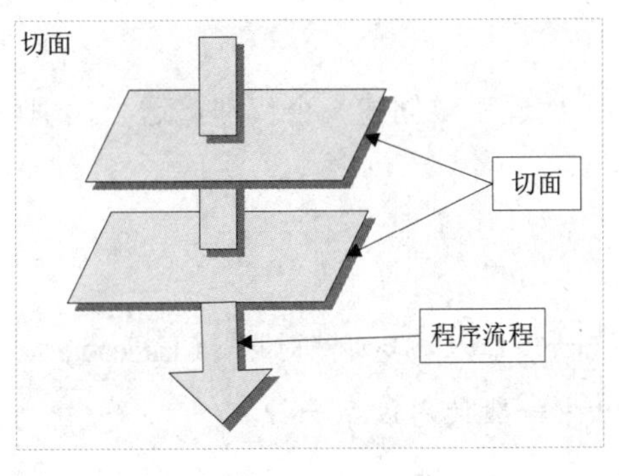

图 15.7　切面

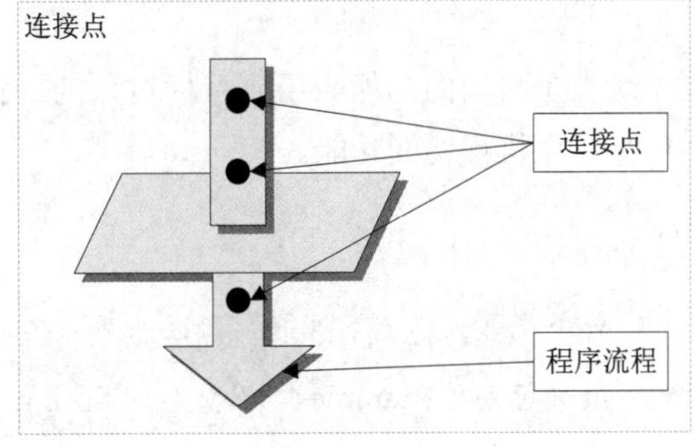

图 15.8　连接点

在程序流程上的任意一点都可以是连接点。

实际上，连接点是对象的一个操作，如对象调用某个方法、读写对象的实例或某个方法抛出了异常等。

3. 切入点（Pointcut）

切入点是连接点的集合，如图 15.9 所示。

切面与程序流程的交叉点即为程序的切入点。确切地说，切入点是切面注入程序中的位置，即切面是通过切入点被注入的。在程序中可以有多个切入点。

4. 通知（Advice）

通知是某个切入点被横切后所采取的处理逻辑，即在切入点处拦截程序后，通过通知来执行切面，如图 15.10 所示。

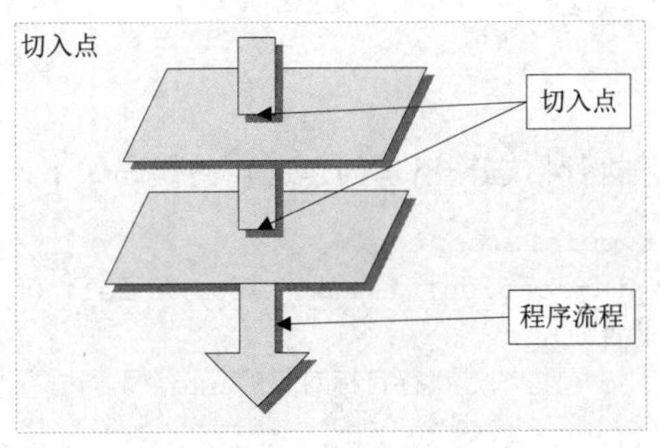

图 15.9　切入点

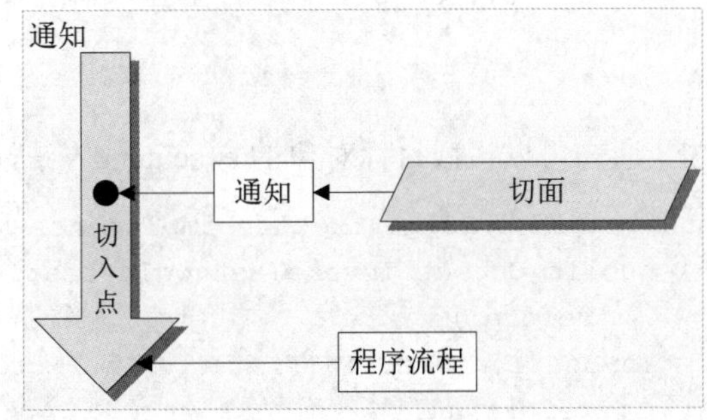

图 15.10　通知

5. 目标对象（Target）

所有被通知的对象（也可以理解为被代理的对象）都是目标对象。目标对象及其属性改变、行为调用和方法传参的变化会被 AOP 关注。AOP 会注意目标对象的变动，并随时准备向目标对象注入切面。

6. 织入（Weaving）

织入是将切面功能应用到目标对象的过程，由代理工厂创建一个代理，这个代理可以为目标对象执行切面功能。

学习笔记

AOP 的织入方式有 3 种：编译时期（Compile time）织入、类加载时期（Classload time）织入和执行期（Runtime）织入。在 Spring AOP 中一般使用最后一种。

7. 引入（Introduction）

对于一个已编译的类，在运行时期动态地向其中加载属性和方法的过程被称为引入。

15.3.2 AOP 的简单实现

下面讲解 Spring AOP 的一个简单实例的实现过程，以说明 AOP 编程的特点。

【例 15.4】 使用 Spring AOP 将日志输出与方法分离，并在调用目标方法之前执行日志输出。

首先创建 Target 类，它是被代理的目标对象。其中，有一个用于输出日志的 execute() 方法，使用 AOP 可以实现在执行该方法前输出日志。创建目标对象的代码如下：

```
public class Target {
    // 程序执行的方法
    public void execute(String name){
        System.out.println("程序开始执行：" + name);      // 输出信息
    }
}
```

通知可以拦截目标对象的 execute() 方法，并执行日志输出。创建通知的代码如下：

```
public class LoggerExecute implements MethodInterceptor {
    public Object invoke(MethodInvocation invocation) throws Throwable {
        before();                          // 执行前置通知
    invocation.proceed();                  //proceed() 方法是执行目标对象的 execute() 方法
        return null;
    }
  // 前置通知，before() 方法在 invocation.proceed() 方法前执行，用于输出提示信息
  private void before() {
        System.out.println("程序开始执行！");
    }
}
```

若要使用 AOP 的功能，则必须创建代理，代码如下：

```
public class Manger {
    //创建代理
    public static void main(String[] args) {
        Target target = new Target();                    //创建目标对象
        ProxyFactory di=new ProxyFactory();
        di.addAdvice(new LoggerExecute());
        di.setTarget(target);
        Target proxy=(Target)di.getProxy();
        proxy.execute(" AOP 的简单实现 ");               //代理执行 execute() 方法
    }
}
```

在程序运行后，在控制台输出的信息如图 15.11 所示。

图 15.11　控制台输出的信息

15.4　Spring 的切入点

Spring 的切入点（Pointcut）是 Spring AOP 比较重要的概念，它表示注入切面的位置。根据切入点织入位置的不同，Spring 提供了 3 种类型的切入点，即静态切入点、动态切入点和自定义切入点。

15.4.1　静态与动态切入点

静态与动态切入点需要在程序中选择使用。

1. 静态切入点

静态切入点可以为对象的方法签名，例如，在某个对象中调用 execute() 方法时，这个方法即为静态切入点。静态切入点需要在配置文件中指定，关键代码如下：

```
<bean id="pointcutAdvisor"
    class="org.springframework.aop.support.RegexpMethodPointcutAdvisor">
    <property name="advice">
        <ref bean="MyAdvisor" />          <!-- 指定通知 -->
```

```
    </property>
    <property name="patterns">
        <list>
          <value>.*getConn*.</value><!-- 指定所有以 getConn 开头的方法名都是切入点 -->
            <value>.*closeConn*.</value>
        </list>
    </property>
</bean>
```

在上述代码中，正则表达式 .*getConn*. 表示所有以 getConn 开头的方法都是切入点；正则表达式 .*closeConn*. 表示所有以 closeConn 开头的方法都是切入点。

由于静态切入点只会在创建代理时执行一次，然后缓存计算结果，在下一次调用时可以直接从缓存中读取，因此在性能上要远高于动态切入点。当第一次将静态切入点织入切面时，首先会计算切入点的位置，并通过反射在程序运行时获取调用的方法名。如果这个方法名是定义的切入点，则织入切面。然后缓存第一次的计算结果，在下一次调用时不需要再次计算，这样使用静态切入点的程序性能会较高。

虽然使用静态切入点的程序性能会高一些，但是当需要通知的目标对象的类型多于一种，并且需要织入的方法很多时，使用静态切入点进行编程会很烦琐且不是很灵活，就会降低程序性能，这时可以选用动态切入点。

2. 动态切入点

静态切入点只能应用在相对不变的位置上，而动态切入点可以应用在相对变化的位置上，如方法的参数上。由于在程序运行过程中传递的参数是变化的，因此切入点也会随之变化，它会根据不同的参数来织入不同的切面。由于在每次织入切面时都需要重新计算切入点的位置，而且不能缓存结果，因此使用动态切入点比使用静态切入点的程序性能要低得多。但是因为它能够随着程序中参数的变化而织入不同的切面，所以比静态切入点要灵活得多。

在程序中可以选择使用静态切入点和动态切入点，当程序对性能要求很高且相对注入较为简单时可以选用静态切入点；当程序对性能要求不是很高且相对注入较为复杂时可以选用动态切入点。

15.4.2 深入静态切入点

静态切入点在某个方法名上织入切面，因此在织入程序代码前需要匹配方法名，即判断当前正在调用的方法是否为已经定义的静态切入点：如果是，则说明方法匹配成功并织入切面；否则匹配失败，不织入切面。这个匹配过程由 Spring 自动实现，不需要编程。

实际上，Spring 使用 boolean matches(Method,Class) 方法来匹配切入点，并使用

method.getName() 方法来反射获取正在运行的方法名。在 boolean matches(Method,Class) 方法中，Method 是 java.lang.reflect.Method 类型，Class 是目标对象的类型。该方法在 AOP 创建代理时被调用并返回结果，true 表示将切面织入；false 表示不织入。静态切入点的匹配过程的代码如下：

```
<!-- 深入静态切入点 -->
<bean id=" pointcutAdvisor "
   class="org.springframework.aop.support.RegexpMethodPointcutAdvisor">
   <property name="patterns">
      <list>
         <value>.*execute.*</value>        <!-- 指定切入点 -->
      </list>
   </property>
</bean>
```

matches() 方法匹配成功的代码如下：

```
public bollean matches(Method method,Class targetClass){
      return(method.getName().equals("execute"));    //匹配切入点成功
}
```

15.4.3 深入切入点底层

掌握 Spring 切入点底层将有助于更加深刻地理解切入点。

Pointcut 接口是切入点的定义接口，用于规定可切入的连接点的属性。通过扩展此接口可以处理其他类型的连接点，如域等（但是这种做法不常见）。定义 Pointcut 接口的代码如下：

```
public interface Pointcut {
     ClassFilter getClassFilter();
     MethodMatcher getMethodMatcher();
}
```

使用 ClassFilter 接口匹配目标类，代码如下：

```
public interface ClassFilter {
     boolean matches(Class class);
}
```

从上述代码中可以看到，在 ClassFilter 接口中定义了 matches() 方法，即与目标类匹配。其中，class 表示被检测的 Class 实例，该实例是应用切入点的目标对象。如果返回 true，则表示目标对象可以应用切入点；否则不可以应用切入点。

使用 MethodMatcher 接口匹配目标类的方法或方法的参数，代码如下：

```
public interface MethodMatcher {
     boolean matches(Method m,Class targetClass);
```

```
    boolean isRuntime();
    boolean matches(Method m,Class targetClass,Object[] args);
}
```

Spring 执行静态切入点还是动态切入点取决于 isRuntime() 方法的返回值，在匹配切入点之前，Spring 会调用 isRuntime() 方法。如果返回 false，则执行静态切入点；否则执行动态切入点。

15.4.4 Spring 中的其他切入点

Spring 提供了丰富的切入点给用户选用，目的是使切面灵活地注入程序中的所需位置。例如，使用流程切入点可以根据当前调用堆栈中的类和方法来实施切入。Spring 常见的切入点实现类及说明如表 15.2 所示。

表 15.2 Spring 常见的切入点实现类及说明

切入点实现类	说　明
org.springframework.aop.support.JdkRegexpMethodPointcut	JDK 正则表达式方法切入点
org.springframework.aop.support.NameMatchMethodPointcut	名称匹配器方法切入点
org.springframework.aop.support.StaticMethodMatcherPointcut	静态方法匹配器切入点
org.springframework.aop.support.ControlFlowPointcut	流程切入点
org.springframework.aop.support.DynamicMethodMatcherPointcut	动态方法匹配器切入点

如果 Spring 提供的切入点无法满足开发需求，则可以自定义切入点。Spring 提供的切入点很多，可以从中选择一个继承并重载 matches() 方法，也可以直接继承 Pointcut 接口并重载 getClassFilter() 方法和 getMethodMatcher() 方法，这样可以编写切入点的实现。

15.5 Aspect 对 AOP 的支持

Aspect 即 Spring 中所说的切面，它是对象操作过程中的截面，在 AOP 中是一个非常重要的概念。

15.5.1 Aspect 概述

Aspect是对系统中的对象在操作过程中的截面逻辑进行模块化封装的AOP概念实体，通常包含多个切入点和通知。

例如，以 AspectJ 形式定义的 Aspect，代码如下：

```
aspect AjStyleAspect
{
   //切入点定义
   pointcut query(): call(public * get*(…));
   pointcut delete(): execution(public void delete(…));
   …
   //通知
   before():query(){…}
   after returnint:delete(){…}
   …
}
```

在 Spring 的 2.0 版本之后，可以使用 @AspectJ 的注解并结合 POJO 的方式来实现 Aspect。

15.5.2　Spring 中的 Aspect

最初在 Spring 中没有完全明确的 Aspect 概念，只是在 Spring 中的 Aspect 的实现和特性有些特殊而已，而 Advisor 就是 Spring 中的 Aspect。

Advisor 是切入点的配置器，能够将 Advice（通知）注入程序中的切入点的位置。我们可以直接编程实现 Advisor，也可以通过 XML 来配置切入点和 Advisor。由于 Spring 的切入点的多样性，并且 Advisor 是为各种切入点而设计的配置器，因此 Advisor 也有很多。

在 Spring 中的 Advisor 的实现体系由两个分支家族构成，即 PointcutAdvisor 和 IntrodcutionAdvisor。家族的每个分支下都含有多个类和接口，其体系结构如图 15.12 所示。

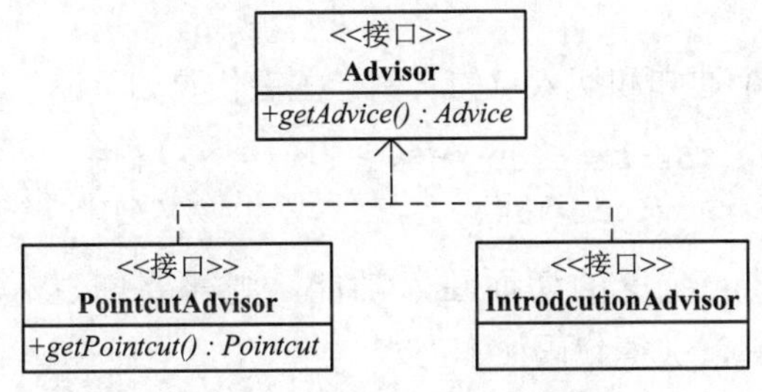

图 15.12　Advisor 的体系结构

在 Spring 中，常用的两个 Advisor 都是 PointcutAdvisor 家族中的成员，它们是 DefaultPointcutAdvisor 和 NameMatchMethodPointcutAdvisor。

15.5.3 DefaultPointcutAdvisor 切入点配置器

DefaultPointcutAdvisor 是位于 org.springframework.aop.support.DefaultPointcutAdvisor 包中的默认切入点通知者。它可以将一个通知分配给一个切入点，在使用之前需要创建一个切入点和通知。

首先，创建一个通知。这个通知可以自定义，关键代码如下：

```
public TestAdvice implements MethodInterceptor {
    public Object invoke(MethodInvocation mi) throws Throwable {
        Object Val=mi.proceed();
        return Val;
    }
}
```

然后，创建自定义切入点。Spring 提供了很多种类型的切入点，可以从中选择一个继承并分别重写 matches() 方法和 getClassFilter() 方法，实现自定义切入点，关键代码如下：

```
public class TestStaticPointcut extends StaticMethodMatcherPointcut {
    public boolean matches (Method method Class targetClass){
        return ("targetMethod".equals(method.getName()));
    }
    public ClassFilter getClassFilter() {
        return new ClassFilter() {
          public boolean matches(Class clazz) {
              return (clazz==targetClass.class);
        }
        };
    }
}
```

最后，分别创建一个通知和切入点的实例，关键代码如下：

```
Pointcut pointcut=new TestStaticPointcut ();    //创建一个切入点
Advice advice=new TestAdvice ();                //创建一个通知
```

如果想要使用 Spring AOP 的切面注入功能，则需要创建 AOP 代理。这可以通过 Spring 的代理工厂来实现，关键代码如下：

```
Target target =new Target();                    //创建一个目标对象的实例
ProxyFactory proxy= new ProxyFactory();
proxy.setTarget(target);                        //target 为目标对象
//前面已经对 Advisor 进行了配置，现在需要将 Advisor 设置在代理工厂中
proxy.setAdivsor(advisor);
Target proxy = (Target) proxy.getProxy();
Proxy.…          //此处省略的是代理调用目标对象的方法，目的是实施拦截注入通知
```

15.5.4　NameMatchMethodPointcutAdvisor 切入点配置器

NameMatchMethodPointcutAdvisor 是位于 org.springframework.aop.support.NameMatchMethodPointcutAdvisor 包中的方法名切入点通知者，可以更加简洁地将方法名设置为切入点，关键代码如下：

```
NameMatchMethodPointcutAdvisor advice=new NameMatchMethodPointcutAdvisor(new
TestAdvice());
advice.addMethodName(“targetMethod1name”);
advice.addMethodName(“targetMethod2name”);
advice.addMethodName(“targetMethod3name”);
advice.addMethodName(“targetMethod3name”);
…          //可以继续添加方法的名称
…          //省略创建代理，可以参考上一节创建 AOP 代理的内容
```

在上面的代码中，new TestAdvice() 是一个通知；advice.addMethodName("targetMethod1name") 方法中的 targetMethod1name 参数是一个方法名称，advice.addMethodName("targetMethod1name") 表示将 targetMethod1name() 方法添加为切入点。

15.6　Spring 持久化

在 Spring 中，关于数据持久化的服务主要是支持数据访问对象（DAO）和数据库 JDBC，其中，数据访问对象是实际开发过程中应用比较广泛的技术。

15.6.1　DAO 模式

DAO（Data Access Object，数据访问对象）描述了一个应用中的角色，它提供了读写数据库中数据的一种方法。DAO 通过接口提供对外服务，程序的其他模块则通过这些接口来访问数据库。这样会有很多好处，首先，服务对象不再与特定的接口实现绑定在一起，使其易于测试，这是因为它提供的是一种服务，在不需要连接数据库的条件下即可进行单元测试，极大地提高了开发效率；其次，通过使用与持久化技术无关的方法访问数据库，在应用程序的设计和使用上有很大的灵活性，在系统性能和应用上也是一个飞跃。

DAO 属于 O/R Mapping 技术的一种。在该技术发布之前，开发人员需要直接借助 JDBC 和 SQL 语句来完成与数据库的通信；在该技术发布之后，开发人员能够使用 DAO 或其他不同的 DAO 框架来实现与 RDBMS（关系型数据库管理系统）的交互。借助于

O/R Mapping 技术，开发人员能够将对象属性映射到数据库表的字段中并将对象映射到 RDBMS 中，并且这些 O/R Mapping 技术能够为应用自动创建高效的 SQL 语句等。除此之外，O/R Mapping 技术还提供了延迟加载和缓存等高级特征，而 DAO 是 O/R Mapping 技术的一种实现，因此使用 DAO 能够节省大量开发时间，并减少代码量和开发的成本。

15.6.2 Spring 的 DAO 理念

Spring 提供了一套抽象的 DAO 类给开发人员扩展，有利于以统一的方式操作各种 DAO 技术，如 JDO 和 JDBC 等。这些抽象的 DAO 类提供了设置数据源及相关辅助信息的方法，而其中的一些方法与具体 DAO 技术相关。目前 Spring DAO 提供了以下抽象类。

- JdbcDaoSupport：JDBC DAO 抽象类。开发人员需要为其设置数据源（DataSource），通过其子类能够获取 JdbcTemplate 来访问数据库。
- HibernateDaoSupport：Hibernate DAO 抽象类。开发人员需要为其配置 Hibernate SessionFactory，通过其子类能够获取 Hibernate 实现。
- JdoDaoSupport：Spring 为 JDO 提供的 DAO 抽象类。开发人员需要为其配置 PersistenceManagerFactory，通过其子类能够获取 JdoTemplate。

在使用 Spring 的 DAO 框架存取数据库时，无须使用特定的数据库技术，只需通过一个数据存取接口进行操作即可。

【例 15.5】 在 Spring 中使用 DAO 模式在 tb_user 表中添加数据。

在实例中，DAO 模式实现如图 15.13 所示。

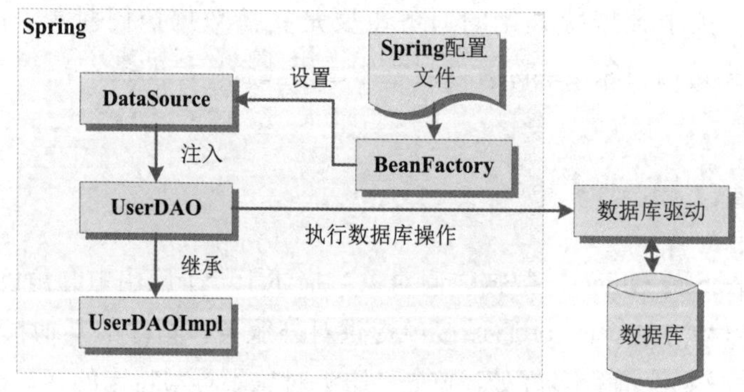

图 15.13 DAO 模式实现

定义一个实体类对象 User，在类中定义对应数据库表字段的属性，关键代码如下：

```
public class User {
    private Integer id;                              //唯一标识
    private String name;                             //姓名
    private Integer age;                             //年龄
```

```
    private String sex;                               // 性别
    …                                                 // 省略的 setter 和 getter 方法
}
```

创建 UserDAOImpl 接口，并定义用于执行数据添加的 insert() 方法。该方法使用的参数是 User 实体对象，关键代码如下：

```
public interface UserDAOImpl {
    public void inserUser(User user);                 // 添加用户信息的方法
}
```

编写实现这个 DAO 接口的 UserDAO 类，并在其中实现接口中定义的方法。首先定义一个用于操作数据库的数据源对象 DataSource，然后通过它创建一个数据库连接对象以建立与数据库的连接。这个数据源对象在 Spring 中提供了 javax.sql.DataSource 接口的实现，只需要在 Spring 的配置文件中完成相关配置即可。在这个类中实现了接口的抽象方法 insert()，可以通过这个方法访问数据库，关键代码如下：

```
public class UserDAO implements UserDAOImpl {
    private DataSource dataSource;                    // 注入 DataSource
    public DataSource getDataSource() {
        return dataSource;
    }
    public void setDataSource(DataSource dataSource) {
        this.dataSource = dataSource;
    }
    // 向 tb_user 表中添加数据
    public void inserUser(User user) {
        String name = user.getName();                      // 获取姓名
        Integer age = user.getAge();                       // 获取年龄
        String sex = user.getSex();                        // 获取性别
        Connection conn = null;                            // 定义 Connection
        Statement stmt = null;                             // 定义 Statement
         try {
            conn = dataSource.getConnection();             // 获取数据库连接
            stmt = conn.createStatement();
            stmt.execute("INSERT INTO tb_user (name,age,sex) "
+ "VALUES('"+name+"','" + age + "','" + sex + "')");       // 添加数据的 SQL 语句
        } catch (SQLException e) {
            e.printStackTrace();
        }
        …                                                  // 省略的代码
}
```

编写 Spring 的配置文件 applicationContext.xml，在其中首先定义一个名称为 dataSource 的数据源，它是 Spring 中的 DriverManagerDataSource 类的实例，然后配置前面编写完的 UserDAO 类，并为其注入数据源属性值，配置代码如下：

```
<!-- 配置数据源 -->
<bean id="dataSource" class="org.springframework.jdbc.datasource.
DriverManagerDataSource">
    <property name="driverClassName">
        <value>com.mysql.jdbc.Driver</value>
    </property>
    <property name="url">
        <value>jdbc:mysql://localhost:3306/db_database16</value>
    </property>
    <property name="username">
        <value>root</value>
    </property>
    <property name="password">
        <value>111</value>
    </property>
</bean>
<!-- 为 UserDAO 类注入数据源属性值 -->
<bean id="userDAO" class="com.mr.dao.UserDAO">
    <property name="dataSource">
        <ref local="dataSource"/>
    </property>
</bean>
```

创建 Manger 类，其 main() 方法中的关键代码如下：

```
// 装载配置文件
ApplicationContext factory = new ClassPathXmlApplicationContext("application
Context.xml");
User user = new User();                                           // 实例化 User 对象
user.setName(" 张三 ");                                             // 设置姓名
user.setAge(new Integer(30));                                     // 设置年龄
user.setSex(" 男 ");                                                // 设置性别
UserDAO userDAO = (UserDAO) factory.getBean("userDAO");          // 获取 UserDAO 类
userDAO.inserUser(user);                                          // 执行添加方法
System.out.println(" 数据添加成功 !!!");
```

在运行程序后，tb_user 表中添加的数据如图 15.14 所示。

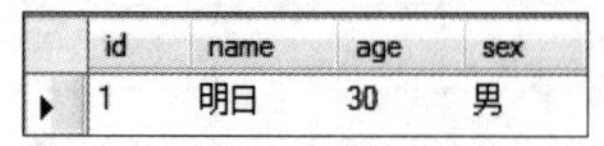

id	name	age	sex
1	明日	30	男

图 15.14　tb_user 表中添加的数据

15.6.3　事务管理

Spring 中的事务基于 AOP 实现，而 Spring 的 AOP 以方法为单位，因此 Spring 的事务属性是对事务应用的方法的策略描述。这些事务属性包括传播行为、隔离级别、只读和超时属性。

事务管理通常有以下两种方式。

1. 编程式事务管理

在 Spring 中，主要有两种编程式事务的实现方法，分别使用接口的事务管理器 TransactionManager 或 TransactionTemplate 模板实现。两种实现方法各有优缺点，推荐使用后者来实现，因为其符合 Spring 的模板样式。

学习笔记

TransactionTemplate 模板与 Spring 的其他模板一样封装了打开和关闭资源等常用重复代码，在编写程序时只需要完成需要的业务代码即可。

【例 15.6】 使用 TransactionTemplate 模板实现 Spring 编程式事务管理。

首先需要在 Spring 的配置文件中定义 TransactionTemplate 模板和事务管理器，关键代码如下：

```
<!-- 定义 TransactionTemplate 模板 -->
<bean id="transactionTemplate" class="org.springframework.transaction.
support. TransactionTemplate">
    <property name="transactionManager">
        <ref bean="transactionManager"/>
    </property>
    <property name="propagationBehaviorName">
    <!-- 限定事务的传播行为规定当前方法必须运行在事务中，如果没有事务，则创建一个。一个新
的事务和方法一同开始，随着方法的返回或抛出异常而终止 -->
        <value>PROPAGATION_REQUIRED</value>
    </property>
</bean>
<!-- 定义事务管理器 -->
<bean id="transactionManager"
    class="org.springframework.jdbc.datasource.DataSourceTransactionManager">
    <property name="dataSource">
        <ref bean="dataSource" />
    </property>
</bean>
```

然后创建 TransactionExample 类，定义添加数据的方法，在方法中执行两次数据库的添加操作并使用事务保护，关键代码如下：

```
public class TransactionExample {
    DataSource dataSource;                                  // 注入数据源
    PlatformTransactionManager transactionManager;          // 注入事务管理器
```

```
    TransactionTemplate transactionTemplate;      //注入 TransactionTemplate 模板
    …                                             //省略的 setter 和 getter 方法
    public void transactionOperation() {
        transactionTemplate.execute(new TransactionCallback() {
            public Object doInTransaction(TransactionStatus status) {
            //获得数据库连接
                Connection conn = DataSourceUtils.getConnection(dataSource);
                try {
                    Statement stmt = conn.createStatement();
                    //执行两次添加方法
                    stmt.execute("insert  into  tb_user(name,age,sex)  values('小
强','26','男')");
                    stmt.execute("insert  into  tb_user(name,age,sex)  values('小
红','22','女')");
                    System.out.println("操作执行成功！");
                } catch (Exception e) {
                    transactionManager.rollback(status); //事务回滚
                    System.out.println("操作执行失败，事务回滚！");
                    System.out.println("原因："+e.getMessage());
                }
                return null;
            }
        });
    }
}
```

在上面的代码中，以匿名类的方式定义了 TransactionCallback 接口的实现来处理事务管理。

最后创建 Manger 类，其 main() 方法中的关键代码如下：

```
//装载配置文件
ApplicationContext factory = new ClassPathXmlApplicationContext("application
Context.xml");
//获取 TransactionExample
TransactionExample transactionExample = (TransactionExample) factory.getBean
("transactionExample");
// 执行添加方法
transactionExample.transactionOperation();
```

为了测试事务是否配置正确，在 transactionOperation() 方法中的执行两次数据库添加操作的语句之间添加两句代码制造人为的异常。即当第一条操作语句执行成功后，第二条操作语句因为程序的异常无法执行成功。在这种情况下，如果事务成功回滚，则说明事务配置成功，添加的代码如下：

```
int a=0;                                          //制造异常测试事务是否配置成功
a=9/a;
```

在程序执行后，控制台输出的信息如图 15.15 所示，tb_user 表中没有插入数据。

图 15.15　控制台输出的信息

2. 声明式事务管理

声明式事务不涉及组件依赖关系，它通过 AOP 实现事务管理，在使用声明式事务时不需要编写任何代码即可实现基于容器的事务管理。同时，Spring 提供了一些可供选择的辅助类，它们简化了传统的数据库操作流程，在一定程度上减少了工作量，提高了编码效率，因此推荐使用声明式事务管理。

在 Spring 中，通常使用 TransactionProxyFactoryBean 类完成声明式事务管理。

【例 15.7】　使用 TransactionProxyFactoryBean 类实现 Spring 声明式事务管理。

首先，在 Spring 的配置文件中定义数据源和事务管理器，将管理器注入 TransactionProxyFactoryBean 类中，并设置代理对象和事务属性。这里的目标对象以内部类的方式定义，配置文件中的关键代码如下：

```
<!-- 定义 TransactionProxy -->
<bean id="transactionProxy"
    class="org.springframework.transaction.interceptor.TransactionProxyFactoryBean">
    <property name="transactionManager">
        <ref local="transactionManager" />
    </property>
    <property name="target">
            <!-- 以内部类的方式定义代理的目标对象 -->
        <bean id="addDAO" class="com.mr.dao.AddDAO">
            <property name="dataSource">
                <ref local="dataSource" />
            </property>
        </bean>
    </property>
    <property name="proxyTargetClass" value="true" />
    <property name="transactionAttributes">
        <props>
            <!-- 通过正则表达式匹配事务型方法，并指定方法的事务属性，即代理对象中只要是以
add 开头的方法名必须运行在事务中 -->
            <prop key="add*">PROPAGATION_REQUIRED</prop>
```

```
        </props>
    </property>
</bean>
```

然后，编写操作数据库的 AddDAO 类。在该类的 addUser() 方法中执行两次数据库的添加操作。这个方法在配置 TransactionProxyFactoryBean 类时被定义为事务型方法，并指定了事务属性，因此方法中的所有数据库操作都被当作一个事务进行处理。该类中的关键代码如下：

```
public class AddDAO extends JdbcDaoSupport {
    //添加用户的方法
    public void addUser(User user){
        //执行添加方法的 SQL 语句
        String sql="insert into tb_user (name,age,sex) values('" + user.
getName() + "','" + user.getAge()+ "','" + user.getSex()+ "')";
        //执行两次添加方法
        getJdbcTemplate().execute(sql);
        getJdbcTemplate().execute(sql);
    }
}
```

最后，创建 Manger 类，其 main() 方法中的关键代码如下：

```
ApplicationContext factory = new ClassPathXmlApplicationContext("application
Context.xml");                                                  //装载配置文件
AddDAO addDAO = (AddDAO)factory.getBean("transactionProxy");    //获取 AddDAO 类
User user = new User();                                         //实例化 User 对象
user.setName("张三");                                            //设置姓名
user.setAge(30);                                                //设置年龄
user.setSex("男");                                               //设置性别
addDAO.addUser(user);                                           //执行添加方法
```

15.6.4 使用 JdbcTemplate 类操作数据库

JdbcTemplate 类是 Spring 的核心类之一，可以在 org.springframework.jdbc.core 包中找到。该类在内部已经处理了数据库资源的建立和释放，并且可以避免一些常见的错误，如关闭连接、抛出异常等，因此使用 JdbcTemplate 类可以简化编写 JDBC 时所需要的基础代码。

JdbcTemplate 类可以直接通过数据源的引用实例化，然后在服务中使用；也可以通过依赖注入的方式在 ApplicationContext 中产生并作为 JavaBean 的引用提供给服务使用。

JdbcTemplate 类提供了接口来方便访问和处理数据库中的数据，这些方法提供了基本的用于执行查询和更新数据库操作的选项。JdbcTemplate 类提供了很多用于数据查询和更新的重载的方法，提高了程序的灵活性。JdbcTemplate 中常用的数据查询方法及说明如表 15.3 所示。

表 15.3　JdbcTemplate 中常用的数据查询方法及说明

方法名称	说明
int QueryForInt(String sql)	返回查询的数量，通常是聚合函数数值
int QueryForInt(String sql,Object[] args)	
long QueryForLong(String sql)	返回查询的信息数量
long QueryForLong(String sql,Object[] args)	
Object queryforObject(string sql,Class requiredType)	返回满足条件的查询对象
Object queryforObject(string sql,Class requiredType,Object[] args)	
List queryForList(String sql)	返回满足条件的对象 List 集合
List queryForList(String sql,Object[] args)	

【例 15.8】　使用 JdbcTemplate 类在 tb_user 表中添加用户信息。

在配置文件 applicationContext.xml 中配置 JdbcTemplate 类和数据源，关键代码如下：

```
<!-- 配置 JdbcTemplate 类 -->
<bean id="jdbcTemplate" class="org.springframework.jdbc.core.JdbcTemplate">
    <property name="dataSource">
        <ref local="dataSource"/>
    </property>
</bean>
```

创建 AddUser 类，获取 JdbcTemplate 对象，并使用其 update() 方法执行数据库的添加操作，其 main() 方法中的关键代码如下：

```
DriverManagerDataSource ds = null;
JdbcTemplate jtl = null;
//获取配置文件
ApplicationContext factory = new ClassPathXmlApplicationContext("application
Context.xml");
jtl =(JdbcTemplate)factory.getBean("jdbcTemplate");   //获取 JdbcTemplate 对象
String sql = "insert into tb_user(name,age,sex) values ('小明','23','男')";
jtl.update(sql);                                       //执行添加操作
```

在程序运行后，tb_user 表中添加的数据如图 15.16 所示。

id	name	age	sex
10	小明	23	男

图 15.16　tb_user 表中添加的数据

JdbcTemplate 类实现了很多方法的重载特征，在实例中使用了其写入数据的常用方法 update(String)。

15.6.5 与 Hibernate 整合

在 Spring 中整合 Hibernate4 时，已经不再提供 HibenateTemplate 类和 HibernateDaoSupport 类了，而只有一个被称为 LocalSessionFactoryBean 的 SessionFactoryBean 类，通过它可以基于注解或 XML 文件来配置映射文件。

Hibernate 的连接和事务管理等从建立 SessionFactory 类开始。该类在应用程序中通常只存在一个实例，因此其底层的数据源可以使用 Spring 的 IoC 注入，然后将 SessionFactory 类注入依赖的对象中。

在 Spring 中配置 SessionFactory 对象是通过实例化 LocalSessionFactoryBean 类来完成的。为了让该对象获取连接的后台数据库的信息，需要创建一个 hibernate.properties 文件，并在该文件中指定数据库连接所需要的信息。hibernate.properties 文件的关键代码如下：

```
# 数据库驱动
hibernate.connection.driver_class = com.mysql.jdbc.Driver
# 数据库连接的 URL
hibernate.connection.url = jdbc:mysql://localhost:3306/test
# 用户名
hibernate.connection.username = root
# 密码
hibernate.connection.password = 123456
```

在 Spring 的配置文件中，引入 hibernate.properties 文件并配置数据源 dataSource，关键代码如下：

```
<!-- 引入配置文件 -->
<bean
    class="org.springframework.beans.factory.config.PropertyPlaceholderConfigurer">
    <property name="locations">
        <value>classpath:hibernate.properties</value>
    </property>
</bean>
<bean id="dataSource"
    class="org.springframework.jdbc.datasource.DriverManagerDataSource">
    <property name="driverClassName" value="${hibernate.connection.driver_
class}" />
    <property name="url" value="${hibernate.connection.url}" />
    <property name="username" value="${hibernate.connection.username}" />
    <property name="password" value="${hibernate.connection.password}" />
</bean>
```

通过 LocalSessionFactoryBean 类可以配置 Hibernate，而通过 Hibernate 的多个属性可以控制其行为。其中最重要的是 mappingResources 属性，通过其 value 值可以指定 Hibernate 使用的映射文件，关键代码如下：

```
<bean id="sessionFactory"
    class="org.springframework.orm.hibernate4.LocalSessionFactoryBean">
    <property name="dataSource">
        <ref bean="dataSource" />
    </property>
    <property name="hibernateProperties">
        <props>
            <!-- 数据库连接方言 -->
            <prop key="hibernate.dialect">org.hibernate.dialect.MySQLDialect</
prop>
            <!-- 在控制台输出 SQL 语句 -->
            <prop key="hibernate.show_sql">true</prop>
            <!-- 格式化控制台输出的 SQL 语句 -->
            <prop key="hibernate.format_sql">true</prop>
        </props>
    </property>
    <!--Hibernate 映射文件 -->
    <property name="mappingResources">
        <list>
            <value>com/mr/user/User.hbm.xml</value>
        </list>
    </property>
</bean>
```

在配置完成后即可使用 Spring 提供的支持 Hibernate 的类，例如，被称为 LocalSession FactoryBean 的 SessionFactoryBean 类可以实现 Hibernate 的大部分功能，为开发实际项目带来了便利。

15.6.6　整合 Spring 与 Hibernate 在 tb_user 表中添加信息

该实例主要演示在 Spring 中使用 Hibernate 完成数据持久化。它主要通过以下方法来实现：首先通过在 applicationContext.xml 文件中配置被称为 LocalSessionFactoryBean 的 SessionFactoryBean 类来定义 Hibernate 的 SessionFactory，然后创建一个 DAO 类文件，并在该文件中编写完成数据库操作的方法。

【例 15.9】　整合 Spring 与 Hibernate 在 tb_user 表中添加信息。

首先创建 Spring 的配置文件 applicationContext.xml，用于配置 LocalSessionFactoryBean 类。

编写一个执行数据库操作的 DAO 类 UserDAO。在该类中，首先定义一个 sessionFactory 属性，并为该属性添加对应的 setter 和 getter 方法，然后定义一个保存用户信息的方法，在该方法中调用 session 对象的 save() 方法保存用户信息，最后定义一个获取 session 对象的方法 getSession()。UserDAO 类的关键代码如下：

```
public class UserDAO {
```

```
    private SessionFactory sessionFactory;    // 定义 sessionFactory 属性
    // 保存用户信息的方法
    public void insert(User user) {
        this.getSession().save(user);
    }
    /**
     * 获取 session 对象
     */
    protected session getSession() {
        return sessionFactory.openSession();
    }
    public sessionFactory getSessionFactory() {
        return sessionFactory;
    }
    public void setSessionFactory(SessionFactory sessionFactory) {
        this.sessionFactory = sessionFactory;
    }
}
```

将 UserDAO 类配置到 Spring 的配置文件中，关键代码如下：

```
<!-- 注入 SessionFactory -->
<bean id="userDAO" class="com.mr.dao.UserDAO">
    <property name="sessionFactory">
    <ref local="sessionFactory" />
    </property>
</bean>
```

创建 AddUser 类，在其中调用添加用户的方法，其 main() 方法中的关键代码如下：

```
//添加用户信息
public static void main(String[] args) {
     ApplicationContext factory = new ClassPathXmlApplicationContext("applic
ationContext.xml");                                          //获取配置文件
    UserDAO userDAO = (UserDAO)factory.getBean("userDAO");//获取 UserDAO 类
    User user = new User();                                  //实例化 User 对象
    user.setName("Spring 与 Hibernate 整合");                //设置姓名
    user.setAge(20);                                         //设置年龄
    user.setSex("男");                                       //设置性别
    userDAO.insert(user);                                    //执行用户添加的方法
    System.out.println("添加成功！");
}
```

在程序运行后，tb_user 表中添加的数据如图 15.17 所示。

id	name	age	sex
12	Spring与Hibernate整合	20	男

图 15.17　tb_user 表中添加的数据

第 16 章　Spring 与 Struts2、Hibernate 框架的整合

不同的框架有其独特的特性和用途，利用框架的优势将多个框架整合起来，可以发挥出框架的最大用途。这一章将会介绍初学者的必学课程——SSH2 框架整合。

16.1　框架整合的优势

如果不使用任何框架，单纯使用 Servlet 和 JDBC 技术，甚至只使用 JSP 技术同样可以实现 Java Web 应用程序的项目开发。但是，这样的项目代码量太大，代码之间耦合性极强，如果需要调整某一功能，则出于连锁反应，可能需要修改所有的源码文件。因此这样的项目维护起来，存在极大的风险。

使用框架可以省去很多烦琐、重复的代码操作，也大大降低了代码之间的耦合性。使用各种框架来搭建 Web 项目已是目前程序开发的主流。

1. Struts2 与 Hibernate 整合的特点

Struts2 实现了 MVC 设计模式，简化了原有的 Servlet 开发。Hibernate 简化了持久层的开发，其强大的事务处理及简单明了的关系映射，使项目避开了复杂的 SQL 语句。

- 优点：极大地提高了开发效率；控制层与持久层透明化；整个项目的结构十分清晰。
- 缺点：虽然 Struts2 与 Hibernate 有各自的反射机制，但是很多方法还需要互相穿插使用，使得项目代码具有一定的耦合性。如果项目需要增加新的需求，则可能需要改动很多源码文件。

2. Spring 与 Struts2 整合的特点

Spring 的出现，使很多项目开发步入了一个新的台阶：依赖注入，可以将整个项目进行分散式的管理。

- 优点：不仅提高了各模块之间的内聚性，还极大地降低了代码之间的耦合性。在编

写完所有类对象和事务的接口方法后，几乎只需要配置 Spring，就可以完成对事务的控制。

- 缺点：持久层略显薄弱。虽然 Spring 具有对 JDBC 集成的功能，但是在开发效率和处理持久化事务的能力上不如其他框架。

3. Spring 与 Hibernate 整合的特点

Hibernate 可以与 SpringMVC 框架整合开发 Java Web 项目。

- 优点：实现了 MVC 设计模式，代码之间的耦合性低，复杂的数据关系维护起来比较容易。
- 缺点：SpringMVC 依赖 Servlet 技术，很多功能需要通过 JSP 实现。

16.2 SSH2 框架结构分析

SSH2 框架结构是由 Struts2、Hibernate 和 Spring 搭建起来的。其中，Struts2 提供了表现层的解决方案，Hibernate 提供了持久层的解决方案，Sping 将所有模块整合到了一起，提高了各模块的内聚性，并通过 IoC 容器来管理数据、业务和服务等对象之间的依赖关系，达到对象之间的完全解耦。SSH2 框架结构如图 16.1 所示。

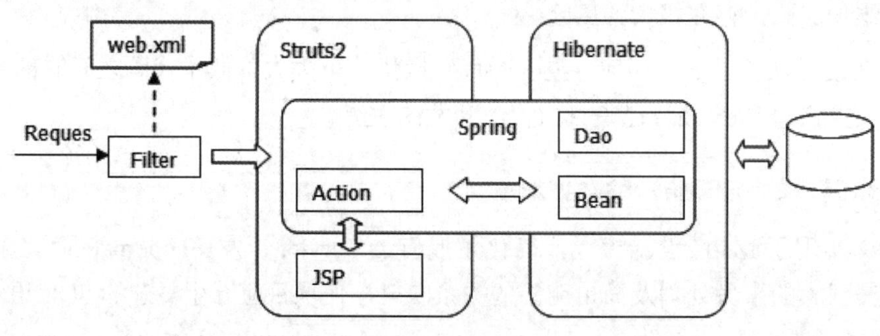

图 16.1 SSH2 框架结构

16.3 构建 SSH2 框架

下面构建天下淘商城项目框架。

16.3.1 配置 web.xml 文件

任何 MVC 框架都需要与 Servlet 应用整合，而 Servlet 必须在 web.xml 文件中进行配置。web.xml 文件是项目的基本配置文件，通过该文件可以配置实例化的 Spring 容器、过滤器、Struts2，以及设置程序的默认欢迎页面，也就是 SSH2 框架的入口点，其配置代码如下：

```
<?xml version="1.0" encoding="UTF-8"?>
<web-app xmlns:xsi="http://www.w3.org/2001/XMLSchema-instance"
   xmlns="http://java.sun.com/xml/ns/javaee"
   xmlns:web="http://java.sun.com/xml/ns/javaee/web-app_2_19.xsd"
   xsi:schemaLocation="http://java.sun.com/xml/ns/javaee
   http://java.sun.com/xml/ns/javaee/web-app_2_19.xsd"
   id="WebApp_ID" version="2.5">
   <display-name>Shop</display-name>
   <!-- 对 Spring 容器进行实例化，无此句 Spring 框架会失效 -->
   <listener>
   <listener-class>
      org.springframework.web.context.ContextLoaderListener
   </listener-class>
   </listener>
   <context-param>
   <param-name>contextConfigLocation</param-name>
   <param-value>classpath:applicationContext-*.xml</param-value>
   </context-param>
   <!-- OpenSessionInViewFilter 过滤器 -->
   <filter>
   <filter-name>openSessionInViewFilter</filter-name>
   <filter-class>
      org.springframework.orm.hibernate3.support.OpenSessionInViewFilter
   </filter-class>
   </filter>
   <filter-mapping>
   <filter-name>openSessionInViewFilter</filter-name>
   <url-pattern>/*</url-pattern>
   </filter-mapping>
   <!-- Struts2 配置，无此句 Struts2 框架会失效 -->
   <filter>
      <filter-name>struts2</filter-name>
      <filter-class>
      org.apache.struts2.dispatcher.ng.filter.StrutsPrepareAndExecuteFilter
     </filter-class>
   </filter>
   <filter-mapping>
      <filter-name>struts2</filter-name>
      <url-pattern>/*</url-pattern>
```

```
    </filter-mapping>
    <!-- 设置程序的默认欢迎页面 -->
    <welcome-file-list>
    <welcome-file>index.jsp</welcome-file>
    </welcome-file-list>
</web-app>
```

16.3.2 配置 Spring

使用 Spring 可以加载 Hibernate 的配置文件及 session 管理类，因此在配置 Spring 时，只需要配置 Spring 的核心配置文件 applicationContext-common.xml 即可，其配置代码如下：

```
<?xml version="1.0" encoding="UTF-8"?>
<beans xmlns="http://www.springframework.org/schema/beans"
   xmlns:xsi="http://www.w3.org/2001/XMLSchema-instance"
   xmlns:context="http://www.springframework.org/schema/context"
   xmlns:aop="http://www.springframework.org/schema/aop"
   xmlns:tx="http://www.springframework.org/schema/tx"
   xsi:schemaLocation="http://www.springframework.org/schema/beans
         http://www.springframework.org/schema/beans/spring-beans-2.19.xsd
         http://www.springframework.org/schema/context
   http://www.springframework.org/schema/context/spring-context-2.19.xsd
         http://www.springframework.org/schema/aop
   http://www.springframework.org/schema/aop/spring-aop-2.19.xsd
         http://www.springframework.org/schema/tx
   http://www.springframework.org/schema/tx/spring-tx-2.19.xsd">
   <context:annotation-config/>
   <context:component-scan base-package="com.lyq"/>
   <!-- 配置 sessionFactory -->
   <bean id="sessionFactory"
      class="org.springframework.orm.hibernate3.LocalSessionFactoryBean">
      <property name="configLocation">
         <value>classpath:hibernate.cfg.xml</value>
      </property>
   </bean>
   <!-- 配置事务管理器 -->
   <bean id="transactionManager"
      class="org.springframework.orm.hibernate3.HibernateTransactionManager">
      <property name="sessionFactory">
         <ref bean="sessionFactory" />
      </property>
   </bean>
   <tx:annotation-driven transaction-manager="transactionManager" />
   <!-- 定义 Hibernate 模板对象 -->
   <bean id="hibernateTemplate" class="org.springframework.orm.hibernate3.
```

```
HibernateTemplate">
        <property name="sessionFactory" ref="sessionFactory"/>
    </bean>
</beans>
```

16.3.3　配置 Struts2

struts.xml 文件是 Struts2 的重要配置文件，通过配置该文件可以实现程序的 Action 与用户请求之间的映射、视图映射等。在项目的 ClassPath 下创建 struts.xml 文件，其配置代码如下：

```
<?xml version="1.0" encoding="UTF-8"?>
<!DOCTYPE struts PUBLIC
    "-//Apache Software Foundation//DTD Struts Configuration 2.1//EN"
    "http://struts.apache.org/dtds/struts-2.1.dtd" >
<struts>
    <!-- 前后台公共的视图映射 -->
    <include file="com/lyq/action/struts-default.xml" />
    <!-- 后台管理的 Struts2 配置文件 -->
    <include file="com/lyq/action/struts-admin.xml" />
    <!-- 前台管理的 Struts2 配置文件 -->
    <include file="com/lyq/action/struts-front.xml" />
</struts>
```

为了便于程序的维护和管理，可以将前后台的 Struts2 配置文件进行分别处理，然后通过 <include> 标签加载到系统默认加载的 Struts2 配置文件中，并将 Struts2 配置文件分为 3 部分。struts-default.xml 文件为前后台公共的视图映射配置文件，其配置代码如下：

```
<?xml version="1.0" encoding="UTF-8" ?>
<!DOCTYPE struts PUBLIC
    "-//Apache Software Foundation//DTD Struts Configuration 2.1//EN"
    "http://struts.apache.org/dtds/struts-2.1.dtd">
<struts>
    <!-- OGNL 可以使用静态方法 -->
    <constant name="struts.ognl.allowStaticMethodAccess" value="true"/>
    <package name="shop-default" abstract="true" extends="struts-default">
        <global-results>
        <!-- 错误页面 -->
            <result name="error">/WEB-INF/pages/common/show_error.jsp</result>
            <!-- 程序主页面 -->
            <result name="index" type="redirectAction">index</result>
            <!-- 后台管理主页面 -->
            <result name="manager">/WEB-INF/pages/admin/main.jsp</result>
            <!-- 会员注册 -->
            <result name="reg">/WEB-INF/pages/user/customer_reg.jsp</result>
```

```
        <!-- 会员登录 -->
    <result name="customerLogin">
        /WEB-INF/pages/user/customer_login.jsp
    </result>
        <!-- 管理员登录 -->
        <result name="userLogin">
        /WEB-INF/pages/admin/user/user_login.jsp
    </result>
    </global-results>
    <global-exception-mappings>
     <exception-mapping result="error" exception="com.lyq.util.
AppException">
    </exception-mapping>
    </global-exception-mappings>
  </package>
</struts>
```

后台的 Struts2 配置文件 struts-admin.xml 主要负责管理后台用户请求的 Action 和视图映射，其配置代码如下：

```
<?xml version="1.0" encoding="UTF-8"?>
<!DOCTYPE struts PUBLIC
    "-//Apache Software Foundation//DTD Struts Configuration 2.1//EN"
    "http://struts.apache.org/dtds/struts-2.1.dtd" >
<struts>
    <!-- 后台管理 -->
    <package name="shop.admin" namespace="/admin" extends="shop-default">
        <!-- 配置拦截器 -->
        <interceptors>
            <!-- 验证用户登录的拦截器 -->
             <interceptor name="loginInterceptor" class="com.lyq.action.
interceptor.UserLoginInterceptor"/>
            <!-- 创建拦截器栈，实现多层过滤 -->
            <interceptor-stack name="adminDefaultStack">
                <interceptor-ref name="loginInterceptor"/>
                <interceptor-ref name="defaultStack"/>
            </interceptor-stack>
        </interceptors>
        <action name="admin_*" class="indexAction" method="{1}">
            <result name="top">/WEB-INF/pages/admin/top.jsp</result>
            <result name="left">/WEB-INF/pages/admin/left.jsp</result>
            <result name="right">/WEB-INF/pages/admin/right.jsp</result>
            <interceptor-ref name="adminDefaultStack"/>
        </action>
    </package>
```

```
    <package name="shop.admin.user" namespace="/admin/user" extends="shop-default">
        <action name="user_*" method="{1}" class="userAction"></action>
    </package>
    <!-- 类别管理 -->
    <package name="shop.admin.category" namespace="/admin/product" extends="shop.admin">
        <action name="category_*" method="{1}" class="productCategoryAction">
            <result name="list">
                /WEB-INF/pages/admin/product/category_list.jsp
            </result>
            <result name="input">
                /WEB-INF/pages/admin/product/category_add.jsp
            </result>
            <result name="edit">
            /WEB-INF/pages/admin/product/category_edit.jsp
            </result>
            <interceptor-ref name="adminDefaultStack"/>
        </action>
    </package>
    <!-- 商品管理 -->
    <package name="shop.admin.product" namespace="/admin/product" extends="shop.admin">
        <action name="product_*" method="{1}" class="productAction">
            <result name="list">
            /WEB-INF/pages/admin/product/product_list.jsp
            </result>
            <result name="input">
                /WEB-INF/pages/admin/product/product_add.jsp
            </result>
            <result name="edit">
                /WEB-INF/pages/admin/product/product_edit.jsp
            </result>
            <interceptor-ref name="adminDefaultStack"/>
        </action>
    </package>
    <!-- 订单管理 -->
    <package name="shop.admin.order" namespace="/admin/product" extends="shop.admin">
        <action name="order_*" method="{1}" class="orderAction">
            <result name="list">
                /WEB-INF/pages/admin/order/order_list.jsp
            </result>
            <result name="select">
```

```
            /WEB-INF/pages/admin/order/order_select.jsp
        </result>
        <result name="query">
            /WEB-INF/pages/admin/order/order_query.jsp
        </result>
        <result name="update">
            /WEB-INF/pages/admin/order/order_update_success.jsp
        </result>
        <result name="input">/WEB-INF/pages/order/order_add.jsp</result>
        <interceptor-ref name="adminDefaultStack"/>
    </action>
  </package>
</struts>
```

前台的 Struts2 配置文件 struts-front.xml 主要负责管理前台用户请求的 Action 和视图映射，其配置代码如下：

```
<?xml version="1.0" encoding="UTF-8"?>
<!DOCTYPE struts PUBLIC
    "-//Apache Software Foundation//DTD Struts Configuration 2.1//EN"
    "http://struts.apache.org/dtds/struts-2.1.dtd" >
<struts>
    <!-- 前台登录 -->
    <package name="shop.front" extends="shop-default">
        <!-- 配置拦截器 -->
        <interceptors>
            <!-- 验证用户登录的拦截器 -->
<interceptor name="loginInterceptor" class="com.lyq.action.interceptor.
CustomerLoginInteceptor"/>
            <interceptor-stack name="customerDefaultStack">
                <interceptor-ref name="loginInterceptor"/>
                <interceptor-ref name="defaultStack"/>
            </interceptor-stack>
        </interceptors>
        <action name="index" class="indexAction">
            <result>/WEB-INF/pages/index.jsp</result>
        </action>
    </package>
    <!-- 消费者 Action -->
    <package name="shop.customer" extends="shop-default" namespace="/
customer">
        <action name="customer_*" method="{1}" class="customerAction">
        <result name="input">/WEB-INF/pages/user/customer_reg.jsp</result>
        </action>

    </package>
```

```
    <!-- 商品Action -->
    <package name="shop.product" extends="shop-default" namespace="/product">
        <action name="product_*" class="productAction" method="{1}">
            <result  name="list">/WEB-INF/pages/product/product_list.jsp</
result>
            <result name="select">
                /WEB-INF/pages/product/product_select.jsp
            </result>
            <result name="clickList">
                /WEB-INF/pages/product/product_click_list.jsp
            </result>
            <result name="findList">
                /WEB-INF/pages/product/product_find_list.jsp
            </result>
        </action>
    </package>
    <!-- 购物车Action -->
    <package name="shop.cart" extends="shop.front" namespace="/product">
        <action name="cart_*" class="cartAction" method="{1}">
            <result name="list">/WEB-INF/pages/cart/cart_list.jsp</result>
            <interceptor-ref name="customerDefaultStack"/>
        </action>
    </package>
    <!-- 订单Action -->
    <package name="shop.order" extends="shop.front" namespace="/product">
        <action name="order_*" class="orderAction" method="{1}">
            <result name="add">/WEB-INF/pages/order/order_add.jsp</result>
            <result name="confirm">
                /WEB-INF/pages/order/order_confirm.jsp
            </result>
            <result name="list" >/WEB-INF/pages/order/order_list.jsp</result>
            <result name="error">/WEB-INF/pages/order/order_error.jsp</result>
            <result name="input">/WEB-INF/pages/order/order_add.jsp</result>
            <interceptor-ref name="customerDefaultStack"/>
        </action>
    </package>
</struts>
```

Struts2与Struts1的几点不同如下所述。

Struts2与Struts1是两个完全不同的开发框架，除了核心控制器的不同，还存在其他的几个不同点。

- 命名空间的不同。

在Struts2中，Filter接口默认的扩展名为“.action”，这是在default.properties文件的

struts.action.extension 属性中定义的；而在 Struts1 中，Filter 接口是通过 <init-pattern> 标签来配置的。由于 Struts1 与 Struts2 两个框架的命名空间不同，因此 Struts1 和 Struts2 可以在同一个 Web 应用程序中无障碍地共存。

- 设置系统属性的不同。

Struts2 不需要通过 <init-param> 标签来设置系统的属性，它并不是取消了这些属性，而是使用 default.properties 文件作为默认的配置选项文件，并且可以通过 struts.properties 文件设置不同的属性值来覆盖默认文件的值，从而实现自己的配置。

- 映射文件名的配置参数的不同。

在 Struts2 中，没有提供映射文件名的配置参数，而是提供了默认配置文件 struts.xml。

16.3.4 配置 Hibernate

Hibernate 配置文件主要用于配置数据库连接和 Hibernate 运行时所需的各种属性，这个配置文件位于应用程序或 Web 程序的类文件夹 classes 中。Hibernate 配置文件支持两种形式：一种是 XML 格式的配置文件；另一种是 Java 格式的配置文件，采用“键 = 值”的形式。建议采用 XML 格式的配置文件。

在 Hibernate 配置文件中配置数据库连接信息、数据库方言及打印 SQL 语句等属性，其关键代码如下：

```
<?xml version="1.0" encoding="UTF-8"?>
<!DOCTYPE hibernate-configuration PUBLIC
    "-//Hibernate/Hibernate Configuration DTD 3.0//EN"
    "http://hibernate.sourceforge.net/hibernate-configuration-3.0.dtd" >
<hibernate-configuration>
    <session-factory>
        <!-- 数据库方言 -->
        <property name="hibernate.dialect">
            org.hibernate.dialect.MySQLDialect
        </property>
        <!-- 数据库驱动 -->
        <property name="hibernate.connection.driver_class">
            com.mysql.jdbc.Driver
        </property>
        <!-- 数据库连接信息 -->
        <property name="hibernate.connection.url">
        jdbc:mysql://localhost:3306/db_database24</property>
        <property name="hibernate.connection.username">root</property>
        <property name="hibernate.connection.password">111</property>
        <!-- 打印 SQL 语句 -->
        <property name="hibernate.show_sql">true</property>
```

```
        <!-- 不格式化 SQL 语句 -->
        <property name="hibernate.format_sql">false</property>
        <!-- 为 session 指定一个自定义策略 -->
        <property name="hibernate.current_session_context_class">
            thread
        </property>
        <!-- c3p0 JDBC 连接池 -->
        <property name="hibernate.c3p0.max_size">20</property>
        <property name="hibernate.c3p0.min_size">5</property>
        <property name="hibernate.c3p0.timeout">120</property>
        <property name="hibernate.c3p0.max_statements">100</property>
        <property name="hibernate.c3p0.idle_test_period">120</property>
        <property name="hibernate.c3p0.acquire_increment">2</property>
        <property name="hibernate.c3p0.validate">true</property>
        <!-- 映射文件 -->
        <mapping resource="com/lyq/model/user/User.hbm.xml"/>
        …<!-- 省略的映射文件 -->
    </session-factory>
</hibernate-configuration>
```

学习笔记

c3p0 是一个随 Hibernate 一同分发的、开放的 JDBC 连接池，它位于 Hibernate 源文件的 lib 文件夹下。如果在配置文件中设置了 hibernate.c3p0.* 的相关属性，则 Hibernate 将会使用 C3P0ConnectionProvider 来缓存 JDBC 连接。

16.4　实现 MVC 编码

16.4.1　JSP 完成视图层

天下淘商城项目使用 JSP 来实现前台的 Web 网页，整个项目共计 30 多个 JSP 文件。

编写天下淘商城的首页 JSP 文件——index.jsp，具体代码如下：

```
<%@ page language="java" contentType="text/html; charset=UTF-8"
    pageEncoding="UTF-8"%>
<!DOCTYPE html PUBLIC "-//W3C//DTD HTML 4.01 Transitional//EN" "http://www.
w3.org/TR/html4/loose.dtd">
<html>
<head>
<meta http-equiv="Content-Type" content="text/html; charset=UTF-8">
```

```
<title>首页</title>
<STYLE type="text/css">
</STYLE>
<SCRIPT type="text/javascript">
    if (self != top) {
        top.location = self.location;
    }
</SCRIPT>
</head>
<body>
<%@include file="/WEB-INF/pages/common/head.jsp"%>
<div id="box">
<div id="left">
<div id="left_s01"><s:a action="customer_login" namespace="/customer"><img
    src="${context_path}/css/images/index_23.gif" class="imgx5" /></s:a>
    <s:a action="customer_reg" namespace="/customer"><img
    src="${context_path}/css/images/index_26.gif" class="imgx5" /></s:a><img
    src="${context_path}/css/images/index_27.gif" /></div>
<div id="left_s02"><img
    src="${context_path}/css/images/index_25.gif" width="489" height="245"
    class="imgz5" /></div>
<!-- 类别 -->
<s:iterator value="categories">
<div id="left_x">
<div id="left122">
<table style="float: left;height: auto;width: 678px; vertical-align: middle; ">
    <tr>
        <td class="word14" style="width: 22px; padding-left: 10px;">
            <s:property value="name"/>
        </td>
         <td style="padding-bottom: 3px;">
            <div id="left122_y">
                <!-- 二级 -->
                <s:if test="!children.isEmpty">
                    <s:iterator value="children">
                        <div style="white-space:nowrap; width: 28%;float: left;
margin-top: 5px; margin-bottom: 5px; margin-left: 26px;">
                            <b style="color: #990000;"><s:property value="name"
escape="false"/></b>
                            <!-- 三级 -->
                            <s:if test="!children.isEmpty">
                                <span>
                                <s:iterator value="children">
                                        <s:a action="product_getByCategoryId"
```

```
namespace="/product">
                                        <s:param name="category.id" value="id"></
s:param>
                                      <s:property value="name" escape="false"/>
                                  </s:a>
                              </s:iterator>
                              </span>
                          </s:if>
                      </div>
                  </s:iterator>
              </s:if>
          </div>
      </td>
   </tr>
</table>
</div>
</div>
</s:iterator>
</div>
<div id="right">
<!-- 商品排行 -->
<div id="rqpgb">
<table width="195" border="0" cellpadding="0"
   cellspacing="0">
   <tr>
       <td width="195" height="31"><img
           src="${context_path}/css/images/index_28.gif" width="195"
height="29" /></td>
   </tr>
   <tr>
       <td height="5"></td>
   </tr>
   <tr>
       <td valign="top">
           <s:action name="product_findByClick" namespace="/product"
executeResult="true"></s:action>
       </td>
   </tr>
</table>
</div>
<!-- 推荐商品 -->
<div id="xpss">
<table width="195" border="0" cellpadding="0"
   cellspacing="0">
```

```
    <tr>
        <td width="195" height="31"><img
            src="${context_path}/css/images/08.gif" width="195" height="29"
/></td>
    </tr>
    <tr>
        <td height="5"></td>
    </tr>
    <tr>
        <td valign="top">
            <s:action name="product_findByCommend" namespace="/product"
executeResult="true"></s:action>
        </td>
    </tr>
</table>
</div>
<!-- 热销商品 -->
<div id="rxsp">
<table width="195" border="0" cellpadding="0"
    cellspacing="0">
    <tr>
        <td width="195" height="31"><img
            src="${context_path}/css/images/index_47.gif" width="195"
height="29" /></td>
    </tr>
    <tr>
        <td height="5"></td>
    </tr>
    <tr>
        <td valign="top">
        <s:action name="product_findBySellCount" namespace="/product"
executeResult="true"></s:action>
        </td>
    </tr>
</table>
</div>
<div id="sckf"></div>
</div>
<div id="foot"></div>
</div>
</body>
</html>
```

天下淘商城首页效果如图 16.2 所示。

图 16.2　天下淘商城首页效果

16.4.2　Struts2 完成控制层

编写天下淘商城的首页 Action 文件。

创建基本 Action 对象 BaseAction，作为其他所有 Action 的父类，具体代码如下：

```
import java.util.HashSet;
import java.util.Map;
import java.util.Set;
import org.apache.struts2.interceptor.ApplicationAware;
import org.apache.struts2.interceptor.RequestAware;
import org.apache.struts2.interceptor.SessionAware;
import org.springframework.beans.factory.annotation.Autowired;
import com.lyq.dao.order.OrderDao;
import com.lyq.dao.product.ProductCategoryDao;
import com.lyq.dao.product.ProductDao;
import com.lyq.dao.product.UploadFileDao;
import com.lyq.dao.user.CustomerDao;
import com.lyq.dao.user.UserDao;
import com.lyq.model.order.OrderItem;
import com.lyq.model.user.Customer;
import com.lyq.model.user.User;
import com.opensymphony.xwork2.ActionSupport;
public class BaseAction extends ActionSupport implements RequestAware,
      SessionAware, ApplicationAware {
   private static final long serialVersionUID = 1L;
```

```
protected Integer id;
protected Integer[] ids;
protected int pageNo = 1;
protected int pageSize = 3;

public static final String LIST = "list";
public static final String EDIT = "edit";
public static final String ADD = "add";
public static final String SELECT = "select";
public static final String QUERY = "query";
public static final String LEFT = "left";
public static final String RIGHT = "right";
public static final String INDEX = "index";
public static final String MAIN = "main";
public static final String MANAGER = "manager";
public static final String TOP = "top";
public static final String REG = "reg";
public static final String USER_LOGIN = "userLogin";
public static final String CUSTOMER_LOGIN = "customerLogin";
public static final String LOGOUT = "logout";
// 获取用户 id
// 获取用户对象
public Customer getLoginCustomer(){
    if(session.get("customer") != null){
        return (Customer) session.get("customer");
    }
    return null;
}
// 获取管理员 id
// 获取管理员对象
public User getLoginUser(){
    if(session.get("admin") != null){
        return (User) session.get("admin");
    }
    return null;
}
// 从 session 中取出购物车
@SuppressWarnings("unchecked")
protected Set<OrderItem> getCart(){
    Object obj = session.get("cart");
    if(obj == null){
        return new HashSet<OrderItem>();
    }else{
        return (Set<OrderItem>) obj;
    }
}
```

```
// 注入 Dao
@Autowired
protected ProductCategoryDao categoryDao;
@Autowired
protected ProductDao productDao;
@Autowired
protected OrderDao orderDao;
@Autowired
protected UserDao userDao;
@Autowired
protected CustomerDao customerDao;
@Autowired
protected UploadFileDao uploadFileDao;

// Map 类型的 request
protected Map<String, Object> request;
// Map 类型的 session
protected Map<String, Object> session;
// Map 类型的 application
protected Map<String, Object> application;

@Override
public void setRequest(Map<String, Object> request) {
   // 获取 Map 类型的 request 赋值
   this.request = request;
}
@Override
public void setApplication(Map<String, Object> application) {
   // 获取 Map 类型的 application 赋值
   this.application = application;
}
@Override
public void setSession(Map<String, Object> session) {
   // 获取 Map 类型的 session 赋值
   this.session = session;
}

// 处理方法
public String index() throws Exception {
   return INDEX;
}
public String manager() throws Exception {
   return MANAGER;
}
public String main() throws Exception {
```

```
        return MAIN;
    }
    public String add() throws Exception {
        return ADD;
    }
    public String select() throws Exception {
        return SELECT;
    }
    public String execute() throws Exception {
        return SUCCESS;
    }
    public String top() throws Exception {
        return TOP;
    }
    public String left() throws Exception {
        return LEFT;
    }
    public String right() throws Exception {
        return RIGHT;
    }
    public String reg() throws Exception{
        return REG;
    }
    public String query() throws Exception{
        return QUERY;
    }
    // getter方法和 setter 方法
    public Integer[] getIds() {
        return ids;
    }
    public void setIds(Integer[] ids) {
        this.ids = ids;
    }
    public int getPageNo() {
        return pageNo;
    }
    public void setPageNo(int pageNo) {
        this.pageNo = pageNo;
    }
    public Integer getId() {
        return id;
    }
    public void setId(Integer id) {
        this.id = id;
    }
}
```

创建商城首页的 Action 类 IndexAction，用于将首页的商品分类，具体代码如下：

```
import java.util.List;
import org.springframework.context.annotation.Scope;
import org.springframework.stereotype.Controller;
import com.lyq.model.product.ProductCategory;
import com.lyq.model.product.ProductInfo;
@Scope("prototype")
@Controller("indexAction")
public class IndexAction extends BaseAction {
    private static final long serialVersionUID = 1L;
    @Override
    public String execute() throws Exception {
        // 查询所有类别
        String where = "where parent is null";
        categories = categoryDao.find(-1, -1, where, null).getList();
        // 查询推荐的商品
        product_commend = productDao.findCommend();
        // 查询销量最高的商品
        product_sellCount = productDao.findSellCount();
        // 查询人气最高的商品
        product_clickcount = productDao.findClickcount();
        return SUCCESS;
    }
    // 所有类别
    private List<ProductCategory> categories;
    // 推荐商品
    private List<ProductInfo> product_commend;
    // 销量最高的商品
    private List<ProductInfo> product_sellCount;
    // 人气最高的商品
    private List<ProductInfo> product_clickcount;
    public List<ProductCategory> getCategories() {
        return categories;
    }
    public void setCategories(List<ProductCategory> categories) {
        this.categories = categories;
    }
    public List<ProductInfo> getProduct_commend() {
        return product_commend;
    }
    public void setProduct_commend(List<ProductInfo> productCommend) {
        product_commend = productCommend;
    }
    public List<ProductInfo> getProduct_sellCount() {
        return product_sellCount;
    }
```

```
    public void setProduct_sellCount(List<ProductInfo> productSellCount) {
        product_sellCount = productSellCount;
    }
    public List<ProductInfo> getProduct_clickcount() {
        return product_clickcount;
    }
    public void setProduct_clickcount(List<ProductInfo> productClickcount) {
        product_clickcount = productClickcount;
    }
}
```

16.4.3 Hibernate 完成数据封装

创建天下淘商城商品的实体类 ProductInfo，具体代码如下：

```
import java.io.Serializable;
import java.util.Date;
import com.lyq.model.Sex;
public class ProductInfo implements Serializable {
    private static final long serialVersionUID = 1L;
    private Integer id;                                  // 商品编号
    private String name;                                 // 商品名称
    private String description;                          // 商品说明
    private Date createTime = new Date();                // 上架时间
    private Float baseprice;                             // 商品采购价格
    private Float marketprice;                           // 商品市场价格
    private Float sellprice;                             // 商品销售价格
    private Sex sexrequest;                              // 所属性别
    private Boolean commend = false;                     // 是否是推荐商品（默认值为 false）
    private Integer clickcount = 1;                      // 访问量（统计受欢迎的程度）
    private Integer sellCount = 0;                       // 销售数量（统计热销商品）
    private ProductCategory category;                    // 所属类别
    private UploadFile uploadFile;                       // 上传文件
    public Integer getId() {
        return id;
    }
    public void setId(Integer id) {
        this.id = id;
    }
    public String getName() {
        return name;
    }
    public void setName(String name) {
        this.name = name;
    }
    public String getDescription() {
```

```
        return description;
    }
    public void setDescription(String description) {
        this.description = description;
    }
    public Date getCreateTime() {
        return createTime;
    }
    public void setCreateTime(Date createTime) {
        this.createTime = createTime;
    }
    public Float getBaseprice() {
        return baseprice;
    }
    public void setBaseprice(Float baseprice) {
        this.baseprice = baseprice;
    }
    public Float getMarketprice() {
        return marketprice;
    }
    public void setMarketprice(Float marketprice) {
        this.marketprice = marketprice;
    }
    public Float getSellprice() {
        return sellprice;
    }
    public void setSellprice(Float sellprice) {
        this.sellprice = sellprice;
    }
    public Sex getSexrequest() {
        return sexrequest;
    }
    public void setSexrequest(Sex sexrequest) {
        this.sexrequest = sexrequest;
    }
    public Boolean getCommend() {
        return commend;
    }
    public void setCommend(Boolean commend) {
        this.commend = commend;
    }
    public Integer getClickcount() {
        return clickcount;
    }
    public void setClickcount(Integer clickcount) {
        this.clickcount = clickcount;
```

```
    }
    public Integer getSellCount() {
        return sellCount;
    }
    public void setSellCount(Integer sellCount) {
        this.sellCount = sellCount;
    }
    public ProductCategory getCategory() {
        return category;
    }
    public void setCategory(ProductCategory category) {
        this.category = category;
    }
    public UploadFile getUploadFile() {
        return uploadFile;
    }
    public void setUploadFile(UploadFile uploadFile) {
        this.uploadFile = uploadFile;
    }
}
```

创建商品类的映射文件，具体代码如下：

```
<?xml version="1.0" encoding="UTF-8"?>
<!DOCTYPE hibernate-mapping PUBLIC
    "-//Hibernate/Hibernate Mapping DTD 3.0//EN"
    "http://hibernate.sourceforge.net/hibernate-mapping-3.0.dtd" >
<hibernate-mapping package="com.lyq.model.product">
    <class name="ProductInfo" table="tb_productInfo">
    <!-- 主键 -->
        <id name="id">
            <generator class="native"/><!-- 主键自增类型 -->
        </id>
        <property name="name" not-null="true" length="100"/>
        <property name="description" type="text"/>
        <property name="createTime"/>
        <property name="baseprice"/>
        <property name="marketprice"/>
        <property name="sellprice"/>
        <property name="sexrequest" type="com.lyq.util.hibernate.SexType" 
length="5"/>
        <property name="commend"/>
        <property name="clickcount"/>
        <property name="sellCount"/>
        <!-- 多对一映射类别 -->
        <many-to-one name="category" column="categoryId"/>
        <!-- 多对一映射上传文件 -->
```

```
        <many-to-one name="uploadFile" unique="true" cascade="all"
lazy="false"/>
    </class>
</hibernate-mapping>
```

16.5 SSH2 实例程序部署

在 Eclipse 中右击某项目，并在弹出的快捷菜单中选择 Run As → Run on Server 命令，会自动向服务器部署该项目，待服务器启动完毕，即可访问项目页面。

手动部署是通过导出 war 包的方式将项目直接部署到 Tomcat 中的。

（1）在 Eclipse 中右击 Shop 项目，选择 Export 命令，在弹出的 Export 窗口中，选择 Web → WAR file 选项，然后单击 Next 按钮，如图 16.3 所示。

（2）在当前窗口中单击 Browse 按钮，并选择生成 war 包的地址，然后单击 Finish 按钮，如图 16.4 所示。

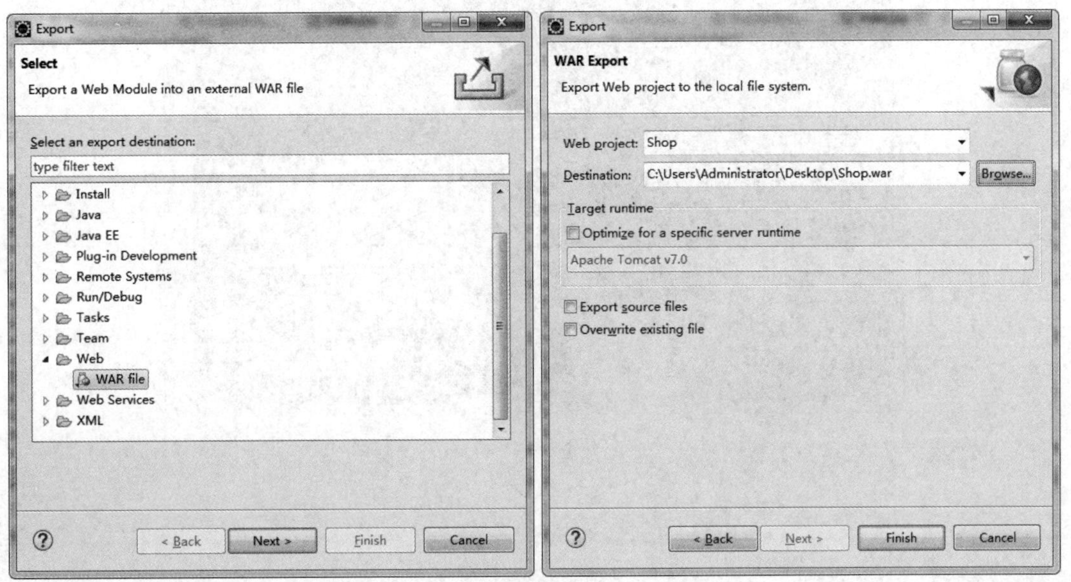

图 16.3 Export 窗口（选择导出 war 包） 图 16.4 Export 窗口（选择生成 war 包的地址）

（3）将生成的 war 包复制到 Tomcat 的 webapps 文件夹下，并使用压缩软件解压缩到当前文件夹，如图 16.5 所示。

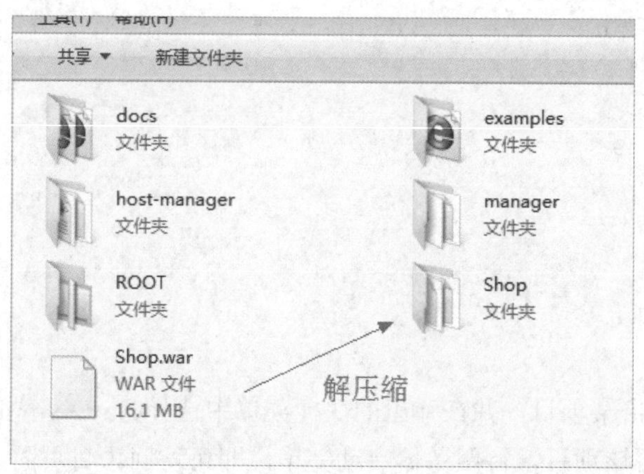

图 16.5　将 war 包解压缩至 Tomcat 的 webapps 文件夹下

(4)运行 Tomcat 中 bin 文件夹下的 startup.bat 文件，启动 Tomcat 服务器。在正常启动后，如图 16.6 所示，就可以直接在浏览器中访问我们部署过的项目了。

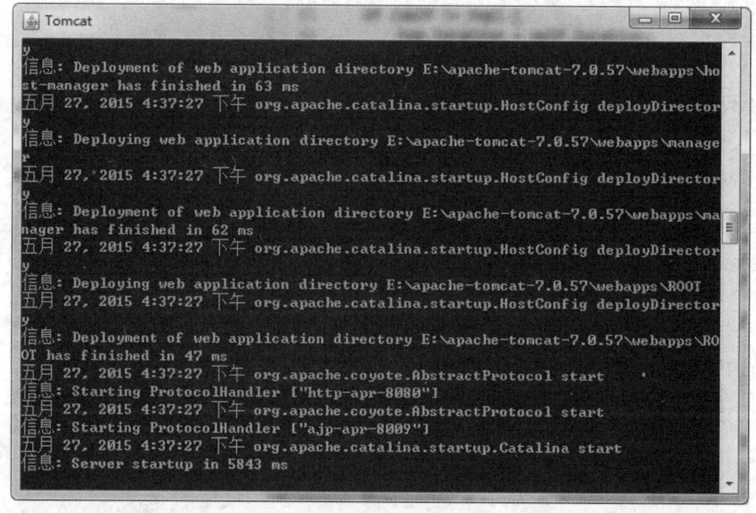

图 16.6　启动的 Tomcat 命令行界面

第 17 章　Spring 与 SpringMVC、MyBatis 框架的整合

17.1　什么是 SSM 框架

框架是一些类和接口的集合。通过调用这些类和接口可以完成一系列功能的实现。

目前，市面上存在很多种框架，在这里介绍的 SSM 是这些框架中的 3 种，分别为 Spring、SpringMVC、MyBatis。这 3 种框架是目前市面上非常火、搭配使用率非常高的三大框架，下面我们分别对前两种框架进行介绍，而有关 Spring 的内容请参考第 15 章。

17.1.1　MyBatis 简介

MyBatis 是一种优秀的持久层框架。它支持定制化 SQL、存储过程及高级映射，避免了编写几乎所有的 JDBC 代码、手动设置参数及获取结果集等操作。MyBatis 可以使用简单的 XML 或注解来配置和映射原生信息，将接口和 Java 的 POJOs（Plain Old Java Objects，普通的 Java 对象）映射为数据库中的记录。

17.1.2　SpringMVC 简介

SpringMVC 是一种视图层框架，用于连接后台 Java 程序和前台 JSP 页面（功能类似于前文介绍的 Servlet）。

SpringMVC 的特点如下：

- SpringMVC 拥有强大的灵活性、非入侵性和可配置性。
- SpringMVC 提供了一个前端控制器 DispatcherServlet，使开发者无须额外开发控制器对象。
- SpringMVC 分工明确，包含控制器、验证器、命令对象、模型对象、处理程序映射视图解析器等，每一个功能的实现都由一个专门的对象来完成。
- SpringMVC 可以自动绑定用户输入，并正确地转换数据类型。例如，SpringMVC

能够自动解析字符串，并将其设置为模型的 int 型或 float 型的属性。

- SpringMVC 使用一个“名称 / 值”形式的 Map 对象实现更加灵活的模型数据传输。
- SpringMVC 内置了常见的校验器，可以校验用户输入。如果用户输入未校验通过，则会重定向到输入表单。输入校验是可选的，并且支持编程方式及声明方式。
- SpringMVC 支持国际化，支持根据用户区域显示多国语言，并且国际化的配置非常简单。
- SpringMVC 支持多种视图技术，常见的有 JSP 技术及其他技术，包括 Velocity 和 FreeMarker 技术。
- SpringMVC 提供了一个简单而强大的 JSP 标签库，支持数据绑定功能，使编写 JSP 页面更加容易。

17.2 为什么使用 SSM 框架

例如，在 Servlet 中接收前台传过来的值需要写很多个 request.getParameter() 方法，而且在给实体类进行赋值时同样需要写很多个 setXXX() 方法。在使用 SSM 框架后，这些重复且枯燥的操作就完全不需要我们自己去完成了，只需要通过相应框架中封装好的方法即可直接完成。在使用这三大框架后，对于每种普通的增删改查的方法而言，其方法代码基本不会超过 5 行，甚至有时一行代码就可以实现我们想要的功能。

SSM 框架简单运行示例如图 17.1 所示。

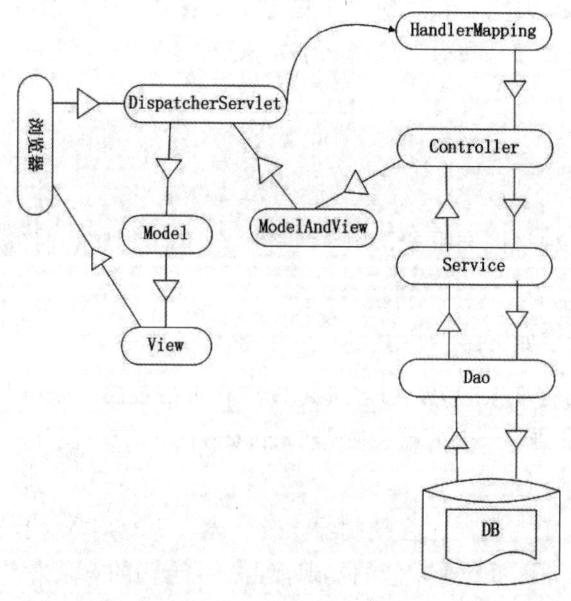

图 17.1 SSM 框架简单运行示例

17.3 如何使用 SSM 框架

17.3.1 搭建框架环境

搭建 SSM 框架环境的步骤如下所述。

（1）准备好三大框架所需的 jar 包，一共有 24 个 jar 包，此外还有一个连接 MySQL 数据库的包，所以一共有 25 个 jar 包，如图 17.2 所示。

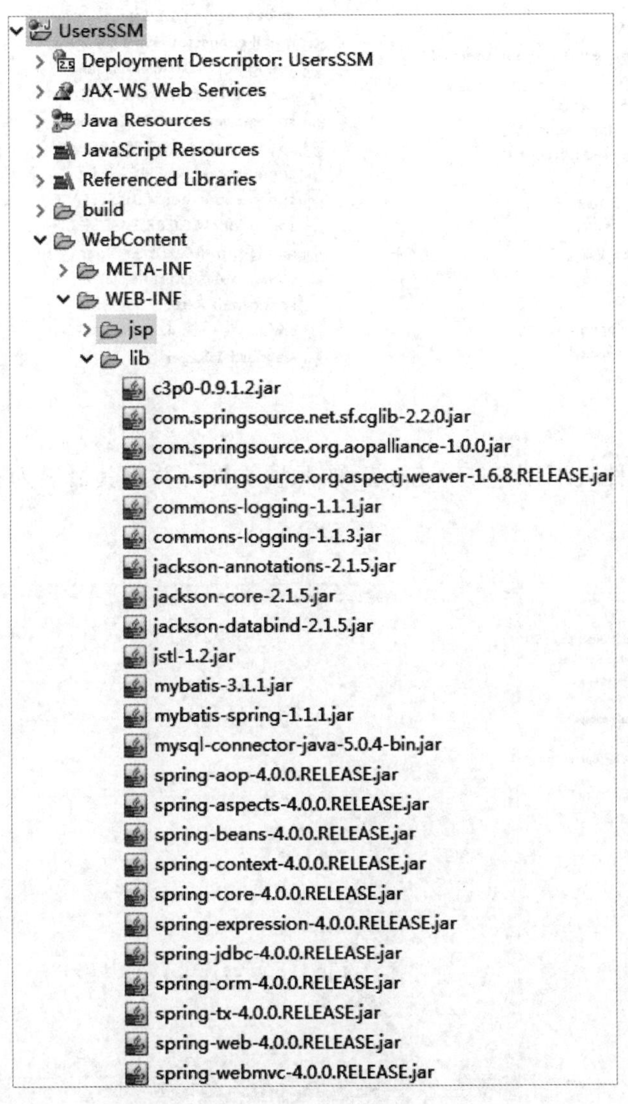

图 17.2 搭建 SSM 框架环境需要的 jar 包

（2）在 IDE 集成开发工具中创建一个 Web 项目，并将准备好的 25 个 jar 包粘贴到其 lib 文件夹中，如图 17.3 所示。

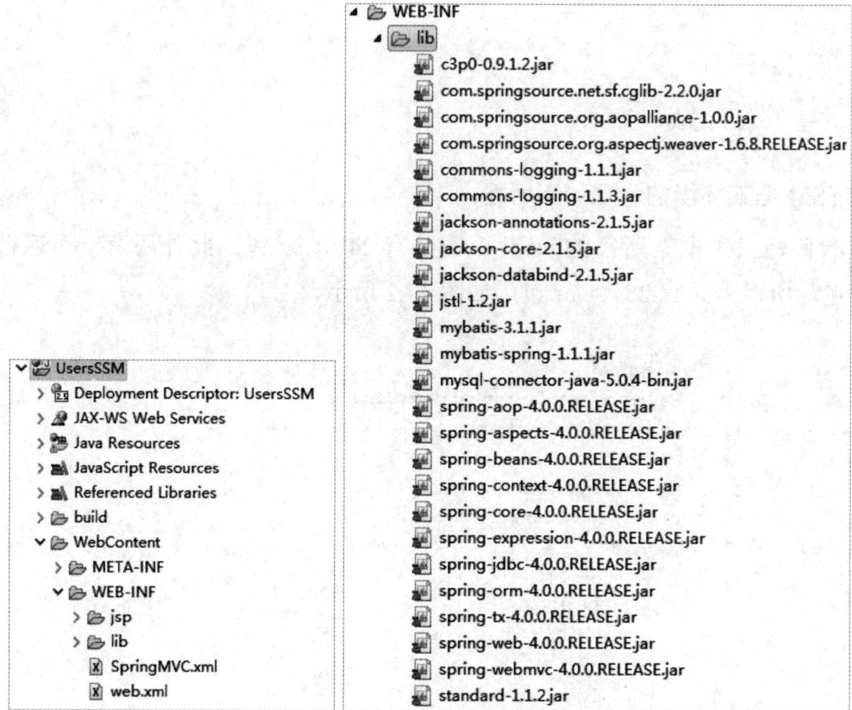

图 17.3　将 jar 包粘贴到 lib 文件夹中

（3）在 src 文件夹下创建一个 Spring 的配置文件，并将其命名为 application.xml，如图 17.4 所示。

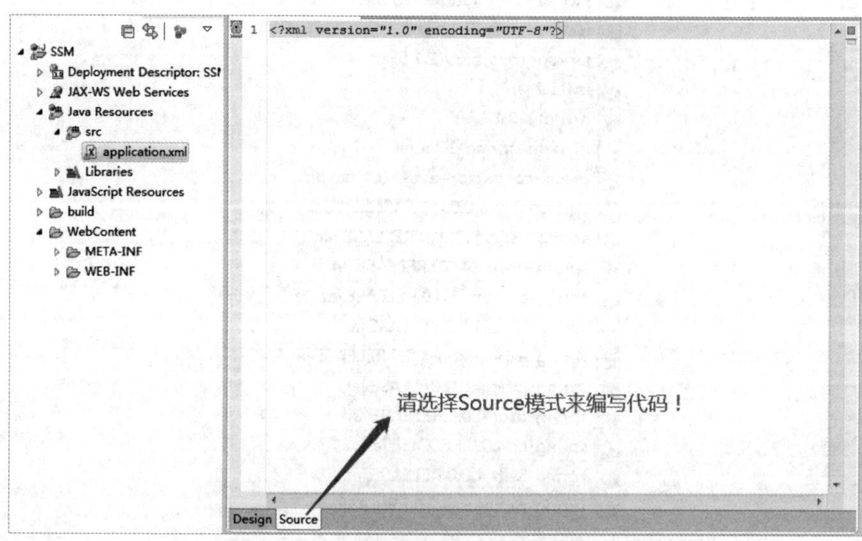

图 17.4　创建配置文件 application.xml

（4）在配置文件 application.xml 的第二行，即 <?xml version="1.0" encoding="UTF-8"?> 的下面编写一对 <beans></beans> 标签，并在开始的 <beans> 标签中编写声明头，如图 17.5 所示。

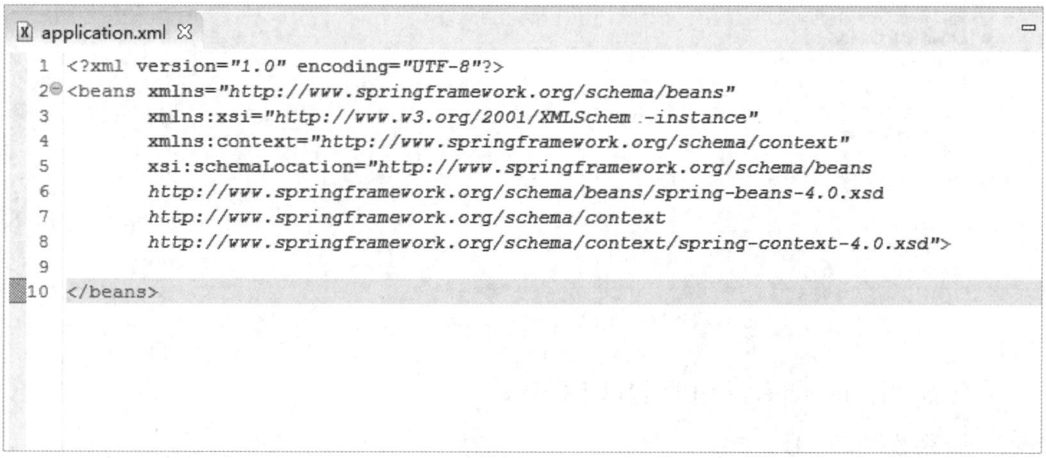

```
application.xml
1  <?xml version="1.0" encoding="UTF-8"?>
2  <beans xmlns="http://www.springframework.org/schema/beans"
3         xmlns:xsi="http://www.w3.org/2001/XMLSchema-instance"
4         xmlns:context="http://www.springframework.org/schema/context"
5         xsi:schemaLocation="http://www.springframework.org/schema/beans
6         http://www.springframework.org/schema/beans/spring-beans-4.0.xsd
7         http://www.springframework.org/schema/context
8         http://www.springframework.org/schema/context/spring-context-4.0.xsd">
9
10 </beans>
```

图 17.5　配置文件 application.xml 中的代码

代码说明如下：

```
xmlns="http://www.springframework.org/schema/beans"
```

声明 XML 文件默认的命名空间，表示未使用其他命名空间的所有标签的默认命名空间。

```
xmlns:xsi="http://www.w3.org/2001/XMLSchema-instance"
```

声明 XML Schema 实例，在声明后就可以使用 schemaLocation 属性。

```
xmlns:context="http://www.springframework.org/schema/context"
```

引入 <context> 标签，用于连接数据库及使用 Spring 注解功能。

```
xsi:schemaLocation="http://www.springframework.org/schema/beans
http://www.springframework.org/schema/beans/spring-beans-4.0.xsd
http://www.springframework.org/schema/context
http://www.springframework.org/schema/context/spring-context-4.0.xsd"
```

指定 Schema 的位置，这个属性必须结合命名空间使用。这个属性有两个值：第一个值表示需要使用的命名空间；第二个值表示供命名空间使用的 XML Schema 的位置。

上面配置的命名空间指定了 xsd 规范文件，这样在进行具体配置时就会根据 xsd 规范文件给出相应的提示，例如，每个标签是怎么写的，都有些什么属性等。这些都是可以智能提示的，在启动服务时也会根据 xsd 规范文件对配置进行校验。

（5）开始配置 Spring 配置文件中的内容，不要求配置的先后顺序，这里先配置 c3p0 连接数据库。首先需要在 src 文件夹下创建一个连接数据库的配置文件，并将其命名为

db.properties，如图 17.6 所示。

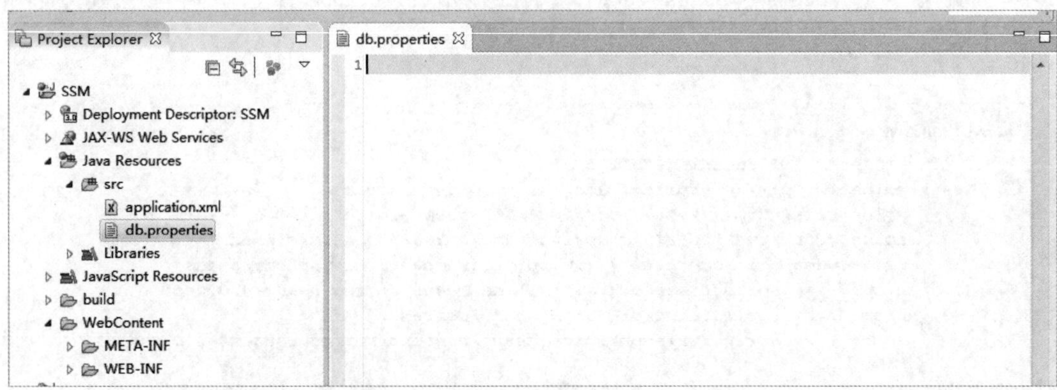

图 17.6　创建配置文件 db.properties

在配置文件 db.properties 中配置以下信息。

- 登录数据库账号。
- 登录数据库密码。
- 数据库连接驱动。
- 数据库连接地址。

配置数据库信息如图 17.7 所示。

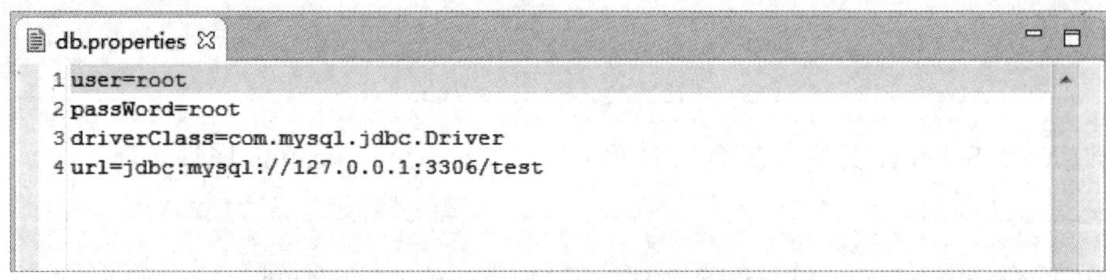

```
user=root
passWord=root
driverClass=com.mysql.jdbc.Driver
url=jdbc:mysql://127.0.0.1:3306/test
```

图 17.7　配置数据库信息

（6）连接数据库文件已经准备好，下面回到 Spring 配置文件中开始配置 c3p0 连接池，需要在 <beans> 头标签和 </beans> 结束标签之间配置相关信息，如图 17.8 所示。

```
<!-- c3p0连接池 -->
<context:property-placeholder location="classpath:db.properties"/>

<bean id="dataSource" class="com.mchange.v2.c3p0.ComboPooledDataSource">
    <property name="user" value="${user}"/>
    <property name="driverClass" value="${driverClass}"/>
    <property name="password" value="${passWord}"/>
    <property name="jdbcUrl" value="${url}"/>
</bean>
```

图 17.8　配置 c3p0 连接池

代码说明如下：

```
<context:property-placeholder location=": 这里面写的是用户自己创建的数据库连接文件的名称 "/>
<bean id="dataSource" class="com.mchange.v2.c3p0.ComboPooledDataSource">
<property name="user" value="${user}"/>
<property name="driverClass" value="${driverClass}"/>
<property name="password" value="${passWord}"/>
<property name="jdbcUrl" value="${url}"/>
</bean>
```

学习笔记

所有的 ${} 符号中的内容是用户在 db.properties 文件中命名的名称。

（7）配置 SqlSessionFactory，用于加载 MyBatis。持久层的方法可以通过映射直接找到相应的 Mapper 文件里面的 SQL 语句。具体配置如图 17.9 所示。

```
<!-- 配置SqlSessionFactory -->
 <bean id="sqlSessionFactory" class="org.mybatis.spring.SqlSessionFactoryBean">
     <property name="dataSource" ref="dataSource"/>
     <property name="mapperLocations">
         <list>
             <value>classpath:com/mr/mapper/*-Mapper.xml</value>
         </list>
     </property>
     <property name="typeAliasesPackage" value="com.mr.entity"/>
 </bean>
```

图 17.9　SqlSessionFactorty 的具体配置

代码说明如下：

- <bean> 标签中有两个属性。
  - id="SqlSessionFactory"，可以理解为固定写法，这是因为 id 值需要和 Java 代码中的一个属性相对应。
  - class="org.mybatis.spring.SqlSessionFactoryBean"，固定写法，因为这加载的是 MyBatis 框架下的类，也就是说，class 属性中编写的值是这个类的全路径名称。
- 第一个 <property/> 标签中有两个属性。
  - name="dataSource"，固定对象名。
  - ref="dataSource"，ref 表示引用，意思是我想要有一个 id 为 dataSource 的数据源（我们在 Spring 配置文件中第一个配置的 <bean> 标签）。
- 第二个 <property></property> 标签的作用。
  - mapperLocations 属性使用一个资源位置的 list。这个属性可以用于指定 MyBatis 映射器的 XML 文件的位置。 它的值可以包含 Ant 样式来加载一个目录中的所有文件，或者从基路径下递归搜索所有路径。

  » 从类路径下加载在 com.mr.mappers 包和它的子包中的所有 MyBatis 映射器的 XML 文件。

- 第三个 <property/> 标签的作用。
  » 配置实体类的包路径，当我们在编写 Mapper 文件中的内容时，如果参数或返回值是实体类对象，则可以直接写实体类映射名称，不需要写全类名。

学习笔记

通过以上配置，我们就可以成功地将 Spring 和 MyBatis 框架整合到一起。下面将会编写持久层和业务逻辑层，最后完成控制层和视图层。

17.3.2 创建实体类

首先，我们对照数据库的表创建一个实体类，表已经准备好了，如图 17.10 所示。

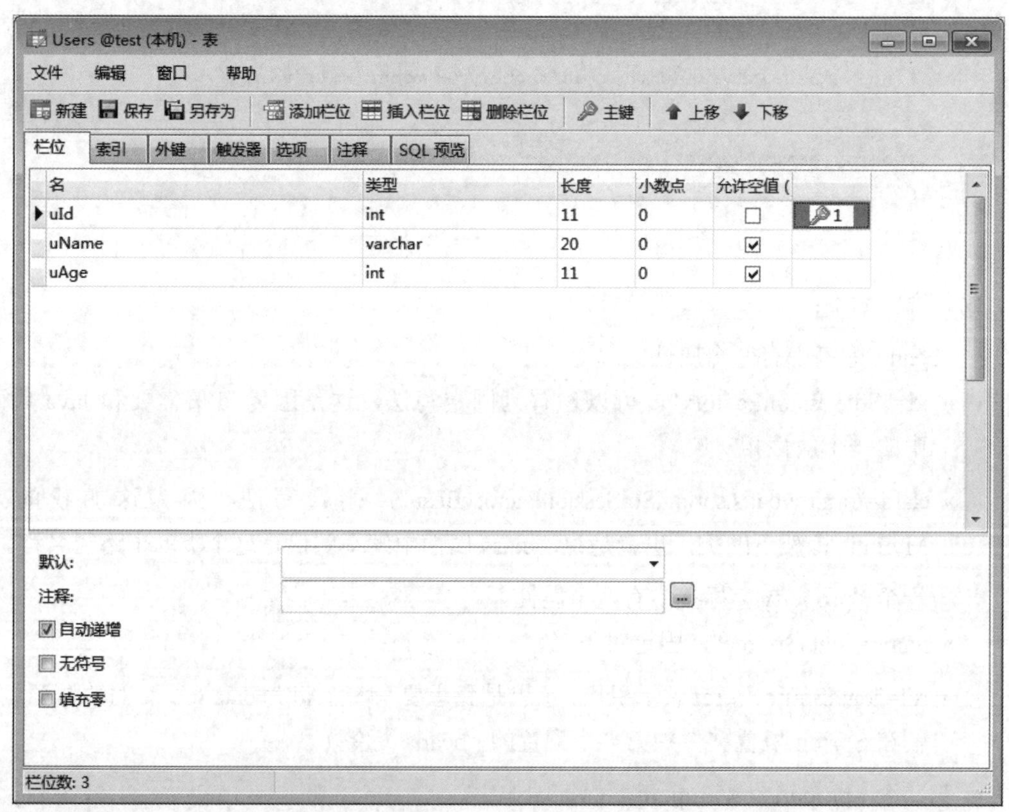

图 17.10 数据库的表

然后根据这张表创建一个 Java 实体类，并在其中声明私有属性和对应的公有方法，如图 17.11 所示。

```
@Component
@Alias("Users")
public class Users {

    private int uId;
    private String uName;
    private int uAge;


    public int getuId() {
        return uId;
    }
    public void setuId(int uId) {
        this.uId = uId;
    }
    public String getuName() {
        return uName;
    }
    public void setuName(String uName) {
        this.uName = uName;
    }
    public int getuAge() {
        return uAge;
    }
    public void setuAge(int uAge) {
        this.uAge = uAge;
    }


}
```

图 17.11 根据数据库的表创建的 Java 类

Users 类上面的注解是对该类的映射，而且 @Alias 注解需要导入包，之后我们在 Mapper 文件中可以直接调用这个名称而无须写类名及完整类名，这是因为我们在 Spring 配置文件中已经完成了相关配置。

17.3.3 编写持久层

在编写持久层之前，我们需要知道完成相关操作所涉及的 MyBatis 的对象或接口。

- SqlSessionFactory 的实例。

每个基于 MyBatis 的应用都是以一个 SqlSessionFactory 的实例为中心的。SqlSessionFactory 的实例可以通过 SqlSessionFactoryBuilder 获得。而 SqlSessionFactoryBuilder 可以根据 XML 文件或预先定制的 Configuration 的实例构建 SqlSessionFactory 的实例。

- 从 SqlSessionFactory 的实例中获取 SqlSession 的实例。

既然有了 SqlSessionFactory 的实例，我们就可以从中获取 SqlSession 的实例了。SqlSession 的实例中完全包含了面向数据库执行 SQL 命令所需的所有方法。用户可以通过 SqlSession 的实例来直接执行已映射的 SQL 语句。

- 映射实例，让程序明确具体到哪个 Mapper 文件中执行 SQL 代码。

以上 3 个实例对象是在每个 DaoImpl 方法中都需要编写的。根据面向对象的特点，可以将重复代码提取出来并封装到一个类中，这样就不用在编写每种方法时都创建这 3 个对象了。创建一个 BaseDaoImpl 类，用于封装这 3 个对象，如图 17.12 所示。

UserDaoImpl.java　BaseDaoImpl.java

```java
package com.mr.dao.impl;

import java.io.IOException;
import java.io.Reader;

import org.apache.ibatis.io.Resources;
import org.apache.ibatis.session.SqlSession;
import org.apache.ibatis.session.SqlSessionFactory;
import org.apache.ibatis.session.SqlSessionFactoryBuilder;
import org.springframework.beans.factory.annotation.Autowired;
import org.springframework.stereotype.Repository;

@Repository
public class BaseDaoImpl<T> {
    //1.声明SqlSessionFactory
    @Autowired
    private SqlSessionFactory sqlSessionFactory;
    //2.声明SqlSession
    protected SqlSession sqlSession;
    //3.声明mapper 属性
    private Class<T> mapper;

    //4.为mapper 属性创建 get()、set()方法
    public T getMapper() {
        return sqlSessionFactory.openSession().getMapper(mapper);
    }
    public void setMapper(Class<T> mapper) {
        this.mapper = mapper;
    }
}
```

图 17.12　BaseDaoImpl 类中的代码

学习笔记

该类中的注解先不考虑，在接下来的内容中会有讲解。

现在开始完成持久层。

首先，我们需要创建 UserDao 接口及 UserDaoImpl 实现类，这是因为在 DaoImpl 类中需要编写具体的 CRUD 方法，必然会使用上面提到的 3 个对象。现在这 3 个对象都被封装到一个名称为 BaseDaoImpl 的类中，所以我们在创建 UserDaoImpl 类时不仅需要实现 UserDao 接口，还需要继承 BaseDaoImpl 类并重写该类的构造方法。然后，我们需要在构造方法中调用父类的构造方法，这样程序就可以获取 Mapper 对象了。UserDaoImpl 实现类中的代码如图 17.13 所示。

UserDaoImpl.java

```java
package com.mr.dao.impl;

import java.io.InputStream;
import java.util.List;

import org.apache.ibatis.session.SqlSession;
import org.apache.ibatis.session.SqlSessionFactory;
import org.apache.ibatis.session.SqlSessionFactoryBuilder;


import com.mr.dao.UserDao;
import com.mr.entity.Users;

public class UserDaoImpl extends BaseDaoImpl<UserDao> implements UserDao {

    public UserDaoImpl() {
        super();

        this.setMapper(UserDao.class);
    }

    @Override
    public List<Users> getAllUser() {
        // TODO Auto-generated method stub

        return null;
    }

}
```

图 17.13　UserDaoImpl 实现类中的代码

通过调用父类的构造方法和 setMapper() 方法可以将接口类型传递过去，这样程序就可以通过该类找到对应的映射文件了。

17.3.4　编写业务层

MyBatis 的 3 个对象已经被封装好，现在开始准备编写功能代码。首先，我们需要编写 getAllUser() 方法，这是一个用于查询所有用户并返回一个 List 集合的方法，如图 17.14 所示。

```
@Override
public List<Users> getAllUser() {
    // TODO Auto-generated method stub
    return this.getMapper().getAllUser();
}
```

图 17.14　用于查询所有用户的 getAllUser() 方法

在上述代码中，通过调用父类的 getMapper() 方法可以使程序找到对应的映射文件，而后面的 .getAllUser() 的作用是在 Mapper 文件中找到具体的 SQL 语句。然后，我们需要编写 Mapper 文件并在该映射文件中完成一条 SQL 语句。

首先，创建一个 XML 文件并命名为 *****-Mapper.xml，* 号部分的名称为用户自己命名的名称，建议和实体类同名。由于本书中的实体类为 Users，因此将该文件命名为 Users-Mapper.xml，如图 17.15 所示。

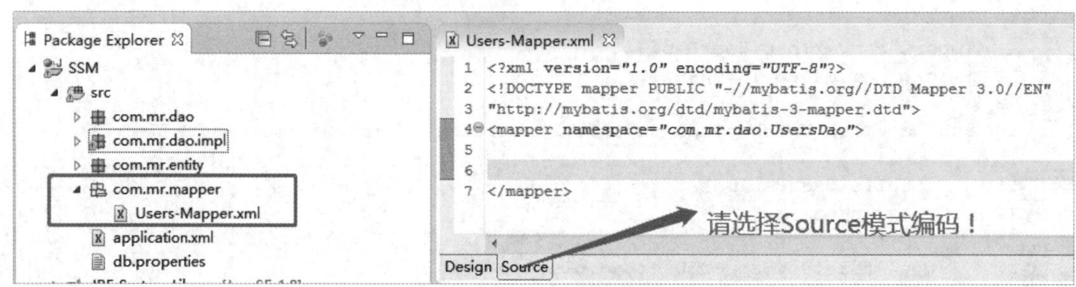

图 17.15　Users-Mapper.xml 文件中的代码

然后，需要编写一对标签 <mapper></mapper>，<mapper> 标签中 namespace 属性的值为与该 Mapper 文件对应的接口，这里需要写全路径。因为我们进行的是查询操作，所以需要在这一对标签之间编写查询标签 <select>，如图 17.16 所示。

```
<mapper namespace="com.mr.dao.UsersDao">

    <select id="getAllUser" resultType="Users">
        select * from users
    </select>

</mapper>
```

图 17.16　编写查询标签 <select> 的代码

- <select> 标签中 id 属性的值为查询方法中 getMapper(). 后面接口的名称，如图 17.17 所示。

```
@Override
public List<Users> getAllUser() {
    // TODO Auto-generated method stub
    return this.getMapper().getAllUser();
}
```

图 17.17　id 属性的值

- resultType 属性为查询结果的返回值类型。我们在方法中设定返回值为 Users 类型的 List，因此在这个属性中，可以直接将返回值类型设置为实体类类型。

学习笔记

如果是增加操作的 <insert> 标签、修改操作的 <update> 标签、删除操作的 <delete> 标签，则属性和用法都一样。

到目前为止，持久层、实体类都已经完成了，接下来需要实现业务层。先创建业务层接口 Service，再创建业务层的实现类 ServiceImpl，并在实现类中写上注解 @Service ("userService")，如图 17.18 所示。在业务层的注解括号中参数部分需要特别声明一个名称，我们在 Controller 类中创建 Service 对象时是与这个名称对应的。

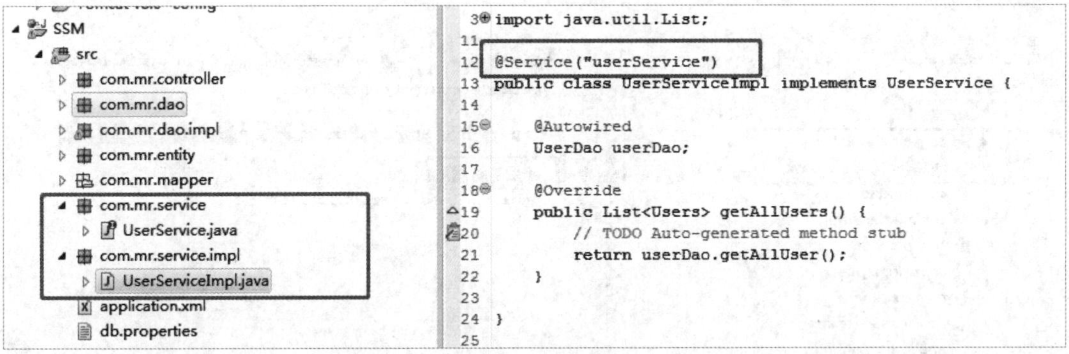

```
SSM
  src
    com.mr.controller
    com.mr.dao
    com.mr.dao.impl
    com.mr.entity
    com.mr.mapper
    com.mr.service
      UserService.java
    com.mr.service.impl
      UserServiceImpl.java
    application.xml
    db.properties
```

```
import java.util.List;

@Service("userService")
public class UserServiceImpl implements UserService {

    @Autowired
    UserDao userDao;

    @Override
    public List<Users> getAllUsers() {
        // TODO Auto-generated method stub
        return userDao.getAllUser();
    }

}
```

图 17.18　在实现类上面写上注解

我们可以通过 Spring 注解的方式将 Dao 层类注入，需要使用 @Autowired 注解，如图 17.19 所示。

通过这个注解，我们成功地将创建 UserDao 对象的任务移交给了 Spring，这时可以直接通过 userDao 的方式访问该类中的成员变量。

业务层是将 Dao 层方法获取并返回给下一层，即控制层 Controller。

```java
@Service("userService")
public class UserServiceImpl implements UserService {

    @Autowired
    UserDao userDao;

    @Override
    public List<Users> getAllUsers() {
        // TODO Auto-generated method stub
        return userDao.getAllUser();
    }

}
```

图 17.19　使用 @Autowired 将 Dao 层类注入

17.3.5　创建控制层

在项目中创建一个类，作为控制层 Controller，这与前文的 Servlet 有所区别：Servlet 虽然也是控制层，但是属于入侵性的（需要几层 HttpServlet）；而 SpringMVC 只需要创建一个最普通的类即可，只是需要使用注解在声明类时标注这是一个控制层类，如图 17.20 所示。

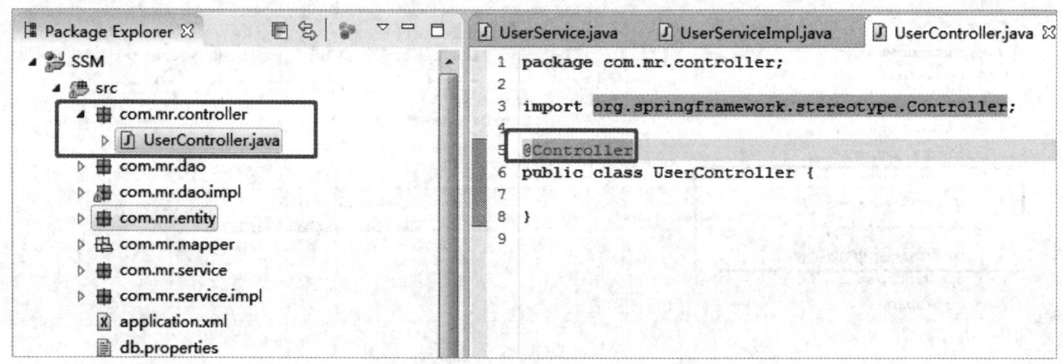

图 17.20　使用注解标注当前类为控制层类

有了这个注解，这个类就不是普通的类了，而是一个控制器。

17.3.6　配置 SpringMVC

如果要想使用 SpringMVC 来完成工作，则需要创建它的配置文件。在项目结构中的 WebContent\WEB-INF\lib 文件夹下创建一个 XML 文件，名称为 SpringMVC.xml，如图 17.21 所示。

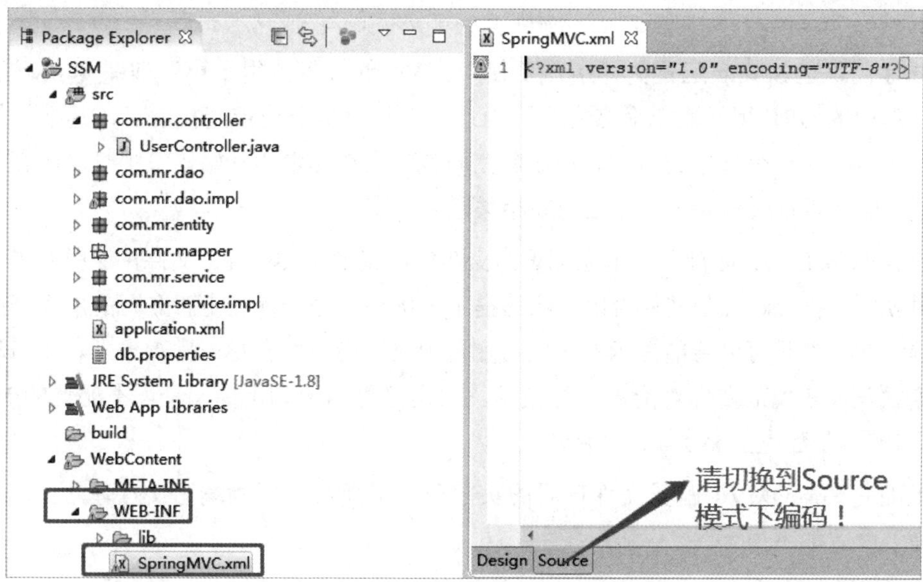

图 17.21　创建配置文件 SpringMVC.xml

因为 SpringMVC.xml 是配置文件，所以开头也与 Spring 配置文件一样需要声明头部分，如图 17.22 所示。

```
SpringMVC.xml
<?xml version="1.0" encoding="UTF-8"?>
<beans  xmlns="http://www.springframework.org/schema/beans"
        xmlns:xsi="http://www.w3.org/2001/XMLSchema-instance"
        xmlns:context="http://www.springframework.org/schema/context"
        xmlns:mvc="http://www.springframework.org/schema/mvc"
        xsi:schemaLocation="http://www.springframework.org/schema/beans
        http://www.springframework.org/schema/beans/spring-beans-4.0.xsd
        http://www.springframework.org/schema/context
        http://www.springframework.org/schema/context/spring-context-4.0.xsd
        http://www.springframework.org/schema/mvc
        http://www.springframework.org/schema/mvc/spring-mvc-4.0.xsd">

</beans>
```

图 17.22　在 SpringMVC.xml 文件中声明头部分

代码说明如下：

```
xmlns="http://www.springframework.org/schema/beans"
xmlns:xsi="http://www.w3.org/2001/XMLSchema-instance"
```

上面这两行代码是每个 Spring 配置文件必须有的代码，是 Spring 的基础。

- 第一行代码用于声明 XML 文件默认的命名空间，表示未使用其他命名空间的所有标签的默认命名空间。
- 第二行代码用于声明 XML Schema 实例，在声明后就可以使用 schemaLocation 属性了。

```
xmlns:mvc="http://www.springframework.org/schema/mvc"
```

这行代码是 Spring 配置文件中需要使用 MVC 的标签，用于声明前缀为 mvc 的命名空间。后面的 URL 用于表示命名空间的地址不会被解析器用于查找信息，其唯一的作用是赋予命名空间一个唯一的名称。当命名空间被定义在元素的开始标签中时，所有带有相同前缀的子元素都会与同一个命名空间相关联。

xsi:schemaLocation 部分为上面配置的命名空间指定了 xsd 规范文件，这样在进行具体配置时就会根据 xsd 规范文件给出相应的提示。例如，每个标签是怎么写的，都有些什么属性等，这些都是可以智能提示的，以防配置中出错而不太容易被排查出来。在启动服务时也会根据 xsd 规范文件对配置进行校验。但是这里需要为上面 xmlns 中配置的 MVC、AOP、TX 等都配置上 xsd 规范文件。

上面是 SpringMVC 配置文件声明的头部分，下面我们开始编写文件体。Spring 配置文件需要配置如下内容。

- 配置视图解析器。

编写配置视图解析器的代码，如图 17.23 所示。

```
<!-- 配置视图解析器 -->
<bean class="org.springframework.web.servlet.view.InternalResourceViewResolver">
    <property name="prefix" value="/WEB-INF/jsp/" />
    <property name="suffix" value=".jsp"/>
</bean>
```

图 17.23　配置视图解析器的代码

- 配置静态资源加载。

编写配置静态资源加载的代码，如图 17.24 所示。

```
<!-- 配置静态资源加载 -->
<mvc:resources location="/WEB-INF/jsp" mapping="/jsp/**"/>
<mvc:resources location="/WEB-INF/js" mapping="/js/**"/>
<mvc:resources location="/WEB-INF/css" mapping="/css/**"/>
<mvc:resources location="/WEB-INF/img" mapping="/img/**"/>
```

图 17.24　配置静态资源加载的代码

- 扫描控制器。

编写扫描控制器的代码，如图 17.25 所示。

```
<!-- 扫描控制器 -->
<context:component-scan base-package="com.mr.controller"/>
```

图 17.25　扫描控制器的代码

● 配置指定控制器。

编写配置指定控制器的代码，如图 17.26 所示。

```
<!-- 配置指定控制器-->
<bean id="userController" class="com.mr.controller.UserController"/>
```

图 17.26 配置指定控制器的代码

● 自动扫描组件。

编写自动扫描组件的代码，如图 17.27 所示。

```
<!-- 自动扫描组件 -->
<mvc:annotation-driven />
<mvc:default-servlet-handler/>
```

图 17.27 自动扫描组件的代码

上面这 5 个内容是一个 SpringMVC 配置文件中最基本的配置，它们之间没有顺序之分。下面按照上面的步骤分别介绍每个配置。

● 配置视图解析器：将 JSP 页面的路径分开，提高 JSP 页面加载速度，当直接访问页面名称时不用写扩展名，就可以实现等同效果。
● 配置静态资源加载：首先介绍为什么需要使用静态资源加载，这里需要先介绍一下 WEB-INF 文件夹，这是因为我们以后会将一些资源（如后缀为 img、css、js、jsp 等的文件）放在 WEB-INF 文件夹下，而这个文件夹有一个特性是 Java 的 Web 应用安全目录。所谓安全目录，就是通过客户端无法访问其中的资源，需要通过服务器端来访问的目录，因此如果想要访问 WEB-INF 文件夹下的资源，则必须在配置文件中配置静态资源加载。
● 扫描控制器：告诉 SpringMVC 扫描哪个包下的控制器。
● 配置指定控制器：一个包下可以有很多个控制器，我们需要使用哪个控制器，就需要将这个控制器具体配置出来。
● 自动扫描组件。
  » <mvc:annotation-driven/> 会自动注册 RequestMappingHandlerMapping 与 Request MappingHandlerAdapter 两个 Bean，这是 SpringMVC 为 @Controller 分发请求所必需的，并且提供了数据绑定支持、@NumberFormatannotation 支持、@DateTimeFormat 支持、@Valid 支持、读写 XML 的支持（JAXB）和读写 JSON 的支持（默认 Jackson）等功能。
  » <mvc:default-servlet-handler/> 会在 SpringMVC 上下文中定义一个 org.springframework.

web.servlet.resource.DefaultServletHttpRequestHandler。它会像一个检查员一样，对进入 DispatcherServlet 的 URL 进行筛查，如果发现某请求是静态资源的请求，就将该请求交由 Web 应用服务器默认的 Servlet 处理；如果该请求不是静态资源的请求，才会由 DispatcherServlet 继续处理。

17.3.7 实现控制层

现在 SpringMVC 的配置文件已经完成，下面继续完成控制层 Controller 中的内容。在前文中介绍了控制层 Controller 替代了原来的 Servlet，也就是说，控制层 Controller 的作用是接收前台 JSP 页面的请求，并返回相应结果。

在正式编写 Controller 层方法前，先介绍一下 ModelAndView 类，从类名中我们可以看出，Model 是模型的意思，View 是视图的意思，那么这个类的作用为：业务处理器在调用模型层处理完用户请求后，会将结果数据存储在该类的 model 属性中，并将需要返回的视图信息存储在该类的 view 属性中，然后由该 ModelAndView 类返回给 SpringMVC 框架。框架通过调用在配置文件中定义的视图解析器，对该对象进行解析，最后将结果数据显示在指定的页面上。

控制层 Controller 的实现步骤如下所述。

（1）首先，因为我们需要调用 Service 层的方法，所以先注入一个对象，如图 17.28 所示。

```
import org.springframework.beans.factory.annotation.Autowired;

@Controller
public class UserController {

    @Autowired
    UserService userService;


}
```

图 17.28　注入一个对象

（2）然后，开始编写控制层 Controller 的方法。这个方法的作用为：在调用方法后，进入数据库获取想要查询的数据并返回给 JSP 页面。也就是说，这个方法有两个功能：一个是到数据库中提取数据，这部分工作已经由 Dao 层中的方法完成了，我们只需要调用 Dao 层中的查询方法即可；另一个是接收 Dao 层方法的返回值，并将其保存起来返回给 JSP 页面，这就需要使用 ModelAndView 类。具体代码如图 17.29 所示。

```
package com.mr.controller;

import java.util.List;

import org.springframework.beans.factory.annotation.Autowired;
import org.springframework.stereotype.Controller;
import org.springframework.web.servlet.ModelAndView;

import com.mr.entity.Users;
import com.mr.service.UserService;

@Controller
public class UserController {

    @Autowired
    UserService userService;

    public ModelAndView getAllUser() {
        //创建一个List集合用于接收Service层方法的返回值
        List<Users> listUser = userService.getAllUsers();
        //创建一个ModelAndView对象，括号里面的参数用于指定要跳转到哪个JSP页面
        ModelAndView mav = new ModelAndView("getAll");
        //通过addObject()方法将需要保存的值保存
        mav.addObject("listUser", listUser);
        //最后将ModelAndView对象返回
        return mav;
    }
}
```

图 17.29　编写控制层 Controller 的 getAllUser() 方法

以上就是控制层 Controller 的实现步骤，但是现在还有一个问题，即该方法如何被访问到。在前文编写 Servlet 时，需要通过配置文件 web.xml 才能找到具体的 Servlet，而在使用 SpringMVC 时，每个类都需要配置相应的映射，因此我们只需要一个 @RequestMapping 注解就可以解决这个问题，如图 17.30 所示。

```
@Controller
@RequestMapping("UserController")
public class UserController {

    @Autowired
    UserService userService;

    @RequestMapping("/getAllUser")
    public ModelAndView getAllUser() {
        //创建一个List集合用于接收Service层方法的返回值
        List<Users> listUser = userService.getAllUsers();
        //创建一个ModelAndView对象，括号里面的参数用于指定要跳转到哪个JSP页面
        ModelAndView mav = new ModelAndView("getAll");
        //通过addObject()方法将需要保存的值保存
        mav.addObject("listUser", listUser);
        //最后将ModelAndView对象返回
        return mav;
    }
}
```

图 17.30　为当前类添加注解

代码说明如下：

@RequestMapping() 注解用于设定该控制器的请求路径，无论之后是从 JSP 页面发出的请求还是从其他控制器发出的请求，都会编写这个路径（UserController\getAllUser）。

17.3.8 JSP 页面展示

在将 Java 所有的功能代码完成后，接下来就需要在 JSP 页面中进行显示。创建两个 JSP 页面：index.jsp 页面是主页面，用于页面跳转；getAll.jsp 页面用于显示查询结果，如图 17.31 所示。

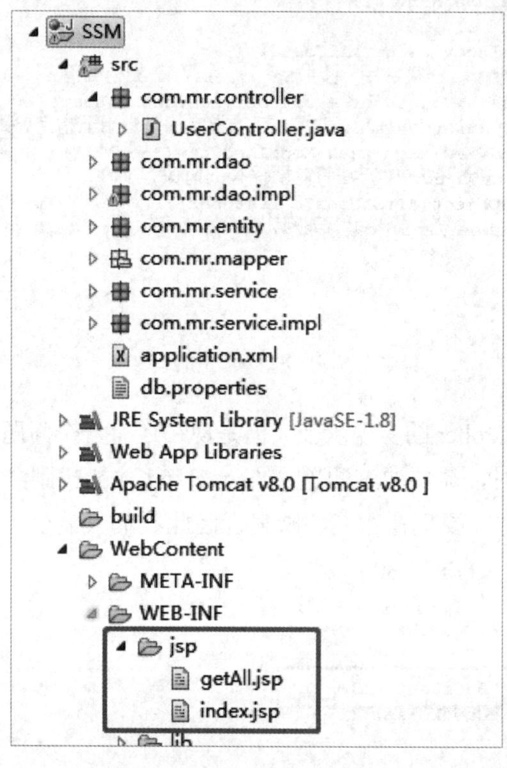

图 17.31　创建两个 JSP 页面

在页面创建完毕后，首先，我们需要将页面的字符集更改为 UTF-8，然后在 index 页面中编写一个跳转按钮，用于成功跳转到控制层 Controller 中，如图 17.32 所示。

要想完成跳转，还需要进行一个配置。因为之前介绍了 Spring 是管理框架，并且在 Spring 中加载了 MyBatis，但是到目前为止我们还没有加载 Spring，所以还需要最后一个配置文件 web.xml，用于加载 Spring 及进行一些其他操作。在 WEB-INF 文件夹下创建一个空白的 XML 文件，并将其命名为 web.xml。当然我们也可以从以前的项目中复制一个 web.xml 文件，然后将里面原来项目中声明的内容都删除，只留下一对 <web-app></web-app> 标签，以及 <web-app> 头标签的声明部分，如图 17.33 所示。

```
<body>
<input type="button" value="查询所有" onclick="toGetAll()"/>
</body>
<script type="text/javascript">
    function toGetAll(){
        location.href="UserController/getAllUser";
    }
</script>
</html>
```

图 17.32　编写跳转按钮

```
web.xml
<?xml version="1.0" encoding="UTF-8"?>
<web-app version="2.5"
    xmlns="http://java.sun.com/xml/ns/javaee"
    xmlns:xsi="http://www.w3.org/2001/XMLSchema-instance"
    xsi:schemaLocation="http://java.sun.com/xml/ns/javaee
    http://java.sun.com/xml/ns/javaee/web-app_2_5.xsd">

</web-app>
```

图 17.33　创建配置文件 web.xml

在 web.xml 文件中必须配置以下内容。

- 配置编辑器显示的名称和欢迎页面，如图 17.34 所示。

```
<display-name>SSM</display-name>
<welcome-file-list>
  <welcome-file>/WEB-INF/jsp/index.jsp</welcome-file>
</welcome-file-list>
```

图 17.34　配置编辑器显示的名称和欢迎界面

学习笔记

<display-name> 标签中编写的是项目名称，需要区分大小写。

- 配置监听程序，如图 17.35 所示。

```
<!-- 配置监听程序 -->
<listener>
    <listener-class>
        org.springframework.web.context.ContextLoaderListener
    </listener-class>
</listener>
```

图 17.35　配置监听程序

● 初始化 Spring 配置文件，如图 17.36 所示。

```
<!-- 初始化Spring配置文件 -->
<context-param>
    <param-name>contextConfigLocation</param-name>
    <param-value>classpath:application.xml</param-value>
</context-param>
```

图 17.36 初始化 Spring 配置文件

● 配置控制器，如图 17.37 所示。

```
<!-- 配置控制器 -->
<servlet>
    <servlet-name>SpringMVC</servlet-name>
    <servlet-class>
        org.springframework.web.servlet.DispatcherServlet
    </servlet-class>
    <!-- 初始化控制器 -->
    <init-param>
        <param-name>contextConfigLocation</param-name>
        <param-value>/WEB-INF/SpringMVC.xml</param-value>
    </init-param>
</servlet>
```

图 17.37 配置控制器

● 控制器映射，如图 17.38 所示。

```
<!-- 控制器映射 -->
<servlet-mapping>
<servlet-name>SpringMVC</servlet-name>
<url-pattern>/</url-pattern>
</servlet-mapping>
```

图 17.38 控制器映射

学习笔记

控制器映射的 <servlet-name> 标签编写的名称一定要与配置控制器中的 <servlet-name> 标签编写的名称一样，需要区分大小写。

● 配置编码过滤器，如图 17.39 所示。

在配置完以上内容后，只需要在最后的 getAll.jsp 页面中将查询到的数据显示出来即可。取值方式为直接使用 EL 表达式获取 ModelAndView 对象中的值，因为查询结果是一个列表，并且不确定列表中有多少数据，所以需要进行动态循环取值。首先，在 JSP 页面头部引入标签库，如图 17.40 所示。

```
<filter>
    <filter-name>characterEncodingFilter</filter-name>
    <filter-class>org.springframework.web.filter.CharacterEncodingFilter</filter-class>
    <init-param>
        <param-name>encoding</param-name>
        <param-value>UTF-8</param-value>
    </init-param>
    <init-param>
        <param-name>forceEncoding</param-name>
        <param-value>true</param-value>
    </init-param>
</filter>
<filter-mapping>
    <filter-name>characterEncodingFilter</filter-name>
    <url-pattern>/*</url-pattern>
</filter-mapping>
```

图 17.39　配置编码过滤器

```
<%@ page language="java" import="java.util.*" pageEncoding="utf-8"%>
<%@ taglib prefix="c" uri="http://java.sun.com/jsp/jstl/core" %>
```

图 17.40　在 JSP 页面头部引入标签库

然后，就可以遍历存储用户信息的 List 进行取值了，如图 17.41 所示。

```
<body>

<table>
    <tr>
        <td>
            序号
        </td>
        <td>
            姓名
        </td>
        <td>
            年龄
        </td>
    </tr>
    <c:forEach items="${listUser}" var ="list">
        <tr>
            <td>
                ${list.uId }
            </td>
            <td>
                ${list.uName }
            </td>
            <td>
                ${list.uAge }
            </td>
        </tr>
    </c:forEach>
</table>
</body>
```

图 17.41　遍历存储用户信息的 List

代码说明如下：

<forEach> 标签下的 items 属性用于编写要取的值对应的键名；var 属性可以被理解为变量的临时名称，用于调用对象中的属性。这时，浏览器页面可以正常显示数据，运行结果如图 17.42 所示。

图 17.42 在浏览器页面上显示数据

从结果可以看出，编写的代码没有问题，结果能够正常显示出来。上述步骤即可实现一个基本的 SSM 框架的环境及最基础的查询功能。

17.4 一个完整的 SSM 应用

以修改功能为例，先整理下思路，修改数据需要分两个步骤来完成。

- 系统会根据我们选择的需要修改的数据先在一个页面中将完整信息都显示出来。
- 我们可以在显示页面中修改具体数据，然后一并提交到后台，将所有数据更新。

学习笔记

这里需要整理好思路，虽然我们只需要修改我们想要修改的数据，但是程序判断过程较为烦琐，所以我们可以将数据全部修改，即我们在执行 SQL 语句时，将表中除主键外的所有列都更新。

下面具体编写修改功能的代码。因为三层架构的基本思路是 Controller 调用 Service 层，Service 调用 Dao 层，所以代码先从 Dao 层开始编写。首先，在 Dao 层中创建一个接口，如图 17.43 所示。

```
//查询要修改字段所有信息
public List<Users> getUserById(int id);
```

图 17.43 在 Dao 层中创建一个接口

然后，在 DaoImpl 实现类中编写实现方法，如图 17.44 所示。

```
public List<Users> getUserById(int id){
    return this.getMapper().getUserById(id);
}
```

图 17.44　在 DaoImpl 实现类中编写实现方法

最后，在 Mapper 文件中编写具体的 SQL 语句，如图 17.45 所示。

```
<select id="getUserById" resultType="Users" parameterType="int">
    select * from users where uId = #{id}
</select>
```

图 17.45　在 Mapper 文件中编写具体的 SQL 语句

代码说明如下：

在上述 SQL 语句中，有一个新属性 parameterType，用于定义参数类型。例如，在接口中定义一个 int 型的参数 id，那么这个属性值为 int。

在 Dao 层和 Mapper 文件完成后，继续编写 Service 层。首先，在 Service 层中创建一个接口，如图 17.46 所示。

```
public List<Users> getUserById(int id);
```

图 17.46　在 Service 层中创建一个接口

然后，在 ServiceImpl 中编写实现类，如图 17.47 所示。

```
public List<Users> getUserById(int id){
    return userDao.getUserById(id);
}
```

图 17.47　在 ServiceImpl 中编写实现类

在 Controller 中的方法与之前的稍有不同，这是因为我们需要接收一个由前台传递过来的参数，如图 17.48 所示。

```
@RequestMapping("/getUserById")
public ModelAndView getUserById(@Param("uId")Integer uId) {
    ModelAndView mav = new ModelAndView("toUpd");
    List<Users> list = userService.getUserById(uId);
    mav.addObject("list", list);
    return mav;

}
```

17.48　接收一个由前台传递过来的参数

代码说明如下：

接收由前台传递过来的参数需要使用 @Param() 注解，注解中的参数是前台在传递参数时使用的名称（即 uId）。在注解参数外直接声明变量时需要注意，如果传递过来的是基本数据类型，则直接声明该类型的封装类类型，并且声明变量的名称要和注解参数中的名称相同才能自动赋值。

以上图为例，这种写法相当于“Integer uId = request.getParameter("uId");”。

最后，完成 JSP 页面的编写，如图 17.49 所示。

```
<table>
    <tr>
        <td>
            序号
        </td>
        <td>
            姓名
        </td>
        <td>
            年龄
        </td>
        <td>
            操作
        </td>
    </tr>
    <c:forEach items="${listUser}" var ="list">
        <tr>
            <td>
                ${list.uId }
            </td>
            <td>
                ${list.uName }
            </td>
            <td>
                ${list.uAge }
            </td>
            <td>
                <input type="button" value="修改" onclick="toUpd(${list.uId})"/>
            </td>
        </tr>
    </c:forEach>
</table>
</body>
</html>
<script>
    function toUpd(id){

        location.href="http://localhost:8080/SSM/userController/getUserById?uId="+id;
    }
</script>
```

图 17.49　完成 JSP 页面的编写

代码说明如下：

这是之前查询的全部页面，被框起来的代码部分是新添加的。

想一想：如果在页面每一条信息的后面都添加修改按钮，则想要修改哪一条信息就单击哪一条信息后面的“修改”按钮，即可跳转到修改页面并直接将原信息显示在页面上，如图 17.50 和图 17.51 所示。

```
<body>

    <form action="">
        <c:forEach items="${list }" var="list">
        <table>
            <tr>
                <Td>
                    序号：<input type="text" name="uId" value="${list.uId }" disabled="disabled"/>
                </Td>
            </tr>
            <tr>
                <td>
                    姓名：<input type="text" name="uName" value="${list.uName }"/>
                </td>
            </tr>
            <tr>
                <Td>
                    年龄：<input type="text" name="uAge" value="${list.uAge }"/>
                </Td>
            </tr>
            <tr>
                <td>
                    <input type="submit" value="提交"/>
                </td>
            </tr>
        </table>
        </c:forEach>
    </form>
</body>
```

图 17.50　编写修改页面

序号：	1
姓名：	Steven
年龄：	30
提交	

图 17.51　修改页面的效果

接下来我们开始完成真正的修改功能。需要注意的是，如果需要改变数据库表中的数据（如增加、删除、修改等），则需要在 Spring 的配置文件，即在 application.xml 文件中配置事务，如图 17.52 所示。

```
<!-- 事务配置 -->
<bean id="transactionManager" class="org.springframework.jdbc.datasource.DataSourceTransactionManager">
    <property name="dataSource" ref="dataSource"/>
</bean>
```

图 17.52　在 application.xml 文件中配置事务

这里面的所有内容都是固定写法，唯独 ref 属性是指向数据源的名称，因此数据源为什么名称，这里就需要写什么名称。

要想完成修改操作，同样需要先从 Dao 层和 Mapper 文件开始编写接口，如图 17.53 所示。

```
//修改方法
public void updUser(Users user);
```

图 17.53　编写接口

- 完成 DaoImpl 实现类，如图 17.54 所示。

```
public void updUser(Users user) {
    this.getMapper().updUser(user);
}
```

图 17.54　完成 DaoImpl 实现类

- 完成 Service 接口，如图 17.55 所示。

```
public void updUser(Users user);
```

图 17.55　完成 Service 接口

- 完成 ServiceImpl 实现类，如图 17.56 所示。

```
public void updUser(Users user) {
    userDao.updUser(user);
}
```

图 17.56　完成 ServiceImpl 实现类

- 完成 Controller，如图 17.57 所示。

```
@RequestMapping("/updUser")
public String toUpd(Users user){
    userService.updUser(user);
    return "forward:getAllUser";
}
```

图 17.57　完成 Controller

代码说明如下：

前台提交的是一个完整的表单，其中包含实体类的所有属性，因此在参数上直接编写实体类对象即可，不用编写接收参数的注解，这是因为 SpringMVC 会自动将接收到的值赋给实体类中的属性，可以直接使用。需要注意的是，在按照业务逻辑修改完一条信息后，应该会在列表页面看到修改的效果，因此需要跳转到查询所有数据的方法中重新执行查询方法，这样就可以显示出最新数据了。

在 SpringMVC 中的转发和重定向与以前不同，可以直接在字符串里编写 forward: 或 redirect:，并在冒号后面连接需要跳转到的 URL。

然后完成 JSP 页面的最后一步，完善修改页面中的代码，如图 17.58 所示。

```
<form action="http://localhost:8080/SSM/userController/updUser" method="post">
    <c:forEach items="${list }" var="list">
    <table>
        <tr>
            <Td>
                序号：<input type="text" name="uId" value="${list.uId }" disabled="disabled"/>
                <input type="hidden" name="uId" value="${list.uId }"/>
            </Td>
        </tr>
        <tr>
            <td>
                姓名：<input type="text" name="uName" value="${list.uName }"/>

            </td>
        </tr>
        <tr>
            <Td>
                年龄：<input type="text" name="uAge" value="${list.uAge }"/>
            </Td>
        </tr>
        <tr>
            <td>
                <input type="submit" value="提交"/>
            </td>
        </tr>
    </table>
    </c:forEach>
</form>
```

图 17.58　完善修改页面中的代码

代码说明如下：

上图中框起来的代码部分是在原 toUpd.jsp 页面的基础上新增加的，这里使用了一个隐藏域来重新保存 uId。需要注意的是，上面已经存在一个 input 用于存放 uId 了，为什么还要编写一个隐藏域呢？这是因为第一个 input 中有一个属性，表示该 HTML 元素不可编辑、不可用。在标注上这样的属性后，SpringMVC 就不能在后台自动把值赋给实体类对象了，所以这里重新编写了一个隐藏域。

以下为修改的整体效果。

修改前列表的效果如图 17.59 所示。

图 17.59　修改前列表的效果

跳转到修改页面，其效果如图 17.60 所示。

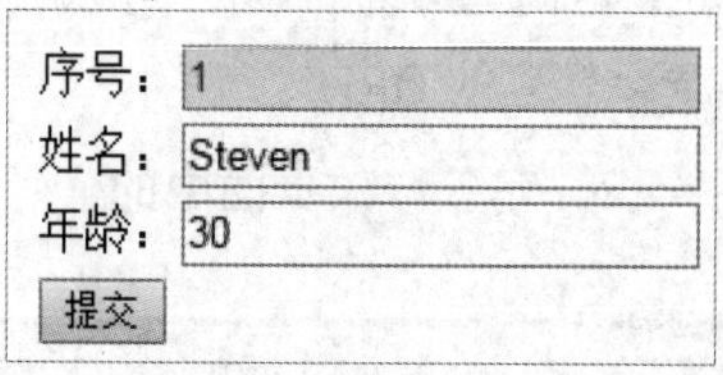

序号：1
姓名：Steven
年龄：30
提交

图 17.60　修改页面的效果

修改后列表的效果如图 17.61 所示。

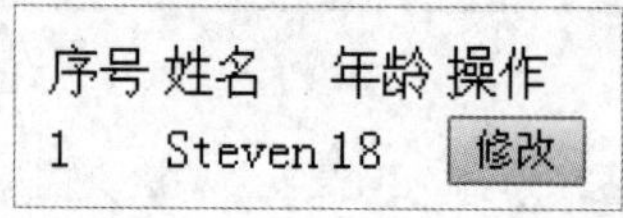

图 17.61　修改后列表的效果

以上是使用 SSM 框架编写的修改功能。从修改功能上，我们可以了解到 MyBatis 如何传值及 SpringMVC 如何接收前台值等。增加和删除功能与修改功能的代码类似，希望读者能够根据书中的代码将增加和删除的功能完成。本书的内容都是 SSM 框架中最基础的知识，还有很多强大的功能无法在这里进行详细讲解，各位读者可以在入门后深入学习相关资料。